武大通识

博雅弘毅

文明以止

成人成才

四通六识

U0163562

珞 珈 博 雅 文 库
通 识 教 材 系 列

多媒体技术与虚拟现实

主　编　刘　英
副主编　张　华　周雅洁
参　编　陈　萍　黄文斌　李　艳　刘　英
　　　　罗云芳　宋　麟　张　华　周雅洁

WUHAN UNIVERSITY PRESS
武汉大学出版社

图书在版编目(CIP)数据

多媒体技术与虚拟现实/刘英主编.—武汉:武汉大学出版社,2021.4
(2024.1 重印)
珞珈博雅文库.通识教材系列
ISBN 978-7-307-22106-2

Ⅰ.多…　Ⅱ.刘…　Ⅲ.①多媒体技术—高等学校—教材　②虚拟现实—高等学校—教材　Ⅳ.①TP37　②TP391.98

中国版本图书馆 CIP 数据核字(2020)第 272885 号

责任编辑:胡　艳　　　责任校对:李孟潇　　　版式设计:韩闻锦

出版发行:**武汉大学出版社**　　(430072　武昌　珞珈山)
(电子邮箱:cbs22@whu.edu.cn 网址:www.wdp.com.cn)
印刷:湖北金港彩印有限公司
开本:787×1092　1/16　印张:24.25　字数:499 千字　插页:1
版次:2021 年 4 月第 1 版　　2024 年 1 月第 2 次印刷
ISBN 978-7-307-22106-2　　定价:59.00 元

《珞珈博雅文库·通识教材系列》总序

　　小而言之，教材是"课本"，是一课之本，是教学内容和教学方法的语言载体；大而言之，教材是国家意志的体现，是高校教学成果和科研成果的重要标志。一流大学要有一流的本科教育，也要有一流的教材体系。新形势下根据国家有关要求，为进一步加强和改进学校教材建设与管理，努力构建一流教材体系，武汉大学成立了教材建设工作领导小组、教材建设工作委员会，设立了教材建设中心，为学校教材建设工作提供了有力保障。一流教材体系要注重教材内容的经典性和时代性，还要注重教材的系列化和立体化。基于这一思路，学校计划按照学科专业教育、通识教育、创业教育等类别规划建设自成系列的教材。通识教育系列教材即是学校大力推动通识教育教学工作的重要成果，其整体隶属于"珞珈博雅文库"，命名为"通识教材系列"。

　　在长期的办学实践和教学文化建设过程中，武汉大学形成了独具特色的融"五观"为一体的本科人才培养思想体系：即"人才培养为本，本科教育是根"的办学观；"以'成人'教育统领成才教育"的育人观；"厚基础、跨学科、鼓励创新和冒尖"的教学观；"激发教师教与学生学双重积极性"的动力观；"以学生发展为中心"的目的观。为深化本科教育改革，打造世界一流本科教育，武汉大学于2015年开展本科教育改革大讨论并形成《武汉大学关于深化本科教育改革的若干意见》、《武汉大学关于进一步加强通识教育的实施意见》等文件，对优化通识教育顶层设计、理顺通识课程管理体制、提高通识教育课程质量、加强通识教育保障机制等方面提出明确要求。

早在 20 世纪八九十年代，武汉大学就有学者专门研究大学通识教育。进入 21 世纪，武汉大学于 2003 年明确提出"通专结合"，将原培养方案的"公共基础课"改为"通识教育课"，作为全国通识教育改革的先行者率先开创"武大通识 1.0"；2013 年，经过十年的建设，形成通识课程的七大板块共千门课程，是为"武大通识 2.0"；2016 年，在武汉大学本科教育改革大讨论的基础上，学校建立通识教育委员会及其工作组，成立通识教育中心，重启通识教育改革，以"何以成人，何以知天"为核心理念，以《人文社科经典导引》和《自然科学经典导引》两门基础通识必修课为课程主体，同时在通识课程、通识课堂、通识管理和通识文化四大层次全面创新通识教育，从而为在校本科生逾 3 万的综合性大学如何实现通识教育的品质提升和卓越教学探索了一条新的路径，是为"武大通识 3.0"。

当前，高校对大学生要有效"增负"，要提升大学生的学业挑战度，合理增加课程难度，拓展课程深度，扩大课程的可选择性，真正把"水课"转变成有深度、有难度、有挑战度的"金课"。那么通识课程如何脱"水"冶"金"？如何建设具有武汉大学特色的通识教育金课？这无疑要求我们必须从课程内容设计、教学方式改革、课程教材资源建设等方面着力。

一门好的通识课程应能对学生正确价值观的塑造、健全人格的养成、思维方式的拓展等发挥重要作用，而不应仅仅是传授学科知识点。我们在做课程设计的时候要认真思考"培养什么人、怎样培养人、为谁培养人"这一根本问题，从而切实推进课程思政建设。武汉大学学科门类丰富，教学资源齐全，这为我们跨学科组建教学团队，多维度进行探讨，设计更具前沿性和时代性的课程内容，提供了得天独厚的条件。

毋庸讳言，中学教育在高考指挥棒下偏向应试思维，过于看重课程考核成绩，往往忘记了"教书育人"的初心。那么，应如何改变这种现状？答案是：立德树人，脱"水"冶"金"。具体而言，通识教育要注重课程教学的过程管理，增加小班研讨、单元小测验、学习成果展示等鼓励学生投入学习的环节，而不再是单一地只看学生期末成绩。武汉大学的"两大导引"试行"8+8"的大班授课和小班研讨，经过三个学期的实践，取得了很好的成效，深受同学们欢迎。我们发现，小班研讨是一种非常有效的教学方式，能够帮助学生深度阅读、深度思考，增加学生课堂参与度，培养学生独立思考、理性判断、批判性思维和团队合作等多方面的能力。

课程教材资源建设是十分重要的。老师们精心编撰的系列教材，精心录制的在线开放课程视频，精心设计的各类题库，精心搜集整理的与课程相关的文献资料，等等，对于学生而言，都是精神大餐之中不可或缺的珍贵元素。在长期的教学实践中，老师们不断更新、完善课程教材资源，并且教授学生获取知识的能力，让学习不只停留于课堂，而是延续到课后，给学生课后的持续思考提供支撑和保障。

"武大通识3.0"运行至今，武汉大学已形成一系列保障机制，鼓励教师更多地投入到通识教育教学中来。学校对通识3.0课程设立了准入准出机制，建设期内每年组织一次课程考核工作，严格把控立项课程的建设质量；对两门基础通识课程实施助教制，每学期遴选培训研究生和青年教师担任助教，辅助大班授课、小班研讨环节的开展；对投身通识教育的教师给予最大支持，在"351人才计划（教学岗位）""教学业绩奖"等评选中专门设定通识教育教师名额，在职称晋升等方面也予以政策倾斜；对课程的课酬实行阶梯制，根据课程等级和教师考核结果发放授课课酬。

武汉大学打造多重通识教育活动，营造全校通识文化氛围。每月举行一期通识教育大讲堂，邀请海内外一流大学从事通识教育顶层设计的领袖性人物、知名教师、知名学者、杰出校友等来校为师生做专题报告；每学期组织一次通识教育研讨会，邀请全校通识课程主讲教师、主要管理人员参加，采取专家讲座与专题讨论相结合的方式，帮助提升教师的通识教育理念；不定期开展博雅沙龙、读书会、午餐会等互动式研讨活动，有针对性地选取主题，邀请专家报告并研讨交流。这些都是珍贵的教学资源，有助于我们多渠道了解通识教育前沿和通识文化真谛，不断提升通识教育的理论素养，进而持续改进通识课程。

武汉大学的校训有一个关键词：弘毅。"弘毅"语出《论语》："士不可以不弘毅，任重而道远。"对于"立德树人"的武大教师，对于"成人成才"的武大学子，对于"博雅弘毅，文明以止"的武大通识教育，皆为"任重而道远"。可以说，我们在通识教育改革道路上所走过的每一步，都将成为"教育强国，文化复兴"强有力的步伐。

"武大通识3.0"开启以来，我们精心筹备、陆续推出"珞珈博雅文库"大型通识教育丛书，涵盖"通识文化""通识教材""通识课堂"和"通识管理"四大系列。其中的"通识教材系列"已经推出"两大导引"，这次又推出核心和一般通识课程教材十余种，以后还将有更多优秀通识教材面世，使在校同学和其他读者"开卷有益"：拓展视野，启迪思想，融通古今，化成天下。

周叶中

前　言

　　"多媒体技术与虚拟现实"是武汉大学"武大通识3.0"的一门通识课程,课程目的是带领学生遨游在数字图像、数字音频、数字视频构建的真实世界和虚拟世界中,学习多媒体技术和虚拟现实技术的基本概念、发展历程、主要技术、最新成果、面临的问题和技术难点,以及两种技术的相互关系和未来的发展方向,感知多媒体技术、虚拟现实技术等新一代信息技术改造世界的逻辑。

　　我们将课堂上讲授的内容进行了总结,并对课堂的教学信息进行扩展,同时将学生完成的一些课程实践项目作为实例,完成了本书的编写。

　　全书共9章。第1章多媒体技术基础知识,介绍多媒体技术的基本概念、发展历程、关键技术以及应用领域。第2章音频处理技术,介绍数字音频处理技术的基本概念,以及基于音频处理软件进行声音处理的技术和方法。第3章图像处理技术,介绍数字图像处理的基本概念和主要内容,以及基于图像处理软件进行图像处理的技术和方法;介绍图像处理技术的典型应用,以及三维全景技术。第4章动画制作技术,介绍动画的基本原理,以及基于平面动画制作软件制作二维动画的技术和方法。第5章视频处理技术,介绍视频处理的基本概念,以及基于视频编辑软件和视频合成软件进行视频编辑合成的技术和方法。第6章三维建模和动画制作,介绍三维建模和动画的基本概念,以及使用三维建模软件进行建模和动画制作的技术和方法。第7章初识虚拟现实,介绍虚拟现实的基本概念和特征、发展历程、应用领域,以及研究现状、发展机遇和遇到的问题,使读者对虚拟现实技术有一个初步的认识。第8章进一步认识虚拟现实，介绍虚拟现实的技术体系和关键技术；介绍开发虚拟现实应用的基础知识和开发软件，使读者初步掌握开发虚拟现实应用。第 9 章增强现实技术，介绍增强现实的基本概念、核心技术和应用，以及基于 Unity 3D+EasyAR 开发增强现实应用的基本方法和流程。

本书具有以下主要特点：

（1）通识性。本书注重介绍多媒体与虚拟现实的基本概念、基本结构及基本方法，使读者对多媒体与虚拟现实技术及其相互关系、问题和技术难点以及未来发展方向有清晰的了解。为读者提供关于媒体与虚拟现实技术的准确的、最根本的、一般性的知识。

（2）新颖性。本书力求介绍多媒体与虚拟现实技术中最先进的概念、方法及主流应用软件和最新发展，将多媒体技术与虚拟现实技术整合在一起，形成完整的知识观。

（3）实用性。本书介绍了对音频、图像、动画、视频等多种多媒体信息进行处理和应用制作的软件系统，以及虚拟现实和增强现实应用开发的软件平台，给出了大量的实例，使读者能够初步了解并学会使用这些软件系统。

（4）教学性。本书内容组织条理清晰，各章节内容既有相关性，又各自独立，便于教师根据教学计划安排教学内容，也便于学生有选择地进行自学。每章都给出了习题，用于巩固读者对书中知识的理解和掌握，强化读者对知识的理解和运用，同时也用于对读者学习成果的检验。

本书在编写过程中参考了大量的文献资料，汲取了许多同仁的宝贵经验，在此对这些文献的作者所做出的成绩和贡献表示崇高的敬意和衷心的感谢！

本书可作为普通高等院校非计算机专业本科生和研究生的基础教学用书，也可供其他大专院校及从事多媒体技术和虚拟现实技术研制、开发及应用技术人员学习参考，还可作为多媒体和虚拟现实应用研究者的参考用书。

多媒体技术与虚拟现实技术作为新一代的信息技术，还在不断的发展中，特别是虚拟现实技术，其内涵与外延仍在发展和变化，再加上我们掌握技术的有限，书中难免有不当之处，敬请读者批评指正。

编　者

2021 年 4 月

目　录

第1章
多媒体技术基础知识

多媒体技术是指使用计算机对文字、声音、图形、图像、动画、视频等多种媒体信息进行综合处理和管理，使人们通过多种感官与计算机进行实时信息交互的技术。多媒体技术是时代发展的产物，随着计算机技术、通信技术、网络技术、大众传媒技术等多学科的不断进步和相互交融，多媒体技术已成为当今信息技术领域最活跃、发展最快的技术之一，多媒体技术的应用已遍及人类社会的各个领域。

本 章 导 学

☞ 学习内容

本章主要介绍多媒体技术的基本概念、发展历程、主要研究内容和关键技术、多媒体技术的应用领域，以及多媒体计算机系统等知识。

☞ 学习目标

（1）掌握多媒体、多媒体技术的基本概念和特性。
（2）了解多媒体技术的发展历程、发展方向和趋势。
（3）知晓多媒体技术的研究内容和关键技术。
（4）了解多媒体技术的应用领域。
（5）熟悉多媒体计算机硬件系统和软件系统。

☞ 学习要求

（1）理解媒体、多媒体的含义。
（2）掌握多媒体技术的定义和特征。

（3）了解多媒体技术发展阶段、发展现状和发展方向。

（4）了解多媒体技术的研究内容和关键技术，特别是数据存储技术、压缩/解压缩技术。能熟练使用 WinRAR 等压缩/解压软件。

（5）掌握文本信息在计算机中的表示。

（6）掌握文本处理技术。能够使用 Word、Adobe Acrobat 等软件进行文字处理。

（7）了解多媒体技术的应用领域，知晓多媒体技术在所学专业中的应用。

（8）了解多媒体计算机系统的概念和构成。

（9）能熟练使用常用的多媒体硬件设备。

1.1　多媒体技术基本概念

1.1.1　媒体和多媒体

媒体（Media）是指承载或传输信息的载体。计算机领域的媒体有两种含义：一种是指表示信息的载体，如文字、图形、图像、声音、动画、视频影像等，这就是多媒体技术中所指的媒体；另一种是指存储信息的实体，如磁盘、光盘、半导体存储器等。

多媒体（Multimedia）是指综合两种或两种以上媒体的一种人机交互信息交流和传播的媒体。

1.1.2　多媒体技术

多媒体技术（Multimedia Technology）是指以数字化为基础，利用计算机对文本、图形、图像、声音、动画、视频等多种信息进行数字化采集、编码、存储、加工、传输等综合处理，建立逻辑关系，集成为一个系统，并具有良好交互性的技术。

1.1.3　多媒体技术的特征

多媒体技术具有数字化、多样性、集成性、交互性、协同性和实时性等特征。

1. 数字化

多媒体信息是数字信息，各种媒体信息都是以数字形式存放在计算机中的。与传统的模拟信息相比，数字化信号更易于进行加密、压缩等计算，且有利于提高信息的处理速度和安全性。各种媒体信息处理为数字信息后，计算机就能对数字化的多媒体信息进行诸如存储、加工、控制、编辑、交换、检索等各种操作。

2. 多样性

多媒体技术可以综合处理文本、图形、图像、动画、音频和视频等多种形式的媒体信息，从而改变了早期的计算机只能处理包含数值、文字以及经过特殊处理的图形或图像等单一的信息。多媒体信息载体的多样性不仅使得计算机处理的信息空间范围扩大，而且可以借助于视觉、听觉和触觉等多感觉形式，实现信息的接收、产生和交流，进而能够根据人的构思和创意，进行交换、组合和加工，来综合处理多种形式的媒体信息，以达到生动、灵活和自然的效果。这使得人与计算机交流的方式变得多样化、形象化，人们可以借助于多种媒体形式与计算机交流信息。

3. 集成性

集成性包括两个方面的含义：对多种媒体信息的集成和对处理各种媒体设备的集成。媒体信息的集成包括信息的多通道统一获取、多媒体信息的统一组织和存储、多媒体信息表现合成等方面。对媒体信息的集成是指对各种类型的媒体信息进行采集、加工处理和数字化，以及对信息进行各种重组、变换和加工，以一定的方式进行有机的同步组合和互相关联，使之集成为一个统一完整的应用系统。

多媒体系统运行的硬件系统和软件平台组合成一个完整的多媒体支持系统，是计算机硬件系统和软件系统的集成。

4. 交互性

交互性是指用户与计算机之间的信息双向处理，是多媒体系统的一个重要特征，是多媒体应用有别于传统信息交流媒体的主要特点之一。传统信息交流媒体只能单向地、被动地传播信息，譬如，电视台播放什么内容，用户就只能接收什么内容。而多媒体技术的交互性使得人们不再是被动地接受信息，而是可以主动地进行检索、提问和回答，通过交互和反馈，实现人们对信息的主动选择和控制，从而为选择和获取信息提供了灵活的手段和方式。

5. 同步性

多媒体系统中的各种媒体有机地集成为一个整体。每一种媒体都有其自身规律，而各种媒体之间又需要有机配合协调一致、同步运行，如影像和配音、视频会议系统和可视电话等。

6. 实时性

多媒体系统中的声音和视频信息是实时的，多媒体技术需要具备为这些与时间密切相关的媒体提供快速处理的能力，多媒体系统要支持对这些媒体的实时同步处理。如制作视频时，视频里的声音和图像都要尽量避免延时、停断或断续，否则就会出现"嘴未张开，声音已出来"或说话的人变成"口吃"等现象，从而造成视频所要表达的内容出现歧义或没有意义。

1.1.4　多媒体信息的类型

多媒体信息的基本类型包括文本、音频、图形、图像、动画和视频。

1. 文本（Text）

文本是以文字和各种专用符号表达的信息形式，是使用最多的一种符号媒体形式。文本是最简单的数据类型，也是文档的基本构成，其属性主要包括字符风格、段落风格、文字种类和大小，以及文字在语言文档中的相对位置。文本具有易处理，占用存储空间少，便于存储、输入和输出等特点。

2. 音频（Audio）

声音是人们用来传递信息、交流感情最方便、最直接的方式之一。常见的声音信息有语音、音效和音乐三种表现形式。

音频是指计算机所处理的声音信息。在计算机中，各种声音均以数字化的形式保存和处理。音频信息具有连续性、相关性和实时性。

3. 图像（Image）

图像是由一组排成行列的像素点组成的画面，这些像素点记录了图像的颜色和亮度等信息。在显示器上通过像素点阵的数值来反映图像的原始效果。图像又称为位图或点阵图。

图像文件数据量较大，一般都需要使用压缩方法来减少图像的容量，压缩算法取决于图像的类型和来源。图像放大时会失真，但图像能够非常细腻地表现复杂的画面细节。图像信息由模拟图像数字化得到。

4. 图形（Graphics）

图形是用各种绘图工具绘制的由线、形、体、文字等图形元素构成的图画，由一组指令描述，这些指令给出了构成图形的直线、曲线、各种几何图形等图元的形状、位置、颜色等各种属性和参数。图形是矢量图，其特点是文件数据量较小，且在计算机中进行移动、缩放、旋转等操作时不会失真。

5. 视频（Video）

视频是由连续的、随着时间变化的一组图像组成，能以一定的速率连续地播放，在屏幕上显示真实活动的影像。视频信息经过采集、压缩后，以数字化的形式保存。

6. 动画（Animation）

动画是用一系列连续的画面来表现运动和变化的技术。当以一定的速度连续播放这些静止的画面时，即可产生动画效果。计算机动画分为二维动画和三维动画。二维动画即平面上的画面；三维动画中的景物有正面、侧面和反面，调整三维空间的视点，能够看到不同角度的内容。

1.2 多媒体技术的发展

在计算机发展的初期，计算机承载信息的媒体只能是数值。随着高级程序设计语言的开发，人们可以用文字来编写源程序，文字开始作为信息的载体。在人的感知系统中，视觉获取的信息占60%以上，听觉获取的信息占20%左右，此外，触觉、嗅觉、味觉、脸部表情、手势等占一定比例。虽然只靠文字、文本传输和获取信息也能表达信息内容，但直观性差，与人的自然交互相去甚远，不能听其声、见其人。

从20世纪80年代开始，人们致力于研究将声音、图形和图像等作为新的信息媒体输入输出计算机。多媒体技术的出现，首先是语音和图像的实时获取、传输及存储，使人们获取和交互信息流的渠道豁然开朗，既能听其声，又能见其人，改变了人们的交互方式、生活方式和工作方式，从而对整个社会结构产生重大影响。

1.2.1　多媒体技术的发展历程

多媒体技术是多种技术，特别是通信、广播电视和计算机技术发展、融合、渗透的结果。多媒体技术是世界上发展最快的技术之一，其标准和文献也更新迅速。多媒体技术的发展是一个不断完善的过程，主要经历了启蒙发展阶段、标准化阶段和应用普及阶段三个阶段。

多媒体技术的一些概念和方法起源于 20 世纪 60 年代，实现于 20 世纪 80 年代。1984 年，美国 Apple 公司研制的 Macintosh 计算机首先引入了位映射处理图形的概念，使用了位图、窗口、图标等技术，改变了原来计算机只能处理数值、符号的单一操作模式，人机界面出现了图形交互方式，操作界面得到了极大的改善。鼠标的使用和图形界面使人机交互变得简单、形象和直观。

1985 年，美国 Commodore 公司率先在世界上推出了首台具有图像、音频、视频处理功能的多媒体计算机系统 Amiga，并在随后的 Comdex'89 博览会上展示了该公司研制的多媒体计算机系统 Amiga 的完整系列，其性能显著提高。同年，计算机硬件技术也有了较大突破，激光只读存储器 CDROM 的问世不仅为多媒体数据的存储和处理提供了理想的条件，而且对计算机多媒体技术的发展起到了决定性作用。

1986 年，Philips 公司和 Sony 公司联合推出了交互式紧凑光盘系统 CD-I（Compact Disk Interactive），并给出了后来成为 ISO 国际标准的 CD-ROM 光盘数据格式。这项技术将文字、图像、声音、视频等信息以数字化的形式存储在大容量的光盘上，用户可以随时检索、读取光盘内容，为多媒体信息的存储和读取提供了有效手段。CD-I 标准允许一片直径 5 英寸的激光盘存储 650MB 的信息。

1987 年，美国无线电公司研究中心推出了交互式数字视频系统 DVI（Digital Video Interactive），这是一项用只读光盘播放视频图像和声音的技术。DVI 技术主要以计算机为平台，可以很方便地对记录在光盘上的视频信息、音频信息、图片及其他数据进行检索和重放。1989 年，Intel 公司和 IBM 公司联合将 DVI 技术进行改进，发展成新一代的多媒体产品 Action Media 750。随后又推出了第二代产品 Action Media 750 II，其视频处理能力、功能扩展等方面都得到了较大改善。

标准化问题是多媒体技术实用化的关键。自 20 世纪 90 年代至 20 世纪末，随着多媒体技术逐渐成熟，应用领域不断扩大，特别是多媒体技术走向产业化后，其产品的技术标准和实用化成为人们广泛关注的问题，产品规范化、标准化越来越受到人们的重视。在标准化阶段，研究部门和开发部门首先各自提出自己的方案，然后经分析、测试、比较、综合，总结出最优和最便于应用推广的标准，从而指导多媒体产品的研制。

1990 年成立的多媒体个人计算机市场协会（Multimedia PC Marketing Council）旨在对计算机的技术进行规范化管理和制定相应的标准。1991 年，该组织制定了多媒体个人计算机标准 MPC1.0，对多媒体个人计算机及相关的多媒体硬件规定了必要的技术规格，其后又制定了 MPC2.0、MPC3.0、MPC4.0 等，要求所有使用 MPC 标志的多媒体设备都必须符合该标准的要求。尽管这些标准现在已经落后，但它满足了当时多媒体播放的基本要求。

此外，多媒体标准还包括数字化图像压缩国际标准、数字化音频压缩标准、光盘存储系统的规格和数据格式标准等。

1992 年，Microsoft 公司推出了 Windows 3.1，成为计算机操作系统发展的一个里程碑。Windows3.1 是一个多任务的图形化操作环境，使用图形菜单，能够利用鼠标对菜单命令进行操作，极大地简化了操作系统的使用。它综合了原有操作系统的多媒体技术，还增加了多个具有多媒体功能的软件，使得 Windows 成为真正的多媒体操作系统。

多媒体各种标准的制定和应用极大地推动了多媒体产业的发展，很多多媒体标准和实现方法（如 JPEG、MPEG 等）已经做到了芯片级，并作为成熟的商品投入市场。与此同时，涉及多媒体领域的各种软件系统及工具也层出不穷。这些既解决了多媒体发展过程中必须解决的难题，又对多媒体的普及和应用提供了可靠的技术保障，并促使多媒体迅猛发展成为一个产业。

近年来，多媒体基础技术的研究已经进入稳定期，针对多媒体应用技术的研究仍持续受到极大的关注。从对多媒体数据进行处理的目标上来看，多媒体的研究正从以展现为重点向展现、传输与理解并重转变，相关技术研究将持续活跃，多媒体技术正日益走向成熟和完善。

1.2.2　多媒体技术的发展趋势

随着计算机信息技术的快速发展，多媒体技术及其应用正在向更深层次和多元化发展，新的技术、新的应用、新的系统不断涌现。多媒体技术呈现出集成化、智能化、嵌入化和网络化的发展趋势。

1. 集成化

未来多媒体技术必然是将视觉、听觉、嗅觉、味觉等集成起来完成信息的传递。在采用文本媒体的计算机应用中，对信息的表达仅限于"显示"。而在视觉、听觉、触觉、味觉和嗅觉媒体信息的综合与合成的多媒体环境下，多种媒体并存，各种媒体的时空安排和效应，相互之间的同步和合成效果，相互作用的解释和描述等都是表达信息。使用多媒体技术，对这些信息进行整合、分析、传输，来实现人类和计算机的交互。

虚拟现实正是实现这种信息传递的新技术。它通过对数据进行收集、分析、整合，进而进行可视化的操作。虚拟现实是对多媒体技术的高级整合应用。

2. 智能化

随着计算机硬件和软件的不断更新，计算机的性能指标进一步提高，智能化程度更高。而人工智能领域的研究与多媒体计算机技术的结合，是多媒体技术长久探索和发展的研究方向。智能多媒体技术包括文字识别、语音识别、自然语言理解和机器翻译、图形识别和理解、机器人视觉和计算机视觉、基于内容检索技术的智能多媒体数据库等多个方面。

3. 嵌入化

将多媒体和通信功能融入设备的 CPU 中，使其能够具有多媒体和通信的多种功能。目前，数字机顶盒、POS/ATM 机、车载导航器、多媒体手机等嵌入式多媒体系统已经应用于人们的生活与工作。

"信息家电平台"的概念，已经使多媒体终端集互动式购物、互动式办公、互动式医疗、互动式教学、互动式游戏等应用于一身，代表了当今嵌入化多媒体终端的发展方向。

4. 网络化

网络化是多媒体技术未来发展的主题。网络通信等技术的发展，使多媒体技术有了更大的发展空间和更多的应用领域。世界已经进入数字化、网络化、全球一体化的信息时代。信息技术渗透到人们生活的各个方面，而网络技术和多媒体技术则是促进信息世界全面实现的关键技术。

随着 4G 移动网的成熟应用和 5G 时代的到来，移动多媒体应用必将成为移动数据业务的主角。人们可以随时随地享受娱乐，而不受时间场所的限制。在移动通信中"只闻其声，不见其人"的时代即将成为过去。

计算机多媒体技术的应用和发展正处于高速发展的过程中，随着各种观念、标准、技术的不断发展和创新，并且融入多媒体技术中，未来将出现丰富多彩、耳目一新的多媒体现象，注定改变人类的生活方式和观念。

1.3　多媒体技术的研究内容和关键技术

多媒体技术就是将文本、音频、图像、动画、视频等媒体信息通过计算机进行采集、处理、存储和传输的各种技术的统称。多媒体技术是多学科与计算机综合应用的技术，包含计算机软硬件技术、信号的数字化处理技术、音频视频处理技术、图像处理技术、通信技术、人工智能和模式识别等技术，是正在不断发展和完善的多学科综合应用技术。

1.3.1　多媒体技术的研究内容

多媒体技术的主要研究内容包括多媒体信息的压缩与编码、多媒体信息的特性与建模、多媒体信息的组织与管理、多媒体信息的表现与交互、多媒体通信与分布处理、多媒体技术的标准化和多媒体应用的研究与开发，以及多媒体软硬件平台的研究。

1. 多媒体软硬件平台技术

多媒体技术涉及各种各样的硬件和软件，要处理各类媒体数据，将不同的硬件组合在一起，使得用户方便地使用多媒体数据，这些工作都必须由多媒体软件完成。

（1）硬件平台技术。硬件平台是实现多媒体系统的物质基础，它的相关技术的研究和发展影响着多媒体技术的发展和应用进程。例如，大容量光盘、数字视频卡等直接推动了多媒体技术的发展。多媒体硬件平台技术要解决的是如何建立能够支持软件的设备，这些设备包括多媒体的基本处理设备、输入输出设备、转换设备和通信设备等。

（2）软件平台技术。多媒体软件平台技术的研究范围包括多媒体操作系统、多媒体数据压缩软件、多媒体设备的驱动程序、多媒体创作工具软件、各种多媒体应用软件。

2. 多媒体数据处理技术

多媒体数据处理技术研究的是多媒体数据的编码、媒体的创作、多媒体集成、数据的管理、信息的产出和多媒体使用等技术。

（1）编码技术，研究如何对多媒体数据进行编码。这些编码是多媒体数据的输入、保存和输出的基础。例如，文字编码有输入码、存储码和输出码。对于数据量特别大的音频、图像和视频类数据，还需要建立压缩码。编码的性能直接关系到处理和使用多媒体数据的效果。

（2）多媒体创作技术，研究如何开发媒体素材的创作工具，以便用户利用这些工具制作音频、视频、动画等各种表示媒体，这些工具如 Adobe Photoshop、Adobe Premiere、Adobe After Effects 等。多媒体创作工具大多提供了丰富的创作功能和便捷的操作方法。

（3）多媒体集成技术，研究如何合理地组织多媒体素材，使合成后的信息效果表达更清楚，并提供给用户和多媒体素材交互的方式方法。

（4）数据管理技术，解决的是多媒体数据的组织、维护和检索等问题。数据管理常常建立在数据库的基础上。数据库的类型就是组织数据的一种方式。例如关系数据库，就是以二维表的形式组织数据。更适合多媒体数据的是面向对象的数据库，而超文本、超媒体的数据组织方式则是网状链接模式。多媒体信息管理中的一个难点是实现基于多媒体数据内容的检索。

（5）信息产出技术，属于数据分析方法的设计，就是在计算机上通过科学计算的过程获得具有指导意义的分析结果。例如在视频数据挖掘领域，根据视频中人物出现的时间关系，通过计算可预测群体事件冲突发生的可能性。

（6）多媒体使用技术，研究如何调用和展示多媒体信息。媒体播放器就是使用该技术的一个实例，它能提取 CD 音乐、DVD 数字影片和 Internet 上的广播，能自行编排节目单、控制播放。

3. 多媒体网络技术

多媒体网络技术包括网络构建技术、网络通信技术和网络应用技术，涉及互联网的组件技术、多媒体中间件技术、多媒体交换技术、超媒体技术、多媒体通信中的 QoS 管理技术、多媒体会议系统技术、多媒体视频点播与交互电视技术及 IP 电话技术等。

（1）网络构建技术，包括软、硬件两个方面。网络硬件的构建主要研究的是网络的结构、布线和实际连接。软件方面主要研究的是如何提供支持网络多媒体应用的多媒体网络操作系统。

（2）网络通信技术，解决如何实现网络之间高速、高效和高质量的多媒体通信问题。其中，能够解决在不同设备之间进行信息传递的技术称为多媒体中间件技术。例如，实现计算机应用程序和电话之间的信息传递，实现两个或多个交换机之间互相交换数据，回复接收的电子邮件信息，回应 Web 站点上访问者的申请表格或文字信息等。而网络通信中多媒体数据包的传递需要多媒体交换技术的支持，从而使所传递的多媒体数据能够在物理介质上得到高效的传递。由于多媒体数据具有依赖于时间的特性，如何保证即时性多媒体网络应用的质量，是 QoS 管理技术所研究的中心课题。

（3）网络应用技术。网络应用的特点主要体现在分布式的多机应用，如以超媒体技术为基础的万维网应用，以多媒体会议系统技术为基础的即时应用，以多媒体视频点播与交互电视技术为基础的流媒体应用等。

随着互联网、人工智能、大数据、云计算及人机交互技术的发展，多媒体技术与这些技术融合发展，形成了许多新的研究方向，多媒体技术的研究内容得到了丰富和拓展，如流媒体技术、多媒体数字水印技术、虚拟现实技术、多媒体数据挖掘技术和跨媒体技术等。

1.3.2 多媒体的关键技术

多媒体技术是建立在多个学科基础上的综合性极强的高新信息技术，多媒体信息的处理和应用需要一系列相关技术的支持，涉及的关键技术有数据压缩技术、大容量存储技术、多媒体数据传输技术、多媒体通信技术、人机交互技术、感觉媒体的表示技术、多媒体输入输出技术、多媒体数据库技术。

1. 数据存储技术

不同于文本文件的数据类型单一和数据量较小，图像、声音、视频等多媒体信息的数据量庞大，需要相当大的存储空间，对存储设备的要求高。因此，高速大容量的存储技术是多媒体的关键技术之一。

2. 多媒体压缩/解压缩技术

在多媒体系统中，有大量的图像、音频、视频信息，为了获得满意的视听效果，需要存储和实时处理这些数据量巨大的多媒体数据，多媒体数据压缩编码技术是行之有效的方法。

对多媒体信息进行压缩的目的是减小存储容量和提高数据传输率，同时也使计算机实时处理和播放视频、音频信息成为可能。目前，数据压缩技术已经制定了 JPEG 和 MPEG 等标准，并形成了各种压缩算法。人们还在不断寻求更加有效的压缩算法和用软件或硬件实现的方法。

数据的压缩实际上是一个编码过程，即对原始的数据进行编码压缩。数据的解压缩是数据压缩的逆过程，即把压缩的编码还原为原始数据。根据解码后数据与原始数据是否完全一致进行分类，压缩方法可分为有失真编码和无失真编码两类。

（1）JPEG 标准。JPEG（Joint Photographic Experts Group，联合图像专家小组），是由国际标准组织（ISO）和国际电话电报咨询委员会（CCITT）为静态图像所创建的第一个国际数字图像压缩标准，也是至今一直在使用的、应用最广的图像压缩标准。JPEG 图像压缩算法提供良好的压缩性能，且具有较好的重建质量，被广泛应用于图像、视频处理领域。

JPEG 格式压缩的主要是高频信息，对色彩的信息保留较好，适合应用于互联网，作为网页素材的图像，文件尺寸小、下载速度快，并可以支持 24 位真彩色。目前各类浏览器均支持 JPEG 格式。它也普遍应用于需要连续色调的图像，平时使用的数码相机或手机拍摄的照片多采用 JPEG 格式保存。

JPEG 2000 是基于小波变换的图像压缩标准，由 Joint Photographic Experts Group 组织创建和维护。JPEG 2000 被认为是未来取代 JPEG 的下一代图像压缩标准。

（2）MPEG 标准。MPEG（Moving Picture Experts Group，动态图像专家组）是国际标准化组织（ISO）与国际电工委员会（IEC）于 1988 年成立的专门针对运动图像和语音压缩制定国际标准的组织。

MPEG 标准是运动图像压缩编码标准，MPEG 标准主要有以下五个：MPEG-1、MPEG-2、MPEG-4、MPEG-7 及 MPEG-21 等。

（3）H. 26x 标准，是国际电信联盟远程通信标准化组（ITU-T）等研究和制定的一系列视频编码的国际标准。其中，应用最广泛的是 H. 261、H. 262、H. 263 和 H. 264 标准。

3. 多媒体数据库技术

传统数据库的数据模型主要针对整数、实数、字符等规范数据，不能有效地处理复杂的多媒体数据，因而要求使用新的多媒体索引和检索技术。多媒体数据库、面向对象的数据库及智能化多媒体数据库等技术是对多媒体数据进行有效管理的新技术。

4. 多媒体信息检索技术

多媒体信息检索是指根据用户的要求，对图形、图像、声音、动画等多媒体信息进行识别和获取所需信息的过程。与传统的信息检索相比，多媒体信息检索具有信息类型复杂、交互性、同步性、实时性等特性。在这一检索过程中，主要以图像处理、模式识别、计算机视觉和图像理解等学科中的一些方法为基础技术，结合多媒体技术发展而成。多媒体信息检索广泛地应用于电子会议、远程教学、远程医疗、电子图书馆、地理信息系统、遥感和地球资源管理、计算机支持协同工作等领域。

5. 多媒体通信技术

多媒体通信技术是多媒体技术与通信技术的有机结合，突破了计算机和通信、网络等传统产业间相对独立发展的界限，是计算机、通信和网络领域的一次革命。它在计算机的统一控制下，对多媒体信息进行采集、处理、表示、存储和传输，缩短了计算机和网络之间的距离，将计算机的交互性、网络通信的分布性和电视的真实性完美地结合在一起，为人们提供高效、快捷的沟通途径和服务，如提供网络视频会议、视频点播、网络游戏等新型服务。

随着多媒体技术发展，各类通信网络上出现了越来越多的多媒体应用，多媒体技术与各种通信技术相结合产生的多媒体通信技术是当前最有活力、发展最快的技术。

流媒体技术是多媒体技术和网络传输技术的结合，是宽带网络应用发展的产物。随着网络技术的发展，一些高质量的流媒体应用已经出现，如 IPTV（网络电视）向用户传输了标准清晰度的数字电视节目。另外，随着移动通信网络和多功能手持终端设备的出现和大量使用，移动流媒体的应用也变得越来越重要。

6. 虚拟现实技术

虚拟现实（Virtual Reality，VR）是利用计算机生成的一种模拟环境，通过多种传感设备使用户"投入"到该环境中，实现用户与该环境直接进行自然交互的技术。虚拟现实技术通过计算机生成一个虚拟的现实世界，人可与该虚拟现实环境进行交互。交互性、沉浸性和想象性是虚拟现实系统的本质特性。

虚拟现实技术结合了计算机图形技术、人机接口技术、传感技术、人工智能、计算机动画等多种技术，其应用涵盖模拟训练、军事演习、航天仿真、娱乐、设计与规划、教育与培训、商业等多个领域，发展潜力不可估量。

7. 多媒体数字水印技术

多媒体技术的广泛应用，使得需要进行加密、认证和版权保护的声像数据也越来越多。数字化的声像数据从本质上看就是数字信号，如果对这类数据也采用密码加密方式，则其本身的信号属性就被忽略。近年来，人们尝试用各种信号处理方法对声像数据进行隐藏加密，并将该技术用于制作多媒体的"数字水印"。

数字水印技术是指用信号处理的方法，在数字化的多媒体数据中嵌入隐藏的标记，这种标记通常是不可见的，只有通过专门的检测器或阅读器才能提取。目前，数字水印应用于数字作品的知识产权保护、商务交易中的票据防伪、声像数据的隐藏标识和篡改提示、隐蔽通信及其对抗等领域。

8. 多媒体数据挖掘技术

随着信息技术的迅猛发展，现在可以从互联网、数字图书馆、数字出版物中获得越来越多的多媒体数据。但是人们并不满足于信息存取这个层次，因为信息检索只能获取用户需求的相关"信息"，但不能从大量多媒体数据中找出和分析出蕴含的有价值的"知识"。为此，需要研究比多媒体信息检索更高层次的新方法，也就是多媒体数据挖掘。

多媒体数据挖掘就是从大量多媒体数据中，通过综合分析视听特性和语义，发现隐含的、有价值的、可理解的模式，进而发现知识，得出事件的趋向和关联，为用户提供问题求解层次的决策支持能力。

1.3.3　文本处理技术

文本是以文字和各种专用符号表达的信息形式，是组成多媒体信息的基本元素之一。是现实生活中使用最多的一种信息存储和传递方式，也是计算机中信息交流的主要方式之一。文本具有易处理、占用空间少和便于存储等特点。

1. 文本信息在计算机中的表示

计算机中的所有信息都是以二进制方式处理的。文本信息也是以二进制编码形式表示的。在计算机系统中，西文字符和汉字的编码方式有所不同。

（1）西文编码。目前计算机中使用最广泛的字符编码是 ASCII 码，即美国标准信息交换码（American Standard Code for Information Interchange）。

标准 ASCII 码使用 7 位二进制数（8 个二进制位，最高位为 0）组合来表示 128 种字符，包括 32 个通用控制字符、10 个数字字符、52 个英文大小写字母和 34 个专用符号。

（2）汉字编码。计算机中汉字的表示也是用二进制编码，但汉字进入计算机面临数量庞大、字形复杂、存在一音多字和一字多音的现象等难点。因此必须为汉字设计相应的编码，以适应计算机处理汉字的需要。

为了使每个汉字有一个全国统一的代码，1980 年，我国颁布了汉字编码的国家标准《信息交换用汉字编码字符集》（GB2312—80），这个字符集是我国中文信息处理技术的发展基础，也是目前国内所有汉字系统的统一标准，国标码是汉字信息交换的标准编码。国标码由连续的两个字节组成。在国标码字符集中共收录 6763 个常用汉字和 682 个数字和图形符号。其中，一级汉字 3755 个，按拼音顺序排列；二级汉字 3008 个，按部首排列。

汉字输入码是使用英文键盘输入汉字时的编码。目前，我国已推出的输入码有数百种，但用户使用较多的约为十几种。常用的有各种拼音输入法。

汉字机内码是计算机内部存储、处理加工和传输汉字时所使用的二进制编码。为了避免 ASCII 码和国标码同时使用时产生二义性问题，大部分汉字系统都采用将国标码每个字节最高位置 1 作为汉字机内码。这样既解决了汉字机内码与西文机内码之间的二义性问题，又使汉字机内码与国标码具有极其简单的对应关系。

（3）Unicode 编码。Unicode（统一码、万国码、单一码）于 1990 年开始研发，1994年正式公布，是计算机科学领域里的一项业界标准，包括字符集、编码方案等。Unicode 是为了解决传统的字符编码方案的局限而产生的，它为每种语言中的每个字符设定了统一并且唯一的二进制编码，以满足跨语言、跨平台进行文本转换、处理的要求。

2. 获取文本信息

文本信息的获取主要是指利用不同的设备和输入途径，快速准确地输入文本信息的方法。随着多媒体技术的发展，文本信息的输入从键盘输入扩展到手写输入、语音输入和OCR 识别输入等多种文本信息输入方法。

（1）键盘输入。是传统的文本输入方法，是随时可用的主要输入方法。通过键盘，可直接输入英文信息，而中文信息则需要通过不同的中文输入法来完成。

（2）手写输入。是近年来比较成熟的人性化中英文输入法，适合于不习惯键盘操作的人群和没有标准英文键盘的场合。传统的手写输入系统由手写笔、手写板和手写识别软件三部分组成，使用时只要将手写板与电脑主机正确连接，并安装识别软件，即可像在纸上写字一样向电脑输入信息。

现在很多输入法都配备有手写输入方式，通过单击"手写输入"框可以选择手写输入的方式来输入文本，这样计算机不需要配备专用的手写输入系统也可以输入文本。

常用的手机产品和一些笔记本电脑都可以通过触摸屏手写输入文本。

（3）语音输入。是通过计算机系统中的音频处理系统（主要包括声卡和麦克风），采集人的语音信息，再经过语音识别处理，将语音内容转换为对应的文字来完成输入的。利用语音识别技术将声音通过计算机转换为文本，是最方便、自然、快捷的文本输入方式。语音输入的最大特点是只要会说话，就能把信息输入到电脑中，但在具体使用之前，需要进行短时间的语音适应性训练。

现在很多输入法都配备有语音输入方式，通过单击"语音输入"框可以选择语音输入的方式输入文本。

（4）扫描输入。扫描输入的核心是光学字符识别技术（Optical Character Recognition, OCR），该技术能够从扫描的图像中识别出文字。用扫描方式将印刷文字以图像的方式扫描到计算机系统中，再用 OCR 文字识别软件将图像中的文字识别出来，并转换为文本格式的文件，完成文本信息的输入。

扫描输入适用于将印刷文字重新输入到计算机中。这种输入方式能够在短时间内输入大量信息，常应用于档案、资料管理和多媒体应用系统的文本输入。

3. 处理文本信息

文本类型可分为无格式文本和有格式文本。

无格式的文本只存储文字信息本身，文字以固定的大小和风格输出，因而也称为纯文本，通常保存为".txt"类型的文件。一般使用简单的文本编辑软件即可进行编辑，如Windows 的"记事本"程序，保存后的文本文件是无格式文本文件，不带任何格式。

格式文本不仅包含文字的基本信息，还包括文字的字号、颜色、字体以及其他用于规定输出格式的排版（如表格、分栏等）信息。编辑这类文件，可设置文本的字体、字号、颜色、字形、字间距、行间距和段间距等。格式文本要用功能较强的文字处理软件来编辑。使用这些软件，用户可以定义和编辑文本的格式和版面信息，如定义文本中颜色、字体、字号等文本格式，定义页边距、行距、表格、分栏等版面格式，以及定义图片、公式等格式。格式文本是计算机文字处理的重要内容之一。

WPS Office 是由金山软件股份有限公司自主研发的一款办公软件套装，可以实现办公软件最常用的文字、表格、演示，以及 PDF 阅读等多种功能。

Microsoft Word 文字处理软件是微软公司开发的用于文字处理的软件。

Adobe Acrobat 是由 Adobe 公司开发的一款 PDF（Portable Document Format，便携式文档格式）编辑软件。

1.4　多媒体技术应用领域

多媒体技术的应用领域非常广泛，几乎遍布各行各业及社会生活的各个角落。多媒体技术具有直观、信息量大、易于接受和传播迅速等显著特点。近年来，随着互联网的兴起，多媒体技术也渗透到互联网上，并随着网络的发展和延伸而不断地成熟和进步。

1.4.1　多媒体在教育培训领域的应用

教育领域是应用多媒体技术最早的、进展最快的领域。多媒体系统的形象化和交互性为学习者提供了全新的学习方式，使接受教育者以最自然、具有真实感的、最容易接受的多媒体形式去学习，这样，不仅扩展了信息量，提高了知识的趣味性，而且能够帮助接受教育者主动地、创造性地学习，具有更高的效率。目前，多媒体技术在教学中显示了强大的生命力，发挥着不可或缺和不可替代的作用。

多媒体具有的交互、模拟仿真等特点，使得多媒体技术广泛用于各类培训项目中。通过多种媒介向人们传递信息的方式，能够让培训环境更为理想、更加吸引人，可以有效地提高教学效率。例如，消防重点单位的员工通过文字、图片、动画和视频来学习消防法规、安全制度、防火措施和灭火器材的使用方法等知识，开展消防安全教育培训。航班乘务人员在模拟环境下学习如何应对国际恐怖行动，以保障安全。联合国禁毒机构人员通过使用交互式的视频和图片进行培训，找出飞机和船舶上可能藏匿毒品的位置。新入职的护士通过多媒体视频教学，近距离地学习并掌握规范的护理动作和要领，且不受时间、空间等客观教学环境的限制，从而提高教学效果，节省教学时间，提高了护理操作质量。

1.4.2 多媒体在商业领域的应用

商业领域的多媒体应用包括商业展示、营销、广告、咨询服务等。

利用多媒体技术制作的各类影视广告、招贴广告、市场广告、企业广告等，具有图文并茂的优势，其绚丽的色彩、变化多端的形态、特殊的创意效果，使人们在了解广告意图的同时，得到了艺术享受。

通过多媒体技术，可以提供高效的咨询和展示服务。在销售、宣传等活动中，使用多媒体技术图文并茂地展示产品，使客户对商品有感性、直观的认识。

多媒体在办公室中的应用也司空见惯。多媒体会议系统就是一种实时的分布式多媒体应用。多媒体会议系统可以进行单点对单点通信，多点对多点通信，还可以利用其他媒体信息进行交流，实现人与人之间的面对面虚拟会议环境。

1.4.3 多媒体在影视娱乐业中的应用

作为一种技术手段，多媒体在影视娱乐业作品的制作和处理上被广泛采用。如动画片的制作。动画片经历了从手工绘画到计算机绘画的过程，动画模式也从经典的平面动画发展到体现高科技的三维动画。由于计算机的介入，使动画的表现内容更加丰富多彩、更具有趣味性，这充分说明了多媒体技术在影视娱乐业的作用。

许多最新的多媒体技术往往首先应用于游戏，玩家对游戏的不断需求极大地促进了多媒体技术的发展。目前互联网上的多媒体娱乐活动多姿多彩，可以说娱乐和游戏是多媒体技术应用最为成功的领域。

1.4.4 多媒体在公共场所中的应用

在飞机场、火车站、购物中心、博物馆、图书馆、超市等公共场所，随时随地都可见多媒体的应用。多媒体可作为独立的终端或者查询设备，为消费者提供了信息和帮助。

在公共安全方面，也离不开多媒体的应用。如借助于人脸识别技术，可以实现在人流密集的公共场所对人群进行监控，实现人流自动统计、特定人物的自动识别和追踪。

1.4.5 多媒体在医疗领域的应用

医疗领域是多媒体技术应用的重要领域，多媒体技术在电子病历、医疗影像诊断、远程医疗服务等方面发挥了巨大的作用，产生了可观的社会效益和经济效益。

所谓远程医疗，就是使用远程通信技术、全息影像技术、多媒体技术为相隔两地的医务人员和患者提供远距离医学信息和服务。远程医疗系统包括远程诊断、远程会诊及护理、远程教育、远程医疗信息服务等所有医学活动，实现以检查诊断为目的的多媒体远程医疗诊断系统，以咨询会诊为目的的多媒体远程医疗会诊系统，以教育培训为目的的多媒体远程医疗教育系统，以家庭病床为目的的多媒体远程病床监护系统。

目前，在临床诊断中，越来越多地依靠医学图像。医学图像包括 CT 图像、核磁共振图像、B 超扫描图像等，对于这些种类繁多的医学图像信息，人眼有时很难直接做出准确的判断，借助于多媒体技术和数字图像处理技术，通过对图像进行复原、增强、分割、提取特征、识别等处理手段和方法，可以完成医疗影像诊断。

1.4.6　虚拟现实

虚拟现实是多媒体的一种扩展。虚拟现实是使用计算机生成的一种特殊环境，人们可以通过特制的 VR 眼镜、VR 头显、数据手套等各种特殊装置，将自己"投射"到该环境中，实现一定的目的，如用户体验、游戏和训练等。

当今，"虚拟世界"成为社会和计算机应用科学研究者广泛关注及研究的焦点。人们以更方便、更直观的方式与计算机进行交互。生成立体的视觉环境和立体的音响效果，产生和谐友好的人机交互环境，改变了人与计算机之间枯燥、生硬和被动的现状。虚拟现实技术、计算机网络技术、多媒体技术、人工智能技术、现代通信技术等信息技术的融合，形成一个功能强大的、互动性的、全新的媒体，给人们展现一个丰富多彩的、奇妙无比的、虚拟的、开放及全新的思维活动和实践活动的世界。虚拟现实技术的广泛应用，给人们的工作、生活带来了极大的改变和享受。

1.5　多媒体计算机系统

1.5.1　多媒体计算机系统

多媒体计算机系统是指能对文本、图像、图形、音频、视频、动画等多媒体信息实现逻辑互连、采集、存储、编辑、集成和播放等功能的一个完整的计算机系统。

多媒体个人计算机（Multimedia Personal Computer，MPC）是指符合 MPC 标准的、具

有多媒体功能的个人计算机。MPC 是在一般个人计算机的基础上，加上一些硬件板卡及其软件，使其具有综合处理声音、文字、图形、图像、视频等多媒体信息的功能。

由美国 Microsoft、荷兰 PHILIPS 等公司成立的多媒体个人计算机市场协会制定的 MPC 标准，对个人计算机增加多媒体功能所需的软硬件进行了最低标准规范，规定了多媒体个人计算机硬件设备和操作系统等的量化标准，分别于 1991 年、1993 年和 1995 年制定了 MPC1、MPC2 和 MPC3 共 3 项基本标准，制定了高于 MPC 基本标准的升级规范。

多媒体计算机系统包括硬件系统和软件系统。多媒体计算机系统基本架构如图 1-1 所示。

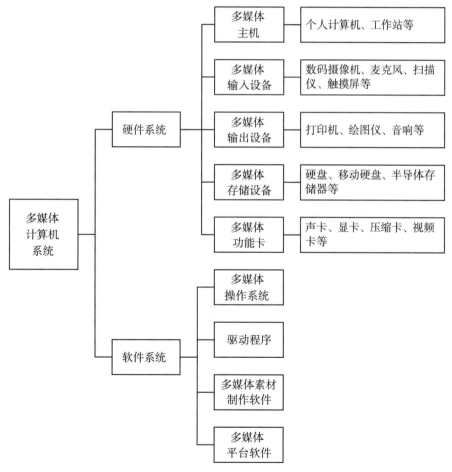

图 1-1　多媒体计算机系统基本架构

1.5.2　多媒体硬件系统

多媒体硬件系统是指具有多媒体处理能力的各种硬件，包括多媒体主机，多媒体输入、输出设备，多媒体存储设备，各种多媒体功能卡，以及扩展设备、操纵控制设备等。

1. 多媒体主机

多媒体主机包括多媒体个人计算机、专用多媒体系统和多媒体工作站三种类型。

2. 多媒体输入设备

输入设备是向计算机输入数据和信息的设备。多媒体输入设备除了常用的键盘和鼠标外，还有摄像头、扫描仪、光笔、手写输入板、数码相机、摄像机、触摸屏、游戏杆，语音输入装置等。

3. 多媒体输出设备

输出设备用于接收计算机数据的输出显示、打印、声音、控制外围设备操作等。常用的输出设备有显示器、打印机等，以及绘图仪、影像输出系统、语音输出系统、投影系统等。

4. 多媒体存储设备

多媒体数据量巨大，需要大容量的存储设备来保存多媒体数据。多媒体存储设备主要有硬盘、半导体存储器（如存储卡、U 盘、固态硬盘）、移动硬盘、光盘等。

5. 多媒体功能卡

多媒体功能卡的作用是通过这些功能卡将计算机与各种外部设备相连，构成一个制作和播出多媒体系统的工作环境。具有代表性的多媒体功能卡包括声卡、视频卡、显卡等。

（1）声卡，也称为音频卡，是处理各种类型数字化声音信息的主要硬件。声卡完成对声音信号的采集、编码、压缩、解压、回放等处理。声卡处理的音频信息在计算机中以文件形式存储。

声卡的基本功能包括：
- 支持录音设备对声音录制采集和编辑处理；
- 可对声音信号进行模数转换和数模转换；

- 能够对数字化声音信号进行压缩和解压，以便信号存储和还原；
- 能够进行语音合成和识别；
- 能进行声音播放和控制；
- 提供 MIDI 音乐合成功能等。

从 1984 年第一块声卡问世至今，声卡的功能已大大增强。声卡有板卡式、集成式和外置式三种接口类型，适应不同用户的需求。声卡的工作需要有相应的软件支持，包括驱动程序、混频程序和播放程序等。

（2）视频卡，是多媒体计算机中用于视频信息处理的硬件设备。视频卡种类很多，按其功能划分，主要有视频采集卡、视频压缩卡和视频输出卡等。视频采集卡用于采集视频信号，采样后进行数字化处理，以数字视频文件的形式存入计算机中，也可将摄像机拍摄的影像实时输入计算机中进行编辑。现在，许多型号的采集卡同时还具备了压缩功能。由于视频信号的数据量很大，直接进行传输比较困难，视频压缩卡按照视频压缩编码标准对视频信号进行压缩和解压处理。经计算机处理后的视频信息由于信号格式的原因，不能直接在电视机等播放设备上收看，因此需要用视频输出卡将计算机显卡输出的 VGA 信号转换成标准的视频信号，使其完全符合电视标准的 PAL 或 NTSC 等制式，然后在电视机上播放。

（3）显卡，也称为显示适配器，是计算机主机与显示器之间的接口。显卡的作用是将计算机中处理的数字信号转换为图像信息后输出，同时显卡还具有图像处理能力，可协助 CPU 工作，提高整体的运行速度。显卡分为独立显卡和集成显卡。独立显卡是将其安装在主板的扩展槽中，集成显卡是将其集成在主板上。对于从事专业图形设计的人员来说，显卡非常重要。

1.5.3 多媒体软件系统

多媒体软件系统包括多媒体操作系统、多媒体驱动软件、多媒体素材制作软件和多媒体平台软件，还有多媒体数据库管理系统、多媒体压缩/解压缩软件、多媒体通信软件等。

1. 多媒体操作系统

操作系统是多媒体软件系统的基础，它管理和控制着计算机系统的所有软硬件资源。多媒体操作系统是在一般操作系统的功能外，增加了具有多媒体底层扩充模块，支持高层多媒体信息的采集、编辑、播放和传输等处理功能的操作系统，具有支持多媒体信息的能力，能够进行多媒体硬件的调度和指挥，能够为多媒体开发和播放提供支撑平台，支持各种多媒体软件的运行，并具备良好的可扩展性。Windows 是多媒体操作系统。今天的多媒体操作系统和主流操作系统的界限越来越模糊。未来的主流操作系统必将进一步拓展多媒体方面的应用。

2. 多媒体驱动软件

多媒体驱动软件是多媒体软件中直接作用于多媒体硬件的软件。其功能是直接控制和管理多媒体硬件，并完成设备的初始化、启动和停止等各种操作。现在许多硬件能够即插即用。

3. 多媒体素材制作软件

多媒体作品中大多包含文本、图形、图像、声音、视频、动画等多种媒体素材。多媒体创作的前期工作主要是进行各种媒体素材的采集、设计、制作、加工和处理，完成素材的准备。这些工作需要使用众多的素材采集制作软件。不同的媒体，使用的软件工具有所不同。

多媒体素材制作软件由各种专门制作素材的软件组成，包括文字编辑软件、图形图像编辑、处理软件、声音处理软件、视频处理软件和动画处理软件等。

（1）文字编辑软件，一般用于文本的编辑、格式化和排版，文字编辑软件有很多，常用的有 Word、WPS、记事本、写字板和 PDF 阅读编辑软件。

（2）声音处理软件，是一类专门用于加工和处理声音的多媒体音频处理软件。其作用是将声音数字化，并对其进行加工、合成多个声音素材，制作各种声音效果，以及保存声音文件等。若仅仅是录制音频文件，只需要利用 Windows 自带的录音机工具就可以完成，但如果要对音频文件进行加工、转换、编辑、处理，则需要声音处理软件。常用的声音处理软件包括 Adobe Audition、Sound Forge、GoldWave 等。

除了声音处理软件外，还有众多音频格式转换软件、音频播放软件等。如 Windows 的 Media Player，是一款能够播放多种格式的媒体播放器。

（3）图形图像编辑处理软件，用于获取、处理和输出图像，被广泛应用于广告制作、平面设计和影视后期制作等领域。图像处理软件的基本功能有图像获取、图像输入输出、图形绘制、图形图像编辑、图像处理、图形图像文件格式转换等。

专业的图像处理软件有 Adobe 的 Photoshop 系列。

（4）视频处理软件，是能够对视频信息进行采集、编辑、剪辑、特效处理、视频播放的软件。

Adobe 公司开发的功能强大的非线性视频编辑软件 Adobe Premiere 是一款专业的视频处理软件。Premiere 广泛应用于电视编辑、广告制作、电影剪辑等专业领域，已成为应用最为广泛的视频编辑软件。Adobe 公司推出的另一款图形视频处理软件 After Effects 是专业的影视后期处理软件，将视频特效合成技术上升到了一个新的高度。其他的视频处理软件还有 Corel Video Studio（会声会影）、Windows Movie Maker 等。

此外，还有视频格式转换软件，如格式工厂，以及视频播放软件，如 Media Player 等。

（5）动画制作软件，是能够进行动画创作、编辑的软件，可分为二维动画软件和三维动画软件。常用的动画制作软件如 Adobe Animate，Autodesk 公司的 3ds Max、Maya 等。

4. 多媒体平台软件

在制作多媒体的过程中，通常利用专门的软件对各种媒体加工和制作，当媒体素材制作完成后，再使用多媒体平台软件将它们结合在一起，形成一个相互关联的整体。多媒体平台软件能够按照用户要求组织、编辑、集成各种媒体素材并进行统一的媒体信息管理，且利用操作界面生成、交互控制和数据管理等功能，将多媒体信息组合成一个结构完整的具有交互功能的多媒体演播作品。

多媒体平台软件有很多，如 Authorware、Director、PowerPoint，以及传统程序设计语言等，不同的平台软件提供的应用开发环境有所不同，每一类软件具有自己的功能和特点，适用于不同的应用范围。

制作成功的多媒体演播作品，除了需要众多且合适的媒体素材制作软件和平台软件外，还需要制作人员的创造性、技术、组织和商业能力。

本 章 小 结

本章讲解了多媒体、多媒体技术的概念和特征，以及多媒体技术的研究内容和关键技术，展现了多媒体技术的应用领域。最后介绍了多媒体计算机系统，包括多媒体硬件系统和多媒体软件系统。

习　　题

一、单选题

1. 下列不属于媒质的是(　　)。

    A. 光盘　　　　　　B. 鼠标　　　　　　C. 磁盘　　　　　　D. 半导体存储器

2. 下列不属于媒介的是(　　)。

    A. 文字　　　　　　B. 图形　　　　　　C. 磁带　　　　　　D. 动画

3. 以下不属于多媒体技术特性的是(　　)。

    A. 数字化　　　　　B. 相关性　　　　　C. 交互性　　　　　D. 同步性

4. 多媒体技术包含 (　　)。

  A. 计算机软硬件技术　　　　　　　B. 信号的数字化处理技术

  C. 音频视频处理技术　　　　　　　D. 以上都是

5. 在计算机发展的初期，计算机承载信息的媒体是(　　)。

  A. 文字　　　　　　B. 数值　　　　　　C. 文本　　　　　　D. 声音

6. 当前常用的压缩编码/解压缩编码国际标准中，静态图像压缩编码标准有(　　)，动态图像压缩标准有(　　)。

  A. MPEG、JPEG　　　　　　　　　B. JPEG、MPEG

  C. MPG、JPG　　　　　　　　　　D. JPG、MPG

7. 下面不是衡量数据压缩技术性能的重要指标的是(　　)。

  A. 压缩比　　　　　B. 算法复杂度　　　C. 恢复效果　　　　D. 标准化

8. 以下关于多媒体个人计算机（MPC）描述错误的是(　　)。

  A. 严格意义上讲，所谓多媒体个人计算机，是指符合 MPC 标准的具有多媒体功能的个人计算机。

  B. MPC 是一种全新的个人计算机，它在一般个人计算机的基础上，通过扩充使用视频、音频、图形处理软硬件来实现高质量的图形、立体声和视频处理能力。

  C. 多媒体计算机系统主要包括硬件系统和软件系统。其中，软件系统主要包括多媒体操作系统、驱动程序、多媒体素材制作软件及多媒体平台软件。

  D. 多媒体计算机系统中的输入设备主要有数码摄像机、麦克风、扫描仪、触摸屏等。

9. 以下对声卡功能描述错误的是(　　)。

  A. 支持录音设备对声音进行采集和编辑处理

  B. 能够进行语音合成和识别

  C. 只可对声音信号进行模数转换

  D. 数字信号处理器是声卡的核心部件之一，它完成数字声音的编码、解码等操作

10. 以下根据功能对视频卡进行分类，不包括(　　)。

  A. 视频采集卡　　B. 视频输出卡　　C. 视频整理卡　　D. 视频压缩卡

11. 文本信息获取的方式不包括(　　)。

  A. 键盘输入　　　B. AI 输入　　　　C. 语音输入　　　D. OCR 识别输入

12. 多媒体的交互性表现在(　　)。

  A. 用户可以按照自己的需求对信息进行有效控制

  B. 可以将数据转换为可理解的知识

C. 可以根据自己的需求对不同媒体的内容进行处理

D. 用户操作媒体的活动本身也是一种信息转换的媒体

13. 下列事件(　　)标志着多媒体计算机进入标准化阶段。

A. 1984 年，苹果公司在 Macintosh 计算机上增加了图形处理功能

B. 1985 年，微软公司推出 Windows 操作系统

C. 1986 年，Philips 公司和 Sony 公司推出 CD-I 系统

D. 1990 年，多媒体工作者会议提出 MPC1.0 标准

14. 目前，音频卡的主要功能有(　　)。

① 音频的录制与播放　　② 语音识别　　③ 音频的编辑与合成　　④ MIDI 接口

A. ①②③　　　　　B. ①③④　　　　　C. ①③　　　　　D. ①②③④

15. 下列编码中所占字节数最长的可能是(　　)。

A. ASCII　　　　　　　　　　　　B. 汉字信息交换码

C. UTF-8　　　　　　　　　　　　D. UTF-16

16. 多媒体计算机的硬件系统除了要有基本计算机硬件以外，还要具备一些多媒体信息处理的(　　)。

A. 外部设备和接口卡　　　　　　B. 主机

C. 显示器　　　　　　　　　　　D. 外部设备

17. 数据压缩是指对原始数据进行重新编码，去除原始数据中(　　)数据的过程。

A. 噪音　　　　　B. 冗长　　　　　C. 冗余　　　　　D. 重复

18. 下面(　　)选项是正确的叙述。

A. 解码后的数据与原始数据一致称为不可逆编码的方法。

B. 解码后的数据与原始数据不一致称为有损压缩编码。

C. 解码后的数据与原始数据不一致称为可逆编码的方法。

D. 解码后的数据与原始数据不一致称为无损压缩编码。

二、填空题

1. 多媒体信息的特点是＿＿＿＿＿＿＿＿。

2. 多媒体技术以数字化为基础，利用计算机对多种媒体信息进行综合处理，建立逻辑关系、集成为一个系统，并具有良好＿＿＿＿＿＿＿＿的技术。

3. 多媒体技术呈现出多元化、嵌入化、网络化和＿＿＿＿＿＿＿＿的发展趋势。

4. ＿＿＿＿＿＿＿＿是多媒体的关键技术之一。其中，数据的压缩实际上是一个编码过程，根据解码后数据与原始数据是否完全一致进行分类，压缩方法可分为有失真编码和无失真

编码两类。

5. _____是指能对文本、图像、图形、音频、视频、动画等多媒体信息实现逻辑互连、采集、存储、编辑、集成和播放等功能的一个完整的计算机系统。

6. 显卡是计算机主机与显示器之间的接口。显卡的作用是_____。

7. 在计算机中，多媒体数据最终是以_____存储的。

8. 音频和视频都是与时间有关的媒体，再加上网络处理信息的需求，因此，在处理、存储、传输和播放时，需要考虑其_____。

9. 目前计算机中使用得最广泛的西文字符集及其编码是_____。

10. OCR 是_____的缩写。其功能是_____。

三、简答题

1. 请简述多媒体信息的类型。

2. 请简述多媒体技术的主要研究内容。

3. 多媒体的关键技术有哪些？

4. 多媒体技术应用的意义是什么？

5. 多媒体计算机系统由哪几部分组成？

6. 多媒体存储设备和输出设备分别有哪些？请举例说明。

7. 什么是数据压缩？为什么要对多媒体信息进行数据压缩？衡量数据压缩算法优劣的标准是什么？

8. 请简述声卡的功能。

9. 请列出几种常用的多媒体创作工具。

10. 格式文本处理的主要目的是什么？格式文本处理在技术方面包括哪几方面的内容？

四、思考题

1. 如何理解多媒体制作需要创造性、技术、组织和商业能力。

2. 结合所学专业，思考多媒体技术在本专业中的应用。

3. 目前，多媒体技术的研究热点有哪些？

4. 纵观多媒体技术的发展历程，思考科学技术是如何推动人类文明和社会发展的。

第 2 章
音频处理技术

音频是指人能听到的声音，包括语音、音乐和自然声等其他声音，是人类相互交流和认识自然的重要媒体形式之一。人们通过声音，可以直观地、感性地认识和理解多媒体信息的含义。语音可以叙述客观事实、交流思想、抒发情感；美妙的音乐能够让人心情愉悦，唤起内心丰富的情感；声音加入画面中，能立体地、多层次地表现主题，增加画面的信息量。虚拟现实技术需要有 3D 音频才能产生更真实的沉浸感。因此，理解音频相关概念、掌握音频处理技术，对多媒体技术及虚拟现实都有着重要的意义。

本 章 导 学

☞ 学习内容

音频是多媒体技术中的一种媒体元素，数字音频处理在多媒体业务中占有重要的地位，音频处理技术是指利用计算机技术实现传统音频处理的技术，是多媒体技术与虚拟现实研究的重要内容，被广泛应用于音频广播、电视电影、多媒体通信等领域。本章将介绍声音的物理特性及心理特性；利用数字化手段对声音进行采样、量化和编码；常用的数字音频文件格式和转换；数字语音处理技术、3D 音频技术等内容。

☞ 学习目标

（1）理解声音的数字化。
（2）掌握数字音频的基本知识。
（3）掌握常用的数字音频文件格式及其格式转换。
（4）了解数字语音处理技术。
（5）了解使用软件进行声音的采集和处理。

（6）了解 3D 音频。

☞ **学习要求**

（1）了解声音的物理特性和心理特性。
（2）掌握声音数字化的过程。
（3）掌握常用的数字音频文件格式。
（4）能够使用转换工具进行音频格式的转换。
（5）了解数字语音处理技术。掌握语音识别的基本知识。

2.1 音频基础知识

声音是由物体的机械振动产生的。振动的物体称为声源，声源发出的声音只有通过有效介质才能传播，介质可以是液体、固体或气体，最常见的声音传播介质是空气。当声波通过介质传播到达人耳时，引起人耳鼓膜发生相应的振动，这种振动通过人的听觉系统传到听觉神经，经过大脑细胞分析、处理后便使人产生了听觉。

声音的基本特性包括物理特性和心理特性。声音的物理特性是声音作为波形的本质上的特性，不随人的感受变化，是客观存在的属性。声音的心理特性指的是声音从声源经过传输介质到达人的耳朵后，人所产生的心理感受，是主观感知的结果。声音的物理特性在一定程度上决定了声音的心理特性。

2.1.1 声音的物理特性

自然界的声音是一个随时间而变化的连续信号，可近似地将之看成是一种周期性的函数。在物理学中声音称为声波，通常用模拟的连续波形来描述声波的形状，单一频率的声波可用一条正弦波表示。描述声音的重要指标是振幅、周期和频率。

1. 频率

描述声波的最基本参数是频率，定义为声波在单位时间内完成周期性变化的次数，单位为 Hz（赫兹）。声波的频率反映出声音的音调，声音尖细表示频率高，声音粗低则频率低。

不同的声音有不同的频率范围，人的耳朵能够听到的声音频率范围为 $20\sim2\times10^4\,\mathrm{Hz}$，一般称这种声音为可听声波；频率低于 20Hz 的声音称为次声波；频率高于 2×10^4Hz 的声音称为超声波。次声波的频率较低，波长很长，穿透力强，传播距离很远，会干扰人的神经系统，危害人体健康。因此在军事上次声波可以用于制造武器，而不会造成环境污染。超声波的频率较高，方向性很好，穿透能力也强，已经广泛用于探伤、测厚、测距、遥控和成像等。

声音从频率角度分为两类：纯音和复合音（复音）。纯音是单一频率成分的声音，如音叉发出的声音；复音是由两种以上频率成分构成的声音，自然界中的声音如语音、音乐或噪声大多是复音。

声音的频率范围称为频带，对于声源而言，频带越宽，表现力越好，层次越丰富。在多媒体应用中，按照对声音质量的要求不同以及使用频带的宽窄，通常将音频信号分为四类：

（1）电话语音：信号频带为 200~3400Hz，用于各类电话通信。

（2）调幅广播（AM）：信号频带为 50~7000Hz，它提供了比电话语音更好的音质和声音特征，常用于电话会议、视频会议等。

（3）调频广播（FM）：信号频带为 20~15000Hz。

（4）高保真立体声：信号频带为 20~20000Hz，用于 VCD（视频高密度光盘）、DVD（数字通用光盘）、CD（数字激光唱盘）、HDTV（高清晰度电视）伴音等。

2. 周期

与频率相关的另一个参数是音频信号的周期。如果信号每隔一定时间就循环重复出现，那么就称这个时间为周期，即信号完成一次振动的时间。周期和频率之间的关系是互为倒数。

具有周期性的声音听起来悦耳。如乐器的演奏、语音、歌声、鸟鸣等，都是周期性的声音。一般天然声音不会有很强的周期性，如打击乐器声、雷电声以及流水声等，都是非周期性的。

3. 振幅

声波的振幅定义为振动过程中振动的物质偏离平衡位置的最大绝对值。振幅体现声波能量的大小，也反映出声音的大小。

4. 声压和声压级

声压是由于声波的振动而在大气中产生的附加压强。声压的大小反映了声音震动的强弱，同时也决定了声波的振幅大小。声压越大，空气的压缩量越大，对人的耳膜产生的压力越大，人们听到的声音就越响亮。

人耳对声音强弱的感知并不正比于声压的绝对值，而是与声压绝对值的对数成正比。通常，用声压的相对大小（声压级）对声音的大小进行度量，单位为 dB（分贝），人能感知的声音大小的范围一般为 0~120dB。

2.1.2　声音的心理特性

声音的心理特性是人对声音的主观感觉，主要包括音调、响度和音色三要素。

1. 音调

音调是人耳对声音高低的主观感觉。音调主要与声音的基波频率有关。频率越高，音调越高，给人以亮丽、明快的感觉；频率越低，音调越低，给人以低沉、厚实、粗犷的感觉。除了频率外，影响音调的因素还有声音的声压级。此外，音调的建立需要一定的持续时间，不足一个周期的声音是没有音调感的。

2. 响度

响度又称音强，是指声音的强度，是人耳对声音强弱的主观感知，主要取决于声波振动的振幅和声压。通常振幅越大，声音越响；人耳距离声源越近，感觉声音越大。另一个影响响度的重要因素是频率，次声波或超声波的幅度和声压无论有多大，人都会觉得它不响；事实上，在可听声的频率范围内，对于振幅和声压相同而频率不同的声音，人听起来也会感觉不一样响。

3. 音色

音色是人们区别具有相同的响度和音调的两个不同声音的主观感觉。声音信号中谐音的多少、各谐音的频率和振幅决定声音的音色，使人耳能辨别出不同的乐器以及不同的人所发出的声音。一般来说，谐音成分越丰富，声音越饱满；低频谐音越充分，声音越厚实，越有力；高频谐音越充分，声音越尖锐，越高亢。当高低频谐音分布较为合理时，就是一个具有完美音色的声音。

2.1.3　声音的数字化

声音的数字化就是将连续变化的模拟声音信号转换成离散的数字信号，包括采样、量化和编码三个主要过程，如图 2-1 所示。

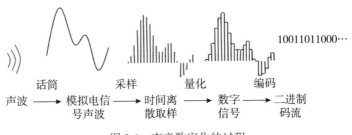

图 2-1　声音数字化的过程

　　自然界的声音经过话筒后，机械运动被转化为电信号，这些电信号由许多正弦波组成，是在时间和幅度上连续变化的模拟量。在时间上连续，是指在一个确定的时间范围内，声音信号的幅度值有无穷多个；在幅度上连续，是指幅度的幅值有无穷多个。与模拟信号相对应的是数字信号。数字信号指的是时间和幅度都用离散的数字表示的信号。数字信号的特点是一个时间范围内的信号只有有限的幅值，而每个幅值只能取有限的数值。

　　音频信号的数字化是一种必不可少的技术手段。音频信号数字化后，具有更好的保真度和更强的抗干扰能力。数字化后的声音可以利用计算机进行处理，可以不失真地远距离传输，能够与图像、视频等其他媒体信息进行多路复用，以实现多媒体化与网络化。

　　采样是对模拟信号在时间上的离散化，量化是对模拟信号在幅度上的离散化，编码则是按照一定的规律，将量化后得到的数据表示成计算机能够识别的二进制数据格式。

　　上述数字化的过程又称为脉冲编码调制（Pulse Code Modulation，PCM），通常由模/数（A/D）转换器来实现。

　　数字音频信号经过处理、记录或传输后，当需要重现声音时，由数/模（D/A）转换器进行解码，将二进制编码恢复成原始的模拟声音信号，通过音响设备输出。

　　对声音进行直接数字化处理所得到的结果称为波形音频文件，是对外界连续声音波形进行采样并量化的结果。

　　声音的数字化过程由计算机中的声卡来完成。

1. 声音的采样

　　信息论的奠基者香农（Shannon）指出，在一定条件下，用离散的序列可以代表一个连续函数。这为数字化技术奠定了基础。

　　声音的采样是每隔一段相同的时间间隔在模拟音频的波形上采集一个幅度值，即在时间上对模拟信号进行离散。每次采样所获得的数据称为采样样本，它们与采样时间点的声波信号相对应。将一连串采样样本连接起来，就可以描述一段声波。其中，每秒钟对声波采样的次数称为采样频率。采样频率的倒数是两个相邻采样点之间的时间间隔，称为采样周期。

2. 声音的量化

采样得到的幅值是无穷多个实数值中的一个，因此幅度还是连续的。而对于固定位数的二进制数所能表示的数值个数有限。量化就是将信号的连续取值近似为有限多个离散值的过程，即在幅值上对模拟信号进行离散。具体过程是：先将整个幅度划分为有限个小幅度（量化间隔）的集合，把落入某个量化间隔内的采样值表示成相同的一个量化值，如 8 位量化位数表示每个采样值可以用 2^8（256）种不同的量化值之一来表示。显然，量化间隔越多，误差相应就越小，但生成的数字信号的数据量就越大。

量化值与实际值是有误差的，因为量化时，每个采样数据均被四舍五入到最接近的整数，这个误差就是量化误差。如果波形幅度超过了可用的最大值，波形的底部和顶部将会被削去，会造成严重的声音失真。

3. 声音的编码

编码是根据一定的格式和原则将经过采样和量化得到的离散数据以二进制的形式进行记录。对数字音频要进行压缩编码，目的是在保证重建音频质量的前提下，以尽量少的位数来表征音频信息；或者是在给定的数码率下，使得解码恢复出的重建声音的质量尽可能高。

为了对音频数据进行有效的压缩，编码算法需要从采样数据中去除数据冗余，同时保证音频质量在许可的范围内。

根据压缩后的音频能否完全重构出原始声音，可以将音频压缩编码技术分为无损编码及有损编码两大类。而按照具体压缩编码方案的不同，又可将其划分为波形编码、参数编码和混合编码等。对于各种不同的编码技术，其算法的复杂度、重建音频信号的质量、编码效率（即压缩比）、编解码延时等都有很大的不同，因此应用场合也各不相同。

2.1.4　数字音频的技术指标

1. 采样频率

采样频率指每秒钟对声波幅度样本采样的次数，单位为 Hz。例如，CD 音频通常采用 44.1kHz 的采样频率，即每秒钟在声波曲线上采集 44100 个样本。采样频率越高，即采样的间隔时间越短，则在单位时间内得到的声音样本数据就越多，数字音频就越接近原声波曲线，声音失真就越小。但是，高采样率意味着声音文件的数据量也越大，存储空间占用越大。

采样频率的高低是根据奈奎斯特定理和声音信号本身的最高频率决定的。奈奎斯特采样定理指出，采样频率不应低于原始声音最高频率的 2 倍，这样才能把数字信号表示的声音还原为原来的声音，否则就会产生不同程度的失真。针对不同的声源和音质需求，通常使用的采样频率包括：11.025kHz（一般语音），22.05kHz（高品质语音或一般质量的音乐），44.1kHz（高品质音乐，如 CD 音频）。

2. 量化位数

量化位数描述每个采样点样本值的二进制位数，单位为位（bit），是每个采样点能够表示的数据范围，反映了度量声音波形幅度的精度。例如，16 位量化位数表示每个采样值用 16 位二进制数表示，测得的声音样本值在 0~65535（2^{16}）之间。量化位数决定了声音的动态范围，16 位的量化位数足以表示极细微的声音到巨大噪声的声音范围。常用的量化位数为 8bit、16bit 和 24bit 等。量化位数是衡量数字音频质量的重要指标，位数越多，所得到的量化值越接近原始声音波形的采样值，声音的质量越好，但需要的存储空间越多；反之，位数越少，声音的质量越差，所需的存储空间越少。

通常用量化位数与采样频率来描述数字声音的质量。标准的 CD 音质为量化位数 16bit、采样频率 44.1kHz。

3. 声道数

声道数是指一次采样所记录的声音波形的个数。单声道只产生一个声音波形；双声道（立体声）产生两个波形，声音信息更加丰富，不仅音色与音质好，而且更能反映人的听觉效果；多声道（环绕立体声）产生两个以上声音波形。但随着声道数的增加，音频文件的存储容量将成倍增加。

采样频率、量化位数、声道数对数字音频的音质和所占用的存储空间起着决定性的作用。

未压缩的音频文件大小可通过如下公式计算：

$$文件每秒存储量（字节）= \frac{采样频率（Hz）\times 采样精度（bit）\times 声道数}{8}$$

例如，一张标准数字唱盘（CD-DA 红皮书标准）的标准采样频率为 44.1kHz、量化位数为 16bit，可以计算出每秒钟的文件大小为 $44100 \times 16 \times 2 / 8 = 176400$Bytes ≈ 172.2KB。那么一首 5 分钟的 CD 音频歌曲，其大小大约为 $0.1682 \times 60 \times 5 = 50.468$MB，因而一张 650MB 的 CD 光盘通常只能存储 10~14 首歌曲。

2.1.5　数字音频的文件格式

数据必须以一定格式存放在计算机中，有格式的数据才能表达信息的含义。因此，经过采样、量化后的数字音频数据需要经过编码并格式化后才能存储、处理。

目前常见的音频格式种类很多，不同的编码方式生成不同的数字音频文件格式。下面介绍几种常用的音频文件格式。

1. WAV 格式

WAV 格式是微软公司开发的声音文件格式，也称为波形文件，是最早的数字音频格式。WAV 文件来源于对声音模拟波形的采样。标准 WAV 文件的采样频率是 44.1kHz，量化位数为 16 位，由于 WAV 格式的声音文件没有使用压缩算法，音质和 CD 相差无几。但其存储容量较大，不便于交流和传播，多用于存储简短的声音片段。

2. MP3 格式

MP3 全称是 MPEG-1 Audio Layer 3。MP3 能够以高音质、低采样率对数字音频文件进行压缩。压缩率高达 10∶1～12∶1，相同长度的音乐文件，用 MP3 格式来存储，文件大小一般只有 WAV 文件的 1/10。MP3 格式的文件因存储容量小、音质好，而成为流行的音频文件格式之一。由于采用有损压缩，MP3 的音质略次于 CD 格式和 WAV 格式文件。

3. WMA 格式

WMA（Windows Media Audio）文件是微软在互联网音频领域的力作。它以减少数据流量但保持音质的方法来达到更高的压缩率，其压缩率一般可以达到 18∶1。WMA 支持音频流技术，适合在网络上在线播放。此外，WMA 还可以通过数字版权管理方案加入防止拷贝、加入限制播放时间和播放次数等限制来防止盗版。

4. MIDI 格式

数字化乐器接口（Musical Instrument Digital Interface，MIDI），是电子音乐/电子合成乐器的统一国际标准。MIDI 音频与波形音频不同，它不记载声音波形数据，而是将电子乐器键盘的演奏信息（包括键名、力度、时间长短等）用数字指令的形式记录下来。在演奏 MIDI 乐器或进行重放时，将这些指令发送给声卡，由声卡按照指令将声音合成出来。MIDI 音频的特点是数据量小，适合用于对资源占用要求苛刻的场合。

5. RA 格式

RA（RealAudio）是由 Real Networks 公司推出的一种文件格式。其最大特点是实时传输音频信息，可以在非常低的带宽下提供足够好的音质，因此 RealAudio 主要适用于网络上的在线播放。RA 格式的文件使用 Real Player 播放器进行播放。

6. CD 格式

CD 格式是音质最好的音频格式，扩展名为 ".cda"。标准 CD 格式文件采样频率为 44.1kHz，16 位量化位数，与 WAV 一样，但 CD 存储采用了音轨的形式，记录的是波形流，是一种近似无损的格式，其声音基本上接近于原声。cda 文件需要使用抓音轨软件将 CD 格式的文件转换成 WAV 等其他格式文件后在电脑上播放。

7. Audio 格式

Audio 格式文件是 Sun 公司推出的一种数字音频格式，是为 UNIX 系统开发的，和 WAV 格式非常相像，大多数音频编辑软件都支持这种音乐格式。

8. AIFF 格式

AIFF（Audio Interchange File Format，音频交换文件格式），是 Apple 公司开发的一种音频文件格式，属于 QuickTime 技术的一部分。该格式的特点是格式本身与数据的意义无关。

9. AAC 格式

AAC（Advanced Audio Coding，高级音频编码），是 MPEG-2 规范的一部分。AAC 的音频算法在压缩能力上远远超过了以前的一些压缩算法（如 MP3）。它还同时支持多达 48 个音轨、15 个低频音轨、更多种采样频率和比特率、多种语言的兼容能力、更高的解码效率。总之，AAC 可以在比 MP3 文件缩小 30% 的前提下，提供更好的音质。

10. APE 格式

APE 是目前流行的数字音乐文件格式之一，是一种无损压缩音频技术。其设计思路是：将 PCM 编码的文件用类似 ZIP 或 RAR 的常见压缩算法进行压缩，并在播放时先将其解压为原来的 PCM 波形编码格式再进行播放。APE 的文件大小大概为 CD 的一半，对于希望通过网络传输音频 CD 的人们来说，APE 可以节约大量的资源。

11. FLAC 格式

FLAC（Free Lossless Audio Code，无损音频压缩编码），音频以 FLAC 编码压缩后不会丢失任何信息，将 FLAC 文件还原为 WAV 文件后，与压缩前的 WAV 文件内容相同。FLAC 是专门针对 PCM 音频的特点设计的压缩方式，而且可以使用播放器直接播放 FLAC 压缩的文件，就如播放 MP3 文件一样。FLAC 文件的大小同样约等于普通音频 CD 的一半，并且可以自由地互相转换，音乐质量不会改变。目前，FLAC 和 APE 是两个最常用无损音频格式。与 APE 格式相比较，FLAC 格式体积稍大，但兼容性更好，编码速度更快，播放器支持更广。

在计算机中，声音产生有两种方法：一是录音/重放，二是声音合成。对应的数字声音也有两种不同的表示方法，一是波形声音，它是通过对实际声音的波形信号进行数字化而获得，它能高保真地表示现实世界中任何客观存在的真实声音；另一种是使用符号对声音进行描述，然后通过合成的方法生成声音。用符号描述的乐器演奏的声音 MIDI 属于第二种方法。

2.1.6　音频文件的格式转换

音频文件的格式很多，在音频的处理过程中，往往要进行各种格式之间的相互转换。音频格式的转换可以通过专用转换工具或音频编辑软件进行格式转换等途径来实现。

2.1.7　音频编辑软件

音频编辑软件的主要作用是实现音频的二次编辑，从而达到改变音乐风格和多音频混合加工的目的。常用的音频编辑软件有 Windows 录音机、GoldWave、Audacity、Adobe Audition 等。其中 Adobe Audition 是当前在音频编辑领域使用最为广泛的一款软件。

2.2　数字语音处理技术

2.2.1　语音合成技术

语音合成是利用计算机和一些专门装置，使用模拟方法产生人造语音的技术。语音合成的目的是使计算机具有说话能力，这与传统的声音回放设备或系统达到的效果有着本质的区别。传统的设备或系统，如磁带录音机，是通过预先录制声音然后回放来实现"让机器说话"的。这种方式无论是在内容、存储、传输或方便性、及时性等方面都存在很大的限制。而通过计算机语音合成，则可以在任何时候将任意文本转换成具有高自然度的语音，从而真正实现让计算机"像人一样开口说话"。

文语转换技术（Text to Speech，TTS），隶属于语音合成技术，通过它将任意文字信息实时转化为标准流畅的语音朗读出来，相当于给机器装上了人工嘴巴。它涉及声学、语言学、数字信号处理、计算机科学等多个学科技术，是信息处理领域的一项前沿技术，主要处理将文字信息转化为语音信息，以实现动态的、及时的语音朗读等功能。目前 TTS 语音引擎有微软 TTS 语音引擎、科大讯飞语音引擎等。

2.2.2　语音增强技术

语音增强技术是指当语音信号被各种各样的噪声干扰、甚至淹没后，从噪声背景中提取有用的语音信号，抑制、降低噪声干扰的技术。

语音增强技术主要是要消除原有语音中的噪声，从而改进语音质量，提高语音可懂度。采用的主要方法有噪声对消法、谐波增强法和基于参数估计的语音合成方法等。

2.2.3　语音识别技术

语音识别技术，也称为自动语音识别，主要包括语音听写和语法识别功能。其目的是使计算机具有听懂人说话的能力。

1939 年，首个能够处理合成语音的机器在贝尔实验室诞生。1952 年，贝尔实验室发明了一款能够听懂从 0 到 9 的语音数字的机器。1954 年，一台与乔治城语言学家合作的 IBM 机器能够把 60 句俄语翻译成英语。1962 年，IBM 开发的 Shoebox 设备能够听懂 16 个单词。到 1976 年，卡内基梅隆大学将机器能够听懂的单词数量增加到了 1000 个以上。20 世纪 80 年代中期，机器已经能够听懂数万个单词。语音识别技术被认为是 2000—2010 年间信息技术领域十大重要的科技发展技术之一。经过多年的技术研究和技术积淀，语音识别技术取得了显著进步，从实验室走向了市场，有了实质性的进展。目前，这些产品有能够听懂人讲话的 Siri、亚马逊 Alexa、谷歌助理以及微软的"小娜"等。

1. 语音识别系统的分类

语音识别系统可以根据对输入语音的限制加以分类。如果从说话者与识别系统的相关性考虑，可以将识别系统分为以下三类：

（1）特定人语音识别系统：仅考虑对于专人的话音进行识别。

（2）非特定人语音系统：识别的语音与人无关，通常要用大量不同人的语音数据库对识别系统进行学习。

（3）多人的识别系统：通常能识别一组人的语音，或者称为特定组语音识别系统，该系统仅要求对要识别的那组人的语音进行训练。

2. 语音识别的基本方法

语音识别分为训练和识别两个阶段。训练阶段是在机器中建立被识别语音的样板或模型库，或者对已存在机器中的样板或模型做特定发音人的适用性修整。在识别阶段，将被识别的语音特征参量提取出来进行模式匹配，相似度最大者即为被识别语音。

一般来说，语音识别的方法有三种：基于声道模型和语音知识的方法、模板匹配的方法及利用人工神经网络的方法。

3. 语音识别系统的结构

语音识别是研究如何利用计算机从人的语音信号中提取有用的信息，并确定其语言含义。其基本原理是将输入的语音经过处理后，将其与语音模型库进行比较，从而得到识别结果，如图 2-2 所示。其中，语音采集设备是指话筒、电话等将语音输入的设备。数字化预处理则包括 A/D 变换、过滤和预处理等过程。参数分析是提取语音特征参数，利用这些参数与模型库中的参数进行匹配，从而产生识别结果的过程。语音识别是最终将识别结果输出到应用程序中的过程。模型库是提高语音识别率的关键。

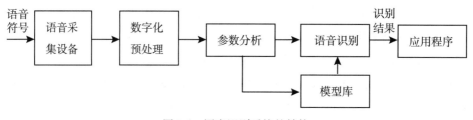

图 2-2　语音识别系统的结构

不同的语音识别系统，虽然具体实现细节有所不同，但所采用的基本技术相似。完整的语音识别系统大致分为三部分：语音信号预处理与特征提取、声学模型与模式匹配、语言模型与语言处理。

4. 语音识别的难点

（1）噪声处理。现在的语音识别系统大多在较为安静的条件下才能够保证较高的准确率，而在语音识别时，使用的麦克风不可避免会接收到除目标人声以外的其他噪声，如环境中的噪声或其他不是目标人物的人声。所以，对噪声进行处理，是提高语音识别系统准确率的关键。

（2）鲁棒性。现有的语音识别系统大多在测试环境下可以有较高的准确性，而进入实际使用的环境时，往往会因为其他因素影响而导致系统的性能与测试时的结果相差较大。语音识别系统对使用环境的强依赖性也是目前需要解决的问题。

（3）语音模型。语言是区别人类和其他动物的关键，所以它的复杂性毋庸置疑。而目前很多的语音识别系统只能对一些简单场景下的语音进行识别，而在一些稍微复杂的场景下使用时，就会出现性能大大降低的情况。说话者的语意和情绪都会影响到语音识别的真实意义和结果，所以需要优化语音模型，这需要大量的训练数据。

5. 语音识别的应用

语音识别技术有了很大的发展，已经被广泛地运用到多个领域。语音听写器已经得到了广泛的应用，如会议记录听写、语音病历等。在进行会议时，可以实时地进行语音识别，将识别文本保留下来作为会议记录。目前，有很多输入法支持用户进行语音输入，并将识别的文本发送出去。未来，语音技术将会不断完善，发展空间十分广阔。

近年来，语音识别在移动终端上的应用最为火爆。语音对话机器人、语音助手、互动工具等层出不穷，许多互联网公司利用语音交互的新颖和便利模式来迅速占领客户群。

Nuance、Google、Apple、MSRA、科大讯飞等公司进行了语音技术的研究和产品开发工作。如苹果的 Siri 实现了语音识别功能，可以支持自然语言输入，并且可以调用系统自带的天气预报、日程安排、搜索资料等应用，还能够不断学习新的声音和语调，提供对话式的应答。科大讯飞开发平台提供了语音听写、语音识别、语音合成、语义理解、语音评测等多种功能。

2.3 3D 音频

声音是仅次于视觉信息的第二传感通道，是虚拟现实环境中的一个重要组成部分。现实世界中，人们不仅可以感觉到声音本身的内容，如声音的大小和音调等，还可以区别出各个音源的具体方位，并通过声音的反射特性，如混响和回声等，感受到现场的环境结构。3D 音频系统可以重建三维声场，恢复声音的方位信息，产生具有空间感和方位感的声音，一些 3D 音频系统还可以恢复声音的环境信息，使用户具有更强的沉浸感，减少大脑对于视觉的依赖性，特别是当空间超出了视觉范围时，就完全要靠声音来识别，从而使用户能从既有视觉感受又有听觉感受的环境中获得更多的信息。另外，在虚拟现实系统中加入 3D 音频，可以加强使用者与虚拟环境的交互，使用者可以通过语音与虚拟世界进行交流。

虚拟现实中的 3D 音频和环绕立体声不同，虽然后者也是模拟不同方向上的声音，但它是提前就渲染处理好的，而且不会随用户头部的转动而发生变化；而虚拟现实中的 3D 音频则是要结合头部追踪等技术，让用户在做转动头部等动作时能听到来自各个方向的声音和变化，是实时渲染的。3D 音频使听者能感觉到声音是来自围绕听者双耳的一个球形空间中的任何地方。

3D 音频具有全向三维定位特征、三维实时跟踪特性以及沉浸感与交互性等主要特征。

为了实现可以听声辨位、身临其境的沉浸式体验，3D 音频技术需要通过一系列的录音技术、回放技术以产生 360 度的空间声。

本 章 小 结

声音是多媒体中一种重要的媒体元素，是表达思想和情感的必不可少的媒体，多媒体中的很多应用都需要用到声音。本章介绍了声音的物理特性和心理特性，声音的数字化过程；常用的数字音频文件格式以及各种格式之间的转换方法；语音合成技术、语音增强技术的基本概念，重点介绍了语音识别技术的概念和技术要点。最后，简单介绍了 3D 音频技术。

习 题

一、单选题

1. 描述声波最基本的参数是( )。

　　A. 振幅　　　　B. 频率　　　　C. 周期　　　　D. 声压

2. 人耳能听到的声音频率范围为( )。

　　A. 20Hz~20kHz　B. 低于 20Hz　C. 高于 20kHz　D. 200Hz~20kHz

3. 声音的强度称为( )。

　　A. 音调　　　　B. 频率　　　　C. 响度　　　　D. 音色

4. 次声波的特点是( )。

　　A. 频率较低，波长很长，穿透力强，传播距离远

B. 频率较低，波长很长，穿透力弱，传播距离远

C. 频率较低，波长很长，穿透力强，传播距离短

D. 频率较低，波长很长，穿透力弱，传播距离短

5. 人能感知的声音大小范围是(　　　)dB。

  A. 0~120   B. 0~140   C. 10~120   D. 20~100

6. 通常人们所说的声音的音调高低，实际上指的是(　　　)。

  A. 声音信号变化频率的快慢   B. 声音的振幅大小

  C. 泛音的多少   D. 声音的响亮程度

7. 将数字音频恢复为声音需用(　　　)解码。

  A. A/D 转换器 B. 音频提取器 C. D/A 转换器 D. 音频编解码器

8. 采样是对模拟信号在(　　　)上的离散化，量化是对模拟信号在(　　　)上的离散化。

  A. 时间、幅度 B. 幅度、时间 C. 空间、幅度 D. 幅度、空间

9. 奈奎斯特采样定理指出采样频率不应低于原始声音本身的(　　　)倍。

  A. 1   B. 1.5   C. 2   D. 5

10. 下列采集的波形声音，(　　　)的质量最好。

  A. 单声道、8 位量化、22.05kHz 采样频率

  B. 双声道、8 位量化、44.1kHz 采样频率

  C. 单声道、16 位量化、22.05kHz 采样频率

  D. 双声道、16 位量化、44.1kHz 采样频率

11. 下列(　　　)是高品质 CD 的采样频率。

  A. 11.025kHz B. 22.05kHz C. 44.1kHz D. 33.75kHz

12. 下列(　　　)标准只针对声音进行压缩。

  A. JPEG 标准 B. CCITT 标准 C. MPEG 标准 D. H.261 标准

13. mp3 采用了(　　　)标准进行数据压缩编码。

  A. MPEG-1 B. MPEG-2 C. MPEG-4 D. MPEG-7

14. 以下(　　　)文件格式是最早的数字音频格式。

  A. MP3 格式 B. WMA 格式 C. WAV 格式 D. RA 格式

15. 以下(　　　)格式是无损音频压缩编码格式。

  A. MP3   B. FLAC   C. AAC   D. WMA

16. 在同等条件下，下列音乐格式中，文件大小最小的是(　　　)。

  A. APE   B. WAV   C. MIDI   D. FLAC

17. 在播放音频时，一定要保证声音的连续性，这就意味着多媒体系统在处理信息时

有严格的(　　)要求。

    A. 多样性　　　　　B. 集成性　　　　　C. 交互性　　　　　D. 实时性

18. 对于调频立体声广播,采样频率为 44.1kHz,量化位数为 16 位,双声道。其声音信号数字化后未经压缩持续一分钟所产生的数据量是(　　)。

    A. 5.3Mb　　　　　B. 5.3MB　　　　　C. 8.8Mb　　　　　D. 10.6MB

19. 在 Adobe Audition 中,下面(　　)方法不能调节音频的音量。

    A. 选中波形区域后拖动编辑器面板上的浮动音量调节按钮

    B. 利用音量"标准化"命令

    C. 利用菜单"效果"→"振幅与限压"→"增幅"命令

    D. 调节计算机系统音量

20. 以下(　　)选项不是语音识别的基本方法。

    A. 声波频率辨认法　　　　　　　　B. 模板匹配方法

    C. 人工神经网络方法　　　　　　　D. 声道模型与语音知识方法

二、填空题

1. 声音的数字化包括_____、_____、_____三个过程。

2. 声音的心理特征是人对声音的主观感觉,主要包括_____、_____、_____三要素。

3. 声波的三个基本指标是频率、幅度和_____。

4. 在多媒体应用领域,按照对声音质量的要求不同以及使用频带的宽窄,可将音频信号分为电话语音、调幅广播 AM、_____和高保真立体声。

5. 一般说来,要求声音的质量越高,则量化位数越多和采样频率越_____。

6. _____格式的音频是音质最好的。

7. MIDI 文件比较小,因为它记录的是_____。

8. Adobe Audition 对声音进行编辑时,使用_____快捷键进行混合式编辑。

9. 自然语言处理包括语言识别、语音合成和_____。

10. 3D 音频的特征包括_____。

三、简答题

1. 影响声音质量的因素有哪些?

2. 计算机中产生语音的方法有哪两种?它们的区别是什么?

3. 数字电话音质、AM 音质、FM 音质、CD 音质的数字采样频率分别是多少?

4. 什么是语音识别?Siri 是如何工作的?请举例说明。

5. 什么是语音增强技术?

四、操作题

1. 使用软件完成常用音频文件格式之间的转换。

2. 使用 Adobe Audition 消除人声，请操作实践后，写出简要步骤。

3. 使用 Adobe Audition 制作一首配乐诗朗诵。

4. 使用 Adobe Audition 给一组视频画面制作不同风格和效果的背景音乐，以及录制旁白。

五、思考题

1. 如何使用讯飞开放平台或其他平台进行语音合成和语音识别？

2. 语音识别的难点是什么？

3. 导航应用中的语音识别是如何实现的？

第 3 章
图像处理技术

　　图形图像是多媒体中重要的视觉媒体，是人类社会最重要的信息载体之一。数字图像处理是利用计算机对图像进行转换、加工、处理与分析的方法和技术的总称。随着计算机技术的发展，图像处理技术已经成为信息技术领域中的核心技术之一，并已得到了十分广泛的应用，在推动社会进步和改善人们生活质量方面起着越来越重要的作用。近年来，随着计算机和多媒体技术、科学计算可视化等相关领域的迅速发展，数字图像处理已从一个专门的研究领域变成了科学研究和人机界面中的一种普遍应用工具，涌现出许多相关的应用。

本 章 导 学

☞ 学习内容

　　本章首先介绍数字图像处理的基本概念、图像的数字化过程，以及色彩模式、存储格式，然后介绍常用的图像文件格式，以及常用的图像处理软件。讲解基于 Adobe Photoshop 平台的图像处理技术和方法。介绍两个图像处理技术的典型应用：文字识别和人脸识别的概念。最后，简述三维全景技术的基本知识。

☞ 学习目标

　　（1）掌握图形图像的基本知识。

　　（2）理解图像数字化的概念。

　　（3）熟悉各种图像文件格式。

　　（4）了解常用的图像处理软件。

　　（5）学会使用 Photoshop 进行图像处理。

（6）了解文字识别和人脸识别的基本概念。

（7）了解三维全景技术。

☞ 学习要求

（1）了解图像处理的内容。

（2）掌握图像数字化的过程。

（3）掌握图像的色彩模式。

（4）掌握常用的图像文件格式，能够使用软件进行不同图像格式的转换。

（5）了解常用的图像处理软件和工具。

（6）掌握 Photoshop 中图层、选区、蒙版、通道、路径、滤镜的基本概念。

（7）掌握 Photoshop 的基本操作，能够使用 Photoshop 进行图像处理。

（8）了解文字识别和人脸识别的基本原理和技术。

（9）了解三维全景技术，知晓三维全景图的生成过程。

3.1 图像处理基础知识

3.1.1 数字图像处理的主要内容

无论图像处理是何种目的，都需要用计算机图像处理系统对图像数据进行输入、加工和输出，图像处理就是利用计算机对图像进行分析，以达到所需结果的技术。图像处理研究的内容包括图像采集、图像增强、图像复原、图像重建、图像编码与压缩、图像分割，以及图像识别和图像理解。

1. 图像采集、表示和表现

图像采集是数字图像数据获取的主要方式。数字图像主要是借助于数字摄像机、扫描仪、数码相机等设备经过采样数字化得到的图像，也包括一些动态图像，可以将其转为数字图像存储在计算机中。图像获取的途径主要有如下几种：

（1）利用数码相机、扫描仪等设备拍摄、扫描，并进行模数转换，得到数字图像。

（2）通过网络获取图像素材，下载网页中的图片。

（3）利用截图软件获取图片。

利用数字摄像机或数码相机可以将模拟图像信号转化为计算机所能接受的数字形式，并把数字图像显示和表现出来。这一过程主要包括摄取图像、光电转换及数字化等步骤。

2. 图像增强

图像增强是图像处理的内容之一，是增进摄影图像可读性的处理技术，是用于改善图像视感质量所采取的一种方法。图像增强是对图像质量在一般意义上的改善。

图像增强的目的，一是提高图像分辨率，突出细节，使有用信息得到充分利用；二是加强图像的对比度，使图像更易于判读。

在计算机上进行增强处理，多采用灰度分布密度函数变换、比例成像和数字滤波等方法。图像增强技术常用于遥感图片、医学及工业 X 光照片、电子显微照片等的图像处理。

3. 图像复原

图像复原技术主要是针对成像过程中的"退化"而提出的，而成像过程中的"退化"现象主要指成像系统受到各种因素的影响，诸如成像系统的散焦、设备与物体间存在相对运动，或者是器材的固有缺陷等，导致图像的质量不能够达到理想要求。图像的复原和图像的增强类似，也是为了提高图像的整体质量。但图像复原技术主要是通过去模糊函数去除图像中的模糊部分，还原图像的本真。而图像增强技术着重对比度的拉伸，其目的是根据观看者的喜好来对图像进行处理，提供给观看者乐于接受的图像。

图像复原的处理过程就是对退化图像品质的提升，并通过图像品质的提升来达到图像在视觉上的改善。当造成图像品质下降的原因已知时，图像复原技术可以对图像进行校正。图像复原的关键点是对每种退化都需要有一个合理的模型。如掌握了聚焦不良成像系统的物理特性，便可建立复原模型，消除退化的影响，产生一个等价于理想成像系统所获得的图像。

去除噪声、边缘锐化等，都是图像复原所采用的方法。

4. 图像重建

图像重建与图像增强、图像复原不同，图像增强、图像复原的输入是图像，处理后输出的结果也是图像；而图像重建则是指从数据到图像的处理，即输入的是某种数据，而经过处理后得到的结果是图像。CT（Computed Tomography，计算机层析成像）就是图像重建处理的典型应用实例。

目前，图像重建与计算机图形学相结合，将多个二维图像合成三维图像，并加以光照模型和各种渲染技术，能生成各种具有强烈真实感的高质量图像。

5. 图像压缩编码

数字图像的数据量庞大。因此，在实际应用中必须对图像进行压缩。图像压缩编码是利用图像信号的统计特性及人类视觉的生理学及心理学特性，对图像信号进行高效编码。其目的是在保证图像质量的前提下压缩数据，使之便于存储和传输。

6. 图像分割

把图像分成区域的过程就是图像分割。图像分割是数字图像处理中的关键技术之一。图像分割是将图像中有意义的特征部分提取出来。图像中通常包含多个对象，如一幅医学图像中显示出正常的或有病变的各种器官和组织，图像处理为达到识别和理解的目的，都必须按照一定的规则先将图像分割成区域，每个区域代表被成像的一个物体（或部分）。

图像分割是图像识别和图像理解的基础和前提，图像分割质量的好坏直接影响后续图像处理的效果，甚至决定其成败。

虽然目前已研究出不少边缘提取、区域分割的方法，但还没有一种普遍适用于各种图像的有效方法。因此，对图像分割的研究还在不断深入，是目前图像处理中研究的热点之一。

7. 图像识别

图像识别是数字图像处理的又一研究领域。图像识别是借助计算机，就人类对外部世界某一特定环境中的客体、过程和现象的识别功能进行自动模拟的科学技术。

目前，图像识别技术已广泛应用于生物医学、卫星遥感、机器人视觉、货物检测、目标跟踪、自主车导航、公安、银行、交通、军事、电子商务和多媒体网络通信等多个领域。

图像识别包括指纹识别、人脸识别、文字识别、遥感图像识别等。

8. 图像理解

图像理解是研究用计算机系统解释图像，实现类似人类视觉系统理解外部世界的一门科学，所讨论的问题是为了完成某个任务需要从图像中获取哪些信息，以及如何利用这些信息获得必要的解释。图像理解研究包含研究获取图像的方法、装置和具体的应用实现。

图像理解输入是图像，输出是一种描述。这种描述并不是单纯地用符号进行详细的描绘，而是要利用客观世界的知识使计算机进行联想、思考及推论，从而理解图像所表现的内容。

3.1.2　图像的数字化

图像数字化是将连续色调的模拟图像经采样量化后转换成数字影像的过程。

1. 图像数字化过程

要在计算机中处理图像，必须先把真实的图像（照片、画报、图书、图纸等）通过数字化转变成计算机能够接受的显示和存储格式，然后再用计算机进行分析处理。图像的数字化过程包括图像采样、图像量化与图像编码三个步骤。

（1）采样。图像采样是对连续图像在二维空间上进行离散化处理，将二维空间上的模拟的连续色彩信息转化为一系列有限的离散数值。

采样时，分别在图像的横向和纵向上设置 M 和 N 个相等的间隔，得到 $M \times N$ 个点组成的点阵，然后使用点阵中的"点"的属性和特征来描述和记录图像。这样的"点"称为图像的像素。像素是计算机系统生成和渲染图像的基本单位。例如，一副水平方向的像素数为 640，垂直方向的像素数为 480 的图像，则这幅图像由 $640 \times 480 = 307200$ 个像素点组成。

如图 3-1 所示，左边是要采样的物体，右边是采样后的图像，每个小格即为一个像素点。

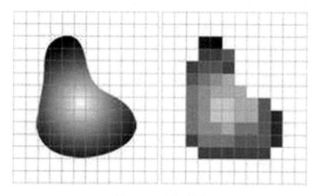

图 3-1　图像采样

如果将声音采样认为是时间域上的采样，则可以将图像采样理解为空间域上的采样，这种对图像在空间维度的采样与对声音波形在时间维度的采样目的相同，都是使用一组离散值来近似表达连续信号。

采样点间隔如何选取是一个重要的问题，它决定了采样后的图像是否能够真实地反映原来的图像。间隔越小，像素点越多，图像就越逼真，但所需要的存储空间就越大。

描述图像像素密度的指标是图像分辨率。图像分辨率指图像中存储的信息量，是每英寸图像内有多少个像素点，分辨率的单位为 PPI（像素/英寸）。

因此，采样的实质是用多少个像素点来描述一幅图像，采样结果质量的高低用图像分辨率来衡量。

（2）量化。图像采样只是解决了图像在空间上的离散化，每个像素点的颜色和亮度仍然是连续的，也需要进行离散化。图像的量化是将连续量表示的像素值进行离散化，即使用有限的离散数值来代替无限的连续量。这些有限的离散数值就是颜色数，颜色数由像素深度决定。

像素深度指的是存储每个像素所使用的二进制的位数，也称为量化位数。像素深度决定彩色图像的每个像素可能有的颜色数，或者确定灰度图像的每个像素可能有的灰度等级。显然，像素深度越大，表示图像的每个像素可以拥有更多的颜色，自然可以产生更为细致的图像效果，但也会占用更大的存储空间。两者的基本问题就是视觉效果和存储空间的取舍。

若使用 1 位二进制数进行图像量化，则只能表示黑白图像；若使用 8 位二进制数进行图像量化，则有 256 种颜色；若使用 24 位二进制数进行图像量化，则有 2^{24}（16777216）种颜色。像素深度为 24 位的颜色，称为真彩色。

（3）压缩编码。当图像采样和图像量化完成后，将图像中的每个像素的颜色使用不同的二进制代码记录下来，这个过程就是图像编码。

数字化后得到的图像数据量十分巨大，必须采用编码技术来压缩其信息量。从一定意义上讲，编码压缩技术是实现图像传输与存储的关键。目前，已有许多成熟的编码算法应用于图像压缩。常见的有图像的预测编码、变换编码、分形编码、小波变换图像压缩编码等。图像压缩标准有 JPEG、JPEG2000 等。

2. 数字图像的存储

将一个连续的模拟图像数字化转换成一串二进制数值后，可以用两种方式对其进行存储：一种是位映射图像或光栅图像，简称图像；另一种是矢量图像，这里简称图形。前者以点阵的形式描述图像，后者以数学方法描述几何元素组成的图像。

图像由若干像素点组成，每个像素点的信息用若干个二进制位描述，并与显示像素对应，这就是"位映射"关系，因此图像又称为位图，如图 3-2 所示。位图图像适于表现含有大量细节的画面，如自然景观、人物、动物、植物和一切引起人类视觉感受的事物，并可直接、快速地显示或打印。由于位图是一种点阵图像，本身的大小和精度是确定的，因此对图像进行放大会降低图像质量，使图像变得模糊不清。位图文件数据量较大，需要进行压缩。

　　图形是指经过计算机运算而形成的抽象化结果，由具有方向和长度的矢量线段构成。图形使用坐标、运算关系以及颜色数据进行描述，因此通常把图形称为"矢量图"，如图 3-3 所示。矢量图形的优势在于数据量小，便于编辑与修改，能准确表示 3D 图形，易于生成所需的各种视图，与分辨率无关。缺点是生成视图需要经过复杂计算。它适合表现内容规则、边界清晰及颜色分明的图形，不适合描述色彩丰富、复杂的自然影像。

图 3-2　位图　　　　　　　　　　　　　　　图 3-3　矢量图

3.1.3　色彩模式

　　色彩模式是将某种颜色表现为数字形式的模型，是一种记录图像颜色的方式。由于成色原理不同，使得显示器、投影仪、扫描仪这类靠色光直接合成颜色的设备与打印机、印刷机这类靠使用颜料的印刷设备在生成颜色方式上存在区别。每一种色彩模式都有其各自的特点和适用范围，可以按照制作要求来确定色彩模式，并可根据需要在不同的色彩模式之间转换。

1. RGB 色彩模式

　　色度学理论认为，自然界中的绝大部分可见光可以用红（Red）、绿（Green）、蓝（Blue）三色光按不同比例和强度的混合来表示。RGB 色彩模式用 R、G、B 三种颜色分量来表示数字图像像素的颜色值。图像中每个像素的 RGB 分量分配一个 0～255 范围内的强度值。例如，纯红色的 R 值为 255，G 值和 B 值为 0；灰色的 R、G、B 三个值相等（除了 0 和 255）；白色的 R、G、B 值都为 255；黑色的 R、G、B 值都为 0。

RGB 模式也称为加色模式，通常用于光照、电视机、计算机显示和屏幕图像编辑，是目前应用最广泛的颜色模式之一。

2. CMYK 色彩模式

CMYK（Cyan/Magenta/Yellow/Black，青/品红/黄/黑）色彩模式多用于印刷。它是一种减色模式，是以打印油墨在纸张上的光线吸收特性为基础的。图像中每个像素都由靛青（C）、品红（M）、黄色（Y）和黑色（K）按照不同比例合成。每个像素的每种印刷油墨会被分配一个百分比值，最亮（高光）的颜色分配较低的印刷油墨颜色百分比值，较暗（暗调）的颜色分配较高的百分比值。例如，明亮的红色可能会包含 2% 青色、93% 品红、90% 黄色和 0% 黑色。在 CMYK 图像中，当所有 4 种分量的值都是 0% 时，产生纯白色。CMYK 模式是最佳的打印模式。

数字图像文件在内存中存储的是其 RGB 值，当由 RGB 值转成 CMY 值时，颜色并不与原来的相同，因此，为了产生正确的 CMY 值，要找出隐含在 RGB 值中的灰度，并转为黑色，所以在 CMY 中加入了 K 值。它们之间的转换关系见表 3-1。

表 3-1 　　　　　　　　　C、M、Y、K 与 R、G、B 之间的转换关系

C、M、Y 与 R、G、B 之间的转换关系	C、M、Y、K 与 R、G、B 之间的转换关系
$C = 255 - R$ $M = 255 - G$ $Y = 255 - B$	$C = C - K$ $M = M - K$ $Y = Y - K$ $K = \min(C, M, Y)$

3. HSB 色彩模式

HSB 色彩模式是根据日常生活中人眼的视觉特征制定的一套色彩模型，通过色相（H）、饱和度（S）和亮度（B）来描述颜色的基本特征。这种模式适合人的直觉配色方法，只要正确选择色调、饱和度和亮度，就可以方便地配出所需要的颜色。

色相（H）指从物体反射或透过物体传播的颜色。通常，色相由颜色名称标识，如红色。

饱和度（S）指颜色的强度或纯度，用色相中灰色成分所占的比例来表示，0% 为纯灰色，100% 为完全饱和。

亮度（B）指颜色的相对明暗程度，通常将 0% 定义为黑色，100% 为白色。

HSB 色彩模式比前面两种更容易理解。但由于设备限制，在计算机屏幕上显示时，要

转换成 RGB 模式，作为打印输出时，要转换为 CMYK 模式。这在一定程度上限制了 HSB 模式的使用。

4. Lab 色彩模式

RGB 模式是一种发光屏幕的加色模式，CMYK 模式是一种颜色反光的印刷减色模式。而 Lab 模式既不依赖光线，也不依赖于颜料，它是国际照明委员会确定的一种理论上包括了人眼可见的所有色彩的色彩模式。Lab 模式弥补了 RGB 和 CMYK 两种色彩模式的不足。

Lab 色彩模式由光度分量 L 和两个色度分量 a、b 组成，a 分量包括的颜色从深绿色（低亮度值）到灰色（中亮度值）再到亮粉红色（高亮度值），b 分量则是从亮蓝色（低亮度值）到灰色（中亮度值）再到黄色（高亮度值）。因此，这种色彩混合后将产生明亮的色彩。

Lab 色彩模式的优点是与设备无关，不管使用什么设备创建或输出图像，这种色彩模式产生的颜色都保持一致。

5. Grayscale（灰度）色彩模型

灰度色彩模型最多使用 256 级灰度来表现图像，图像中的每个像素有一个 0（黑色）到 255（白色）之间的亮度值。灰度值也可以用黑色油墨覆盖的百分比来表示（0% 白色，100% 黑色）。

在将彩色图像转换为灰度模式的图像时，会丢失原图像中所有的色彩信息。尽管一些图像处理软件允许将一个灰度图像重新转换为彩色图，但转换后不可能将原先丢失的颜色恢复，只能为图像重新上色。所以，在将彩色模式的图像转换为灰度模式时，应尽量保留备份文件。

3.1.4　图像文件格式

对数字图像进行存储、处理、传播，必须采用一定的图像格式，即把图像的像素按照一定的方式进行组织和存储，把图像数据存储成文件就得到图像文件。数字图像文件的格式很多，早期的图像文件格式多数由开发者自行定义，不具有通用性，也没有标准化，这使得图像的推广和使用受到很大制约。随着图像应用技术的不断发展，出现了很多标准化的图像格式。图像文件格式决定了应该在文件中存放何种类型的信息，文件如何与各种应用软件兼容，文件如何与其他文件交换数据等。常用的有代表性的图形图像文件格式见表 3-2。

表 3-2   常用图形图像文件格式

图像文件格式	文件扩展名	说　　明
BMP 格式	bmp dib	Windows 中的标准图像文件格式。包含的图像信息较丰富，几乎不进行压缩，但占用磁盘空间过大
GIF 格式	gif	是一种基于 LZW 算法的连续色调的无损压缩格式。GIF 文件较小，适合网络传输
JPEG 格式	jpg jpeg	目前常用的图像文件格式之一。采用 JPEG 压缩算法的文件格式
PSD 格式	psd	Photoshop 标准文件格式
PNG 格式	png	适用于网页设计，无损位图文件存储格式
CTD 格式	ctd	苹果个人计算机的 MAC 文件格式
CDR 格式	cdr	CorelDraw 专用图形文件格式
AI 格式	ai	Illustrator 输出格式。是一种分层文件，可以在任何尺寸大小下按最高分辨率输出
TIFF 格式	tif	标签图像文件格式。主要应用于扫描仪和桌面出版
WMF 格式	wmf	Windows 的图元文件
EMF 格式	emf	Windows 32 位扩展的图元文件
SWF 格式	swf	一种基于矢量的 Flash 动画文件格式
SVG 格式	svg	可缩放的矢量图形。使用 XML 格式定义图形，用来描述二维矢量及矢量/栅格图形
DXF 格式	dxf	AutoCAD 绘图交换文件

3.1.5　常用图像处理软件

处理图像需要借助图像处理软件。在当前图像处理领域，各类图像处理软件非常丰富，其功能、处理速度与侧重点也各有不同。

1. Adobe 系列

Adobe Systems Incorporated 是一家创建于 1982 年的跨国电脑软件公司。Adobe 公司的主要产品遍及多媒体技术的音频、视频、图像处理等多个领域，在图像处理方面，常用的 Adobe 系列产品有：

（1）Adobe Photoshop，简称 PS，其功能强大，是最受欢迎的图像处理软件之一，也是 Adobe 公司最著名的图像处理软件。该软件是一个集各种运算方法于一体的操作平台，具有众多图像编辑功能，利用 Photoshop 的图层可以进行图像编辑与合成、校色调色；利用 Photoshop 的蒙版、通道和滤镜可以制作各种图像处理效果。

（2）Adobe Illustrator，是 Adobe 公司推出的专业矢量绘图工具，是一套用于输出及网页制作等方面用途的功能强大且完善的绘图软件包。这个专业的绘图程序整合了功能强大的矢量绘图工具、完整的 PostScript 输出，并能与 Photoshop 或其他 Adobe 家族的软件紧密结合。它以其强大的功能和体贴的用户界面占据了全球矢量编辑软件中的大部分份额，被广泛用于出版和在线图像的工业标准矢量图形制作，适用于任何小型生产设计和大型的复杂项目。

（3）Adobe Lightroom，是 Adobe 研发的一款以数码摄影后期制作为重点的图形工具软件，是一个更能贴切满足大多数摄影者需求的高效工作平台。其增强的校正工具、强大的组织功能以及灵活的打印选项可以帮助使用者加快图片后期处理速度，将更多的时间用于拍摄。使用 Adobe Lightroom，用户可以对智能手机照片或者原始单反相机图像的所有内容进行渲染。

2. CorelDraw

CorelDraw 是基于矢量图的设计软件，由加拿大 Corel 公司开发。它集绘画、设计、制作、合成和输出等功能为一体，被广泛应用于商标设计、标志制作、模型绘制、插图描画、排版及分色输出等诸多领域。使用该软件，不但让设计师可以快速地制作出设计方案，而且还可创造出很多手工无法表现而计算机才能精彩表现的设计内容，是平面设计师的得力助手。

3. AutoCAD

AutoCAD（Auto Computer Aided Design）是美国 Autodesk 公司首次于 1982 年生产的自动计算机辅助设计软件，用于二维绘图、详细绘制、设计文档和基本三维设计。经过不断完善，现已成为国际上广为流行的绘图工具。

AutoCAD 具有广泛的适应性，它可以在各种操作系统支持的微机和工作站上运行，并支持多种图形显示设备、数字仪、绘图仪和打印机。

4. GIMP

GIMP（GNU Image Manipulation Program）是一个免费的照片和图像处理和创作工具，是跨平台的图像处理程序。其功能强大，包括几乎所有图像处理所需的功能，号称Linux 下的 Photoshop。GIMP 在 Linux 系统推出时就获得了许多绘图爱好者的喜爱，它的接口相当轻巧，但其功能却不输于专业的绘图软件；它提供了各种的影像处理工具、滤镜，还有许多组件模块，用户只要稍加修改一下，便可制作出一个属于自己的网页按钮或网站 Logo。

5. 其他常用的图像处理工具

除了上面介绍的著名的、专业的图形处理的软件外，目前还出现了众多功能强、高画质、高速度且易于使用的小型图像处理软件，如光影魔术手、美图秀秀、彩影等，这些软件容易上手，简便易用，能满足许多非专业用户对于绝大部分数码照片后期处理的需要。

3.2 使用软件进行平面图像处理

在众多图像处理软件中，Adobe 公司推出的专门用于图像处理的软件 Photoshop，以其功能强大、集成度高、适用面广和操作简便而著称。

Adobe Photoshop 是 Adobe 最著名的平面图像设计、处理软件。使用 Photoshop 众多的编修与绘图工具，可以有效地进行图像的编辑工作。从海报到包装，从普通的横幅到绚丽的网站，从令人难忘的徽标到吸引眼球的图标，Photoshop 在不断推动创意世界向前发展。利用直观的工具和易用的模板，即使是初学者也能创作出令人惊叹的作品。

3.2.1 Photoshop 简介

1. Photoshop 的基本功能

Photoshop 的基本功能包括：

（1）支持多种图像格式，可以在这些格式之间进行任意转换，以适应不同用户的需要。其中，PSD 格式是 Photoshop 的源文件格式，文件扩展名为".psd"。该格式包含了图层、通道和颜色模式信息，还可以保存具有调节层、文本层的图像。

（2）可以按要求任意调整图像的尺寸和分辨率。在不影响分辨率的情况下改变图像尺寸或在不影响尺寸的同时增减分辨率。其裁剪功能可使用户方便地选择图像的某部分内容进行编辑。

（3）支持多图层工作方式，可以对图层进行合并、合成、翻转、复制和移动等操作，图像特效可以用于部分或全部图层。特有的调整图层可以在不影响图像的同时控制图层中像素的色相、渐变和透明度等属性。

（4）具有非常丰富及功能强大的工具。

（5）在色调与色彩功能方面，可以有选择地调整色相、饱和度和明暗度。选色修正功能可以使用户分别调整每个色板或色层的油墨量。颜色替换功能可以帮助用户选取某一种颜色，然后改变其色调、饱和度和明暗度，可以分别调整暗部、中部和亮部色调。

（6）Photoshop 结构开放，可以接受广泛的图像输入设备，如扫描仪和数码相机等。还支持第三方滤镜的加入和使用，无限扩展了图像处理功能。

2. Photoshop 的工作环境

启动 Photoshop，操作界面由主菜单栏、工具选项栏、工具箱、图像窗口和常用面板组成。如图 3-4 所示为在 Photoshop 中打开了"明信片正面 . psd"文件的界面。

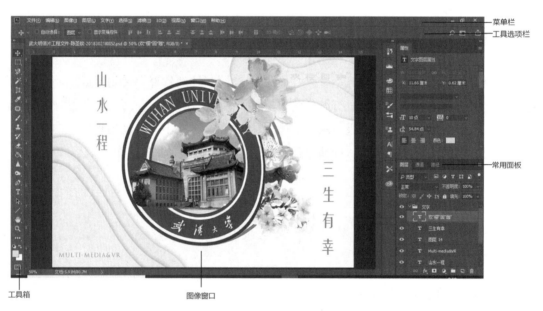

图 3-4　Photoshop 的操作界面

（1）主菜单栏。Photoshop 的主菜单包括：文件、编辑、图像、图层、文字，选择、滤镜、3D、视图、窗口和帮助等菜单项，包括了几乎所有的操作命令。

（2）工具选项栏。工具选项栏位于主菜单下方，它显示了在工具箱中被激活工具的参数选项。当选择某一个工具后，会显示与之对应的参数设定选项。如图 3-5 所示为选中"画笔工具"时的工具选项栏。

图 3-5　Photoshop 中画笔工具的工具选项栏

（3）工具箱。工具箱一般位于工作区域的左侧，它包含了 Photoshop 中所有的绘图及编辑工具，如图 3-6 所示。

图 3-6　Photoshop 工具箱

工具箱中的每一个按钮代表一个工具，可以使用鼠标单击要选取的工具，或者直接用其对应的快捷键选择。当鼠标移动到某个工具上时，会显示出相关的使用帮助信息。例如，当鼠标移到"油漆桶工具"按钮上时，显示出如图 3-6 所示的信息。

有些工具的右下角有一个黑色三角符号，表明该工具还有隐含的工具，单击该小三角就会弹出隐藏工具，这些工具之间可以切换使用。例如，鼠标右键单击"画笔工具"，会弹出如图 3-6 所示的画笔工具组的其他工具。

工具箱是 Photoshop 的重要组成部分，一些常用工具的图示、具体名称和作用将在

Photoshop 基本操作和应用中进行介绍。

（4）图像窗口。它是位于屏幕中央最大的一个区域，是 Photoshop 的主要编辑工作区。图像窗口的显示大小比例可以直接在其下方的百分比框内设定，也可在视图菜单或导航器面板中调整。

（5）常用面板。Photoshop 中有很多浮动面板，方便进行图像的各种编辑和操作。这些面板均列在窗口菜单下，需要时可选择调出。这些面板调出后可在桌面上随意移动、堆叠或关闭。

Photoshop 软件本身将不同用途的面板进行了分组，在缺省状态下，每组面板都是以组合形式出现在一个面板组中。当然，用户也可以根据自己的工作习惯和需要，对其进行重新编排，添加或删除组中的某个面板。

3. Photoshop 的基本概念

在 Photoshop 图像处理过程中，涉及图层、选区、蒙版、通道、路径、滤镜等常用的基本概念。

（1）图层，是一种由程序构成的物理层，可以将每个图层简单地理解为一张透明纸，将图像中的每个对象单独绘制在一张纸上。这些图层之间可以设置成不透明、半透明或完全透明。将这些图层交叠在一起时，就构成了一幅完整的图像。如图 3-7 所示。

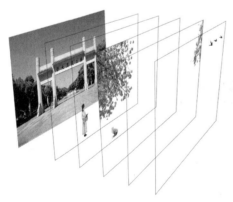

图 3-7　图层示意图

（2）选区，是图像处理时的编辑区域，是 Photoshop 中的基本对象。选区可以是矩形、圆形或任意形状。一旦设置了选区，其内部图像内容就可以进行移动、复制或删除等操作。可以使用选取工具、钢笔工具等工具来建立选区，还可以使用通道等建立选区。

（3）蒙版，是一种图层，它可以用来保护被遮蔽的区域不被编辑。利用蒙版，可以将已创建的选区存储为 Alpha 通道，以便以后随时调用；也可以利用蒙版完成一些复杂的图像编辑工作，如对图像执行颜色变换或滤镜效果等。

（4）通道，用于存放图像像素的单色信息，在窗口中显示为一幅灰度图像。打开一幅新图像时，Photoshop 会自动创建图像的颜色信息通道，根据颜色模式的不同，将图像划分为由基色和其他颜色组成的通道，同时也允许创建新通道。

（5）路径，是组成矢量图形的基本要素，是使用贝赛尔曲线所构成的一段闭合或者开放的曲线段。由于矢量图形由路径和点组成，计算机通过记录图形中各点的坐标值，以及点与点之间的连接关系来描述路径，通过记录封闭路径中填充的颜色参数来表现图形。

在 Photoshop 中使用路径工具绘制的线条、矢量图形轮廓和形状通称为路径，由定位点、控制手柄和两点之间的连线组成。路径的实质是矢量线条，没有颜色，内部可以填充，不受图像放大和缩小而影响显示效果。

（6）滤镜，是一组完成特定视觉效果的程序。它不仅可以修饰图像的效果并掩盖其缺陷，还可在原有图像的基础上产生特殊效果。滤镜是 Photoshop 中功能最丰富、效果最奇特的工具。Photoshop 还允许安装使用第三方厂商开发的种类繁多、功能强大的滤镜。

3.2.2　Photoshop 基本操作和应用

1. 图像文件操作

（1）新建图像文件。启动 Photoshop 后，若需要新建一个空白图像文件，方法是：选择菜单"文件"→"新建"命令，打开"新建文档"对话框，如图 3-8 所示。

"新建文档"对话框分成左右两个半区，右边为参数区，左边为预设区。

在右边参数区中设置新文件的图像大小、颜色模式及背景内容等。常用选项功能如下：

● 名称：新建图像的文件名，如果不输入，则以缺省名为"未标题-1"，可以在这里给新文件命名，也可以在保存时再给文件命名。

● 宽度、高度：定义图像大小，设置图像的宽度和高度。用户根据实际情况进行设定，单位有像素、英寸、厘米、毫米、点等。

● 高度文本框右侧的带有小人图标的两个方向按钮，是宽高互换的一个快捷键，点击后会交换宽度和高度值。

● 勾选"画板"，会为新文档添加 1 个画板。画板为 Photoshop 同一文档内组织多个画布提供了可能。例如用一个文档同时呈现明信片的正反面。

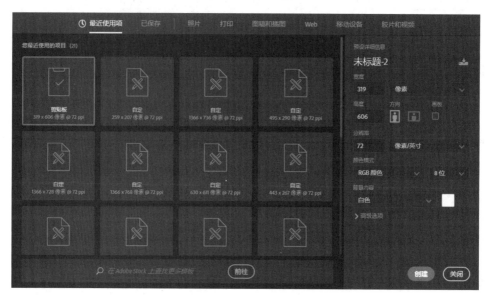

图 3-8 "新建文档"对话框

● 分辨率：指图像单位长度内像素点的个数。它的数值高低直接影响到图片的大小和质量。一般地，如果用于显示器屏幕的输出，采用 72 像素/英寸；封面设计采用 300 像素/英寸；喷绘输出采用 20~50 像素/英寸。

● 颜色模式：新建图像的颜色模式。如果图像文件用于显示输出，可选择 RGB 模式；如果图像用于印刷，可将色彩模式设置为 CMYK 模式。

● 背景内容：设置新建图像背景图层的颜色。可以选择"白色""黑色""背景色"或"透明"等任意一种背景方式。以透明色背景内容建立的图像窗口以灰白相间的网格显示，来区别以白色背景内容建立的图像窗口。

在左侧预设区，Photoshop 提供了默认为存储的特定参数的模板文件。例如，要建立一张 A4 大小的画布，有了预设，就不需要在参数栏填写宽度 210 毫米、高度 297 毫米等信息，而只需要直接点击"打印"→"A4"，再点击"创建"按钮，一张 A4 大小的画布就建成了。

（2）图像显示操作。具体如下：

① 100%显示图像和放大缩小显示图像。可以使用选择菜单"视图"→"实际像素"命令，或选择工具箱的"缩放工具"，在工具属性栏中选择"按屏幕大小缩放"命令，100%显示图像。

使用工具箱的"缩放工具"或者"视图"菜单中的"放大"或"缩小"命令，放大缩小显示图像。

Ctrl+"＋"组合键为放大快捷键，Ctrl+"－"组合键为缩小快捷键。

② 移动显示区域。当图像被放大显示后，图像的一些部分将超出当前窗口的显示区域，这时窗口将自动出现垂直或水平滚动条，如果要查看被放大图像的其他隐藏区域，可以单击工具箱中的移动工具，在图像窗口中按住鼠标并拖动；或者拖动窗口中的垂直或水平滚动条，移动到要显示的图像区域。

（3）光标的精确定位。使用网格、标尺和参考线可以对光标进行精确定位。参考线和网格可帮助用户精确地定位图像或元素。参考线显示为浮动在图像上方的一些不会打印出来的线条。用户可以移动和移出参考线。还可以锁定参考线，使之不会意外移动。

选择菜单"视图"→"标尺"命令在图像中打开标尺。

2. 图像编辑

（1）设置图像大小。使用菜单"图像"→"画布大小"命令重置图像所在画布的大小。通过"画布大小"对话框设置画布的大小，如图3-9所示。

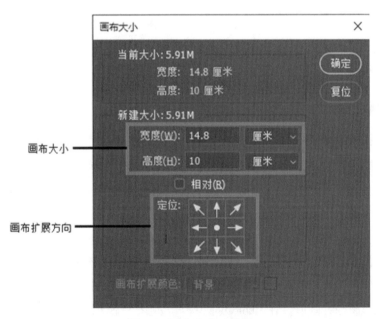

图3-9　画布大小对话框

使用菜单"图像"→"图像大小"命令改变图像的尺寸。通过"图像大小"对话框完成图像的尺寸的改变，如图3-10所示。

61

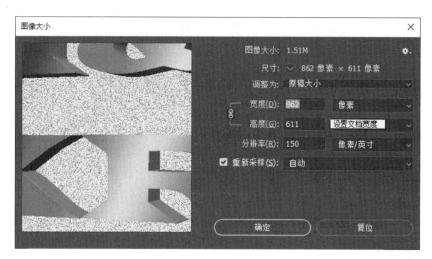

图 3-10　图像大小对话框

（2）图像的移动。使用移动工具，可以将选区内的图像或整个窗口中的图像移动到图像窗口内的其他位置或另一个图像窗口中。

（3）图像的变换。使用菜单"编辑"→"变换"，选择相应命令，利用鼠标拖动缩放框四边的锚点，可进行图像的缩放、旋转、变形、斜切和扭曲等操作。Ctrl+T 组合键是自由变换的快捷键。

3. 拾取颜色

（1）前景色和背景色。前景色用于显示和选取当前绘制工具所使用的颜色，背景色用于显示和选取图像的底色。使用工具箱上的切换按钮可以进行前景色和背景色的切换。Photoshop 默认前景色为黑色，背景色为白色。单击工具箱中"默认前景色和背景色"按钮，可以将当前的前景色和背景色切换成默认的前景色和背景色。

（2）吸管工具。吸管工具用于在图像区域中进行颜色采样，并使用采样颜色重新定义前景色或背景色。要使用吸管工具，可以在工具箱上单击"吸管工具"按钮，然后在图像中单击需要的颜色即可。默认情况下，所拾取的颜色将在前景色中显示。

（3）"拾色器"对话框。在 Photoshop 中，拾色器是使用最普遍的颜色选择工具。绝大多数工具和命令在设置颜色时，都通过调用拾色器完成。

在工具箱中单击前景色或背景色，打开"拾色器"对话框，如图 3-11 所示。通过在数值区按住鼠标左键并拖动即可拾取颜色，也可在相应数值区中输入具体颜色值完成拾取。数值区颜色值以 4 种颜色模式同时显示，当其中某种颜色模式的值改变时，其他 3 种颜色模式中的值会同步变化。

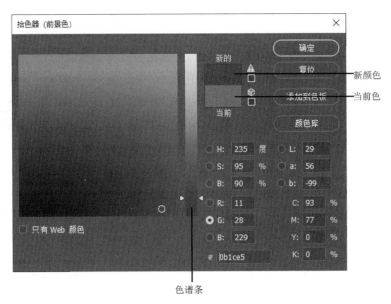

图 3-11 "拾色器"对话框

4. Photoshop 工具箱的使用

Photoshop 工具箱中的工具众多,下面按其分类简单介绍一些常用工具的名称和作用。

(1) 选择工具,用来制作选区,选择图像中某个规则或不规则的区域,主要包括:移动工具、选取工具、套索工具、切片工具、裁切工具和魔棒工具等。

① 移动工具。可以移动选区、图层和参考线等。

② 选取工具组。包括矩形选框工具、椭圆选框工具、单行选框工具和单列选框工具,用于创建规则形状或一行/列像素的选区。

③ 套索工具组。包括套索工具、多边形套索工具和磁性套索工具,一般用于创建不规则形状的选区。套索工具适合建立手绘的简单随意选区,多边形套索工具适合建立多边形直边选区,磁性套索则用于自动对颜色相近的部分做出选择。

④ 切片工具组。包括裁剪工具、透视裁剪工具、切片工具和切片选取工具。裁剪工具可将图片中的某一部分裁切出来,它不但可以自由控制裁切图像的大小和位置,还可以在裁切的同时对图像进行旋转、变形等操作。透视裁剪工具可以在裁剪的同时方便地矫正图像的透视错误,即对倾斜的图片进行矫正。在制作网页图片时,常常用到切片工具。切片就是对图像按照需要进行切割、编辑和保存。切片选择工具功能是针对切片后的分区重

新进行调整。

⑤ 魔棒工具组。包括快速选择工具和魔棒工具。快速选择工具可以让用户使用可调整的圆形画笔笔尖快速绘制选区。魔棒工具则可选择着色相近的区域。

（2）绘画与修饰工具，是 Photoshop 中最基本的操作。这类工具包括画笔工具、橡皮擦工具、油漆桶工具、图章工具、修复工具、减淡工具、模糊工具和历史记录画笔工具等。

① 画笔工具组。包括画笔工具、铅笔工具、颜色替换工具和混合器画笔工具。画笔工具可以创建边缘较柔和的线条，而铅笔工具则用于徒手画硬质边界的线条。颜色替换工具可将选定颜色替换为新颜色。

② 橡皮擦工具组。包括橡皮擦工具、背景橡皮擦工具和魔术橡皮擦工具。橡皮擦工具可以清除像素或者恢复背景色。背景橡皮擦可以通过拖动鼠标用各种笔刷擦拭选定区域为透明区域。魔术橡皮擦只需单击一次，即可将纯色区域擦抹为透明区域。

③ 油漆桶工具组。包括渐变工具、油漆桶工具和 3D 材质拖放工具。渐变工具用来设置填充区域的颜色混合效果，包括线性渐变、径向渐变、角度渐变、对称渐变和菱形渐变5 种渐变类型。油漆桶工具可以将前景色或图案填充至图像选区中。

④ 图章工具组。包括仿制图章工具和图案图章工具。它们主要用于复制原图像的部分细节，以弥补图像在局部显示的不足之处。仿制图章工具可以把其他区域的图像纹理轻易地复制到选定区域，而图案图章工具所选的为图案库中的样本。

⑤ 修复工具组。包括污点修复画笔工具、修复画笔工具、修补工具和红眼工具。它们主要用于修复图像上的划痕、污迹、褶皱和其他瑕疵。污点修复画笔工具不需选取选区或定义源点，只需点击或拖曳即可消除污点。修复画笔工具是使用橡皮擦图章工具的原理对图像进行修复。修补工具是利用图像的某一区域替换另一区域的方法来修复图像。红眼工具则是设置修正红眼的尺寸和黑度后，拖动擦除。

⑥ 减淡工具组。包括减淡工具、加深工具和海绵工具。减淡工具主要用于改变图像的暗调；加深工具用于改变图像的亮调；海绵工具用来调整图像色彩的饱和度。

⑦ 模糊工具组。包括模糊工具、锐化工具和涂抹工具。模糊工具通过笔刷的绘制对图像中的硬边缘进行模糊处理；锐化工具可锐化图像中的柔边缘，以提高清晰度或聚焦程度，提高图像的对比度；涂抹工具可以模仿用手指在图像中涂抹而得到的变形效果。

⑧ 历史记录画笔工具。包括历史记录画笔工具和历史记录艺术画笔工具。历史记录画笔可将选定状态或快照的副本绘制到当前图像窗口中。历史记录艺术画笔工具则可使用选定状态或快照，采用模拟不同绘画风格的风格化描边进行绘画。

下面通过制作彩色泡泡效果的自定义画笔示例，来介绍画笔工具和画笔面板的操作方法。

【**例 3-1**】画笔工具的使用——制作自定义彩色泡泡画笔。

① 选择菜单"文件"→"新建"命令，新建一张 640×480（单位为像素）、分辨率为 300、颜色模式为 RGB、背景为白色的画布。然后，将前景色设置为黑色，并用"油漆桶工具"将画布填充为黑色。

② 选择菜单"图层"→"新建"→"图层"命令，新建"图层 1"。使用"椭圆选区工具"，按住 Shift 键在"图层 1"上拖动，画出一个正圆。将前景色设置为白色，使用"油漆桶工具"将正圆填充为白色。如图 3-12 所示。

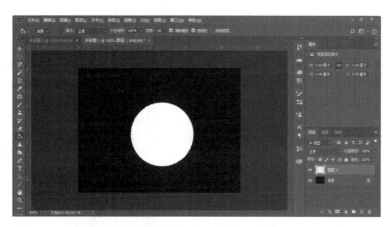

图 3-12 画布与"图层"面板

③ 选择菜单"选择"→"修改"→"羽化"命令，将"羽化半径"设置为 8 像素，如图 3-13 所示。按 Delete 键，将白色正圆删除，剩下羽化后的白色边缘。然后使用 Ctrl+D 组合键取消选区。

④ 选择工具箱"画笔工具"，在上方的工具选项栏里，设置画笔的大小为 30，不透明度为 40%，在圆的内部涂画出几笔高光效果，如图 3-14 所示。

图 3-13 羽化

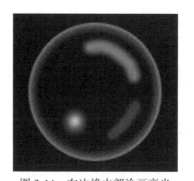

图 3-14 在边缘内部涂画高光

65

⑤ 在图层面板中选择"背景"图层，按住 Shift 键选择"图层 1"，在两个图层同时被选中的状态下单击鼠标右键，在弹出的菜单中选择"合并图层"，将两个图层合并为一个图层。

⑥ 选择菜单"图像"→"调整"→"反相"命令，将合并后的图层进行反相操作。如图 3-15 所示。选择"编辑"→"定义画笔预设"命令，给这个画笔命名，如命名为"泡泡画笔"。

⑦ 打开画笔面板，设置相关的一些动态参数，如形状动态中的大小抖动，角度抖动等，颜色动态中的色相抖动等，如图 3-16 所示。这样，就可以在画布上画出彩色泡泡了。

图 3-15　执行反相操作后　　　　图 3-16　"画笔"面板设置

（3）特定工具，特定工具包括钢笔工具、文字工具、路径组件选取工具和矩形工具等。

① 钢笔工具组。包括钢笔工具、自由钢笔工具、添加锚点工具、删除锚点工具和转换工具。这组工具是矢量绘图工具，一般用于绘制复杂或不规则的形状和勾画平滑的曲线。钢笔工具画出来的图形称为路径，路径可以是开放的或者是封闭的。

② 文字工具组。包括横向文字工具、纵向文字工具，横向文字蒙版工具和纵向文字蒙版工具。

③ 路径组件选取工具组。包括路径组件选取工具和直接路径选取工具。

④ 矩形工具组。包括矩形工具、椭圆工具、多边形工具、直线工具和自定义形状工具。

除上述常用工具外，Photoshop 中还有其他工具，如吸管工具、注释工具、手形工具、缩放工具及 3D 物体创建和编辑工具等。

3.2.3 图层的操作和应用

图层编辑是 Photoshop 图像处理的基本功能，也是创作各种合成效果的重要途径。

利用"图层"面板和"图层"菜单，可以直观便捷地进行各种有关图层的操作。如图 3-17 所示为"图层"面板和"图层"菜单。

图 3-17　图层面板和图层菜单

图层的种类很多，按功能可分为文字图层、形状图层、填充图层、调整图层、蒙版图层、效果图层和智能对象图层等。

1. 图层的基本操作

（1）新建图层和重命名。通过单击图层面板底部的相应功能按钮，可以新建编辑图像时最常用的普通图层、填充或调整图层或图层文件夹等。建立图层后，双击图层名称，可以对该图层进行命名。

（2）移动、复制和删除图层。在图层之间拖动图层，可以改变图层顺序。在图层上单击鼠标右键或利用快捷菜单命令，可以复制和删除图层。

（3）显示和隐藏图层。单击图层缩览图左侧的眼睛图标，可以改变图层的显示或隐藏状态。

（4）链接合并图层。在图层面板中选择图层，单击"链接图层"按钮，可将选中的多个图层进行链接，便于同时对这些图层执行移动、变形、对齐、分布或发布等操作。

（5）设置图层混合模式。图层混合模式用于控制当前图层中的像素与它下面图层中的像素混合的模式。除背景图层外，其他图层都支持混合模式。

在默认状态下，图层之间没有叠加效果，上下层之间是不透明的。通过设置图层混合模式，可以改变这种默认状态，创建出丰富的图层特效。

Photoshop 中包含多种图层混合模式，每种模式都有各自的运算公式，因此对于两幅相同的图像，设置不同的图层混合模式，得到的图像效果是不同的。Photoshop 根据各混合模式的基本功能，用分隔线将它们分为 6 组，如图 3-18 所示。

每组图层混合模式的功能如下：

● 基础型利用图层的不透明度及图层填充值来控制下层图像，达到与底色溶解在一起的效果。

● 降暗型主要通过滤除图像中的亮调图像，来达到使图像变暗的效果。

● 提亮型与降暗型相反，通过滤除图像中的暗调信息，达到使图像变亮的效果。

● 融合型用于不同程度的融合图像。

● 色异型用于制作各类另类或反色效果。

● 蒙色型依据上层图像中的颜色信息，不同程度地映衬下层图像。

在图层面板中，可以设置图层的混合模式。在图 3-17 中，单击"设置图层混合模式"列表，则显示出图 3-18 所示的所有混合模式。

（6）设置图层效果和样式。Photoshop 提供了各种效果，如阴影、发光和斜面，来更改图层内容的外观。图层效果与图层内容链接。移动或编辑图层的内容时，修改的内容中会应用相同的效果。例如，如果对文本图层应用投影并添加新的文本，则将自动为新文本添加投影效果。

图层样式是应用于一个图层或图层组的一种或多种效果。可以应用 Photoshop 提供的某一种预设样式，或者使用"图层样式"对话框来创建自定样式，如图 3-19 所示为"图层样式"对话框。

"图层效果"图标 *fx* 在"图层"面板中的图层名称的右侧。可以在"图层"面板中展开样式，以便查看或编辑合成样式的效果。

图 3-18   图层混合模式

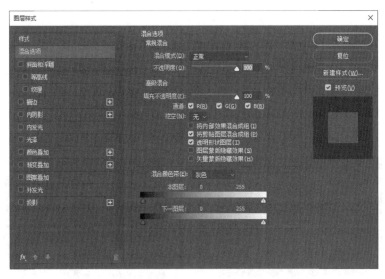

图 3-19　"图层样式"对话框

设置图层效果和样式通过"图层样式"对话框实现，可以使用"图层"→"图层样式"命令打开该对话框；也可单击"图层"面板底部的 *fx* 图标或直接双击要添加样式的图层缩览图来打开"图层样式"对话框，对话框中包括投影、发光、斜面、叠加和描边等几大类可设置项。

2. 图层的应用

下面以制作水珠效果为例，介绍通过图层混合模式与图层样式的设置来进行图像处理工作。

【例 3-2】设置图层样式——制作水珠效果。

（1）选择一张合适的背景素材图片。本例采用绿叶图像作为背景。

（2）新建一个图层，设置画笔大小为 56，硬度为 100，在绿叶任意位置上绘制一个水珠形状。如图 3-20 所示。

（3）双击新建图层的缩览图，打开"图层样式"对话框，进行设置。

● 设置混合选项。将"填充不透明度"选项设置为 0%。

● 设置投影选项。在左侧面板中点击"投影"选项，将右边的"不透明度"设为 100%，"距离"设为 0，"大小"设为 0，"等高线"选择"高斯"。

● 设置内阴影选项。在左侧面板中点击"内阴影"选项，将右边的"混合模式"设为颜色加深，"不透明度"设为 12%，"距离"设为 2，"大小"设为 4。

● 设置内发光选项。点击"内发光"选项，将"混合模式"设为叠加，"不透明度"设为 30%，"颜色"设为黑色，"大小"设为 9。

● 设置斜面和浮雕选项。在左侧面板中点击"斜面和浮雕"选项，将右边的"样式"设为内斜面，"深度"设为 250%，"大小"设为 24，"软化"设为 16。在下面的"阴影"选项栏中的"阴影模式"设为颜色减淡，"不透明度"设为 37%。

④ 点击"确定"按钮，即可在绿叶上看见逼真的水珠效果，如图 3-21 所示。

图 3-20　绿叶背景与水珠两个图层　　　　图 3-21　水珠效果

3.2.4　蒙版的操作和应用

图层蒙版是 Photoshop 图层的精华，是混合图像时的首选技术。使用图层蒙版可以创建出多种梦幻般的图像效果。图层蒙版相当于一个 8 位灰阶 Alpha 通道。在图层蒙版中，蒙版是黑色的区域表示完全透明，下层图像能够显示出来；蒙版是白色的区域表示完全不透明，下层图像被遮盖；不同程度的灰色蒙版表示图像以不同程度的透明度进行显示。

蒙版编辑是非破坏性的，编辑时只在图层蒙版上操作，不影响图层的原有像素。当对蒙版所产生的效果不满意时，可以随时删除蒙版，或用黑白色反向处理，即可恢复图像原样。

1. 图层蒙版的基本操作

在图层面板中，图层蒙版和矢量蒙版都显示为图层缩览图右边的附加缩览图。蒙版的操作包括建立图层蒙版、编辑图层蒙版、停用和重新启用蒙版、删除蒙版等。下面通过一个实例来介绍图层蒙版的基本操作和应用。

2. 图层蒙版的应用

【例 3-3】蒙版操作的应用——图像融合。

（1）新建一个 Photoshop 文件"图像融合 . psd"，打开校徽素材图片，将图片拖到文件中，将图层重命名为"校徽"。将图书馆素材图片剪切成近似正方形，拖到文件中，将图层重命名为"图书馆"，并置于校徽图层的下层。如图 3-22 所示。调整图片的大小，使图书馆图片置于校徽的中间。

（2）选中"校徽"图层，点击图层面板下方的"添加图层蒙版"按钮，则在"校徽图层"缩览图的后面出现了一个蒙版缩览图，这样，在校徽图层上创建了图层蒙版，如图 3-23 所示。

图 3-22 "校徽"与"图书馆"两个图层

图 3-23 蒙版上的灰度效果

（3）选中蒙版缩览图。选择"画笔工具"，画笔的硬度设置为 0。将前景色设置为黑色，用画笔在蒙版上涂抹，会发现蒙版上被画为黑色的地方变成透明，可以看见图书馆图像的内容，而白色的地方则是校徽图片的内容。在图层面板上蒙版被编辑成了灰度的图像。用黑色画笔抹去中间部分，使得图书馆的轮廓从校徽中露出。如图 2-23 所示。

（4）精修校徽中多余的部分，为了保持内边框的圆润光滑，添加一个绿色的圆和白色的圆，通过图层蒙版来模拟出校徽内边框那样的绿色圆环和白色圆环。完成后，两幅图像的融合效果如图 3-24 所示。

蒙版操作时需要特别注意选中的对象是图层还是蒙版。只有当蒙版是选中状态时，所有的操作才是对蒙版进行的，否则会对原图像产生误操作。

图 3-24 图像融合的效果

3.2.5　通道的操作和应用

利用"通道"面板可以创建和编辑通道，进行通道的基本操作。该面板是图层面板组中的一个标签，如图 3-25 所示。它列出了图像中的所有通道，首先是复合通道（对于 RGB、CMYK 和 Lab 图像），然后是单个颜色通道、专色通道，最后是 Alpha 通道。通道内容的缩览图显示在通道名称的左侧。缩览图在编辑通道时自动更新。需要注意的是，每个主通道（如 RGB 模式中的红、绿、蓝）的名称不能更改。

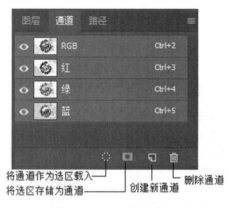

图 3-25　"通道"面板

通道分为颜色通道、专色通道和 Alpha 通道三种。

颜色通道与图像所处的颜色模式相对应。如 RGB 图像包含红、绿、蓝通道，CMYK 图像包含靛青、品红、黄色和黑色通道。每个颜色通道是一幅灰度图像，它只代表一种颜色的明暗变化。所有颜色通道混合在一起时，便可形成图像的彩色效果，也就构成了彩色的复合通道。一般图像的偏色问题，可以通过编辑颜色通道来解决。

专色通道是用于保存专色信息的通道，可以作为一个专色版应用到图像和印刷中。它是除了几种基色以外的其他颜色，用于替代或补充基色。每个专色通道以灰度图形存储相应专色信息，与其在屏幕上的彩色显示无关。

Alpha 通道是一种特殊的通道，它所保存的不是颜色信息，而是创建的选区和蒙版信息。在通道中，可以将选区作为 8 位灰度图像保存。

1. 通道的基本操作

通道的基本操作包括：

（1）创建新通道。在"通道"面板选择"创建新通道"按钮，可以创建一个新的通道。

（2）复制和删除通道。需要对通道图像或通道中的蒙版进行编辑时，通常要先将该通道复制后再编辑，以免编辑后不能还原。而对于不再需要的通道，则可以将其删除。

（3）分离和合并通道。分离通道可以将一幅图像中的通道分离成为灰度图像，以保留单个通道信息，可以独立进行编辑和存储。分离后，原文件被关闭，每个通道均以灰度模式成为一个独立的图像文件。合并通道可以将若干个灰度图像合并成一个图像，甚至可以合并不同的图像。

对通道进行操作，可以在"通道"面板上单击鼠标右键弹出的快捷菜单中实现。

2. 通道的应用

在提取一些形状和透明度复杂的图像时，利用通道可以使操作更容易。

【例 3-4】通道应用——抠图。

（1）在 Photoshop 中，打开素材文件，并复制背景，产生"背景副本"图层。如图 3-26 所示。

图 3-26 通道操作素材

（2）点击右下角图层面板组中的"通道"标签，在"通道"面板中，分别查看红、绿、蓝 3 个单色通道中的图像，比较每个颜色通道中图像的主体和背景的明暗反差，选择一个对比最明显的通道进行操作。对于本例，选择蓝通道。

（3）在蓝通道上单击鼠标右键，在弹出的菜单中选择"复制通道"，生成"蓝副本"通道。

（4）选中"蓝副本"通道，执行"图像"→"调整"→"曲线"命令，打开"曲线"对话框,调整为曲线。让图像上的毛绒动物尽量白,背景尽量黑,也可再使用"亮度/对比度"命令、"色阶"命令等,使前景背景黑白色的反差更大。如图 3-27 所示。

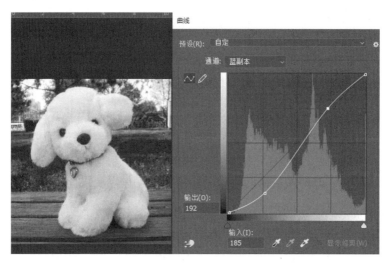

图 3-27　调整"蓝副本"通道

(5)使用"加深工具",设置范围为"阴影",适当调节画笔大小,然后将背景部分压暗。如图 3-28 所示。

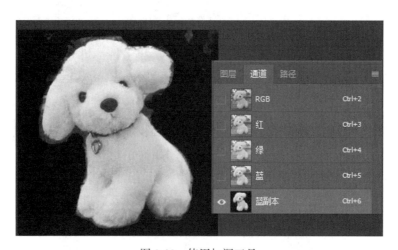

图 3-28　使用加深工具

(6)使用"减淡工具",设置范围为"高光",适当调整画笔大小,使毛绒动物身体部分变成白色。其中难以涂抹的部分可以利用画笔工具进行涂抹。如图 3-29 所示。

(7)点击"通道"面板下方的第一个按钮,即"将通道作为选区载入",将毛绒动物

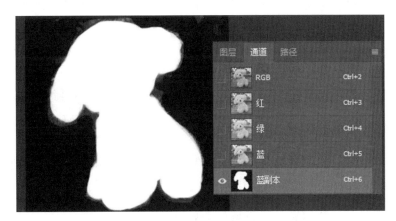

图 3-29　使用减淡工具

载入选区。

（8）回到"图层"面板，选择"图层"→"新建"→"通过拷贝的图层"，将选区的毛绒动物抠到了新建的图层上，如图 3-30 所示，通道抠图完成。

图 3-30　抠图

3.2.6　滤镜的操作和应用

滤镜通过不同的方式改变像素数据，用户不需了解内部原理，只需要通过适当地设置滤镜参数即可得到不同程度的特殊效果。滤镜的使用没有次数限制，无选区时对全部图像产生影响，设置选区后则对图像局部施加效果。

Photoshop 中的滤镜可以分为三种类型：内嵌滤镜、内置滤镜和外挂滤镜。内嵌滤镜是内嵌于 Photoshop 程序内部的滤镜，它们不能被删除，即使将 Photoshop 目录下的 plug-ins 目录删除，这些滤镜依然存在；内置滤镜是指以默认方式安装 Photoshop 时自动安装到 plug-ins 目录下的那部分滤镜；外挂滤镜是指除上述两类外，由第三方厂商为 Photoshop 所开发的滤镜，外挂滤镜不但数量庞大、功能各样，而且版本和种类也在不断更新和升级。

1. Photoshop 滤镜分类

（1）风格化滤镜：包括查找边缘、等高线、风、浮雕效果、扩散、拼贴、曝光过度、凸出和油画 9 种滤镜。它通过置换像素和通过查找并增加图像的对比度，在选区中生成绘画或印象派的效果。

（2）模糊滤镜：包括表面模糊、动感模糊、高斯模糊、径向模糊、方框模糊等多种滤镜。模糊滤镜可以使图像中过于清晰或对比度过于强烈的区域，产生模糊效果。它通过平衡图像中已定义的线条和遮蔽区域的清晰边缘旁边的像素，使变化显得柔和。

（3）扭曲滤镜：包括波浪、波纹、极坐标、挤压、切变、球面化、水波、旋转扭曲、置换 9 种滤镜。扭曲滤镜组是用几何学的原理将一幅影像变形，以创造出三维效果或其他的整体变化。每一个滤镜都能产生一种或数种特殊效果，但都离不开一个特点，即对影像中所选择的区域进行变形、扭曲。

（4）锐化滤镜：包括 USM 锐化、防抖、锐化、锐化边缘、智能锐化 5 种滤镜，用于增加像素之间的对比度来聚焦模糊的图像，使其变得清晰。

（5）像素化滤镜：包括彩块化、彩色半调、点状化、晶格化、马赛克、碎片和铜版雕刻 7 种滤镜。像素化滤镜组中的滤镜会将图像转换成平面色块组成的图案，并通过不同的设置达到截然不同的效果。

（6）渲染滤镜：包括火焰、图片框、树、分层云彩、光照效果、镜头光晕、纤维、云彩 8 种滤镜。渲染滤镜组主要用于在图像中创建云彩、折射和模拟光线等。

（7）杂色滤镜：包括减少杂色、蒙尘与划痕、去斑、添加杂色、中间值 5 种滤镜，主要用于校正图像处理过程（如扫描）所产生的瑕疵。

（8）液化滤镜：可用于推、拉、旋转、反射、折叠和膨胀图像的任意区域。创建的扭曲可以是细微的或剧烈的，这就使液化命令成为修饰图像和创建艺术效果的强大工具。

2. 滤镜使用的特点

Photoshop 中所有内置滤镜都有以下几个相同的特点，在操作滤镜时必须遵守这些操作规范，才能有效准确地使用滤镜功能。

（1）滤镜效果针对选区进行。如果没有定义选区，则对整个图像进行处理。

（2）滤镜针对当前的可视图层，能够反复、连续地应用，但每次只能作用于一个图层上。

（3）所有滤镜都可以作用于 RGB 颜色模式的图像，而不能作用于索引颜色模式的图像。部分滤镜不支持 CMYK 颜色模式。

（4）若只对局部图像进行滤镜效果处理，可以对选区进行羽化操作，使处理的区域能够自然地与原图像融合。

（5）绝大部分滤镜对话框中都提供了预览功能，勾选该选项后，可以单击下方的"+"或"–"按钮，达到放大或缩小预览图像显示比例的目的。

3. 滤镜的应用

【例 3-5】滤镜应用——飘雪效果。

（1）在 Photoshop 中，打开一张合适的素材文件。然后新建"图层 1"，将黑色设置为前景色，按 Alt+Delete 组合键，用前景色填充。

（2）选择"滤镜"→"杂色"→"添加杂色"命令，弹出"添加杂色"对话框，设置各选项参数如图 3-31 所示。

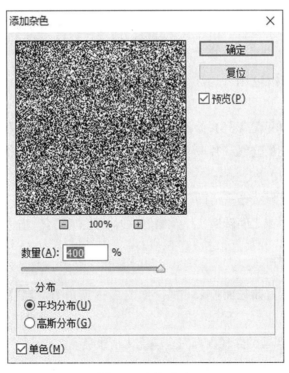

图 3-31　添加杂色

（3）选择"滤镜"→"其他"→"自定"命令，弹出"自定"对话框，设置各项参数如图 3-32 所示。

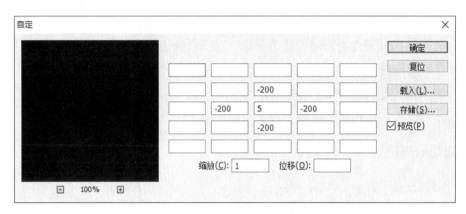

图 3-32　"自定"对话框

（4）设置"图层 1"的混合模式为"滤色"。

（5）选择"滤镜"→"模糊"→"动感模糊"菜单命令，弹出"动感模糊"对话框，根据需要设置"角度"和"距离"等参数值。按"确定"后应用滤镜，产生飘雪的效果。

3.2.7　路径的操作和应用

使用路径工具（如钢笔工具）绘制的线条、矢量图形轮廓和形状称为路径。路径由锚点、方向线和两点之间的连线（片段）组成。路径实质上是由多个锚点组成的矢量图，没有颜色，内部可填充。

路径主要用于：绘制线条平滑的优美图形，辅助抠图，定义画笔等工具的绘制轨迹，输入输出路径及选择区域之间转换，以及绘制曲线、建立选区、描边路径等。

1. 路径的基本操作

路径的操作可以通过路径面板来完成。如图 3-33 所示为"路径"面板及其各按钮的功能。

- 填充路径：将当前的路径内部完全填充为前景色。
- 勾勒路径：使用前景色沿路径的外轮廓进行边界勾勒。
- 路径转换为选区：将当前被选中的路径转换成处理图像时，用以定义处理范围的

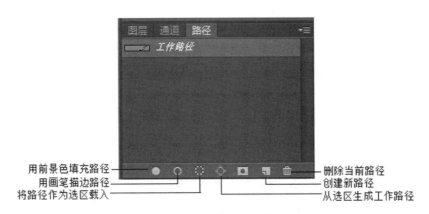

图 3-33　"路径"面板

选择区域。

- 选区转换为路径：将选择区域转换为路径。
- 新建路径层工具：用于创建一个新的路径层。
- 删除路径层工具：用于删除一个路径层。

Photoshop 的钢笔工具用于绘制矢量图形。绘制的过程中应注意：

- 直接点击产生的点是直线点。如果按住 Shift 键，则所绘制的点与上一个点保持 45 度整数倍夹角，可以绘制水平或者是垂直的线段。
- 鼠标单击同时拖动鼠标左键所产生的点是曲线点。
- 直接选择工具，方向线末端有一个小圆点（手柄），点击手柄可以改变方向线。

可用于修改路径的工具包括：

- 路径选择工具：可以改变所选路径的位置。
- 直接选择工具：可以改变所选路径中某一个锚点的位置。
- 添加锚点工具：可以在所选路径上添加锚点。
- 删除锚点工具：可以在所选路径上删除锚点。
- 转换点工具：可以将所选路径中的某个锚点在直角点和曲线点之间进行转换。

2. 路径的应用

【例 3-6】路径的应用——使用钢笔工具绘制如图 3-34 所示的图形。

（1）在 Photoshop 中，新建 PSD 文件。

（2）绘制花朵。选择"钢笔工具"，在画布上绘出一个三角形的闭合路径，再用"转换点工具"修改为如图 3-35 所示路径。

79

图 3-34 图形

图 3-35 路径

（3）变换并复制路径。用"路径选择工具"选择绘制的路径。按住 Alt 键，选择菜单"编辑"→"变换路径"→"旋转"命令，随后释放 Alt 键，形成如图 3-36 所示路径。将该路径的中心点拖到底边靠下。在选项栏中的"旋转角度"框中输入 45 度，再按 Enter 键，出现如图 3-37 所示的路径。按 Enter 键结束本次操作。

（4）继续变换并复制路径。按住 Alt 键，选择菜单"编辑"→"变换路径"→"再次"命令，随后释放 Alt 键，复制出路径。如此重复执行"再次"命令，一共产生 8 个复制品。选择所有的路径后，效果如图 3-38 所示。

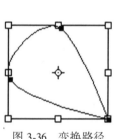

图 3-36 变换路径

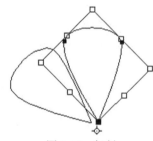

图 3-37 复制

图 3-38 再次复制

（5）继续绘制花盆等图形。

（6）填充路径。将前景色设置为红色。打开路径面板，选择"工作路径"，单击"用前景色填充路径"按钮，完成填充路径操作。再切换到图层面板，完成如图 3-34 所示的图形。

3.2.8 使用 Photoshop 进行图像处理

1. 使用色阶进行图像增强

图像增强用于突出图像中的重要细节，改善视觉质量。例如，由于光照度不够均匀造成图像灰度过于集中，从而无法突出显示感兴趣的部分，就需要进行图像增强。通常采用灰度直方图修改技术进行图像增强。

【例3-7】使用色阶进行图像增强。

通过使用色阶工具调整色阶，并在直方图中观察像素值分布来进行图像增强。直方图是按亮度级别对图像像素划分并用柱状图表示出来的图形，可以直接准确地反映图像像素的亮度分布状态。横坐标标示亮度值（0~255）共256个灰度级别，其中，0表示最暗（黑色），255表示最亮（白色）。纵坐标是每种亮度级别像素的数量，数量多峰值高。

（1）打开素材图像，如图3-39所示。选择"窗口"→"直方图"命令，打开直方图面板，可见像素值集中在中间，需要调整。

（2）使用"色阶"命令来进行调整。"色阶"命令是一个非常强大的工具，不仅可以对整体图像进行明暗和对比度的调整，还能对阴影、中间调和高光部分别调整。以及对各个通道分别进行调整，修正明暗、对比度和色彩倾向。

（3）执行菜单"图像"→"调整"→"色阶"命令，打开"色阶"对话框，如图3-40所示。拖动输入色阶的左、右调整按钮至合适位置，按"确定"按钮确定色阶调整结果。

（4）再观察直方图，像素值分布均匀，图像中对比度更强，突出显示了光亮部分，图像得到了增强。如图3-41所示。

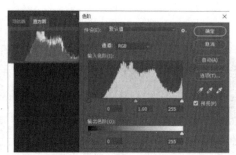

图 3-39　图像增强前　　　　图 3-40　直方图和色阶对话框　　　　图 3-41　图像增强后

2. 提升照片清晰度

【例3-8】提升照片清晰度——模糊图片的处理。

（1）首先打开一张模糊的图片，如图3-42所示。按 Ctrl+J 组合键复制图层，生成"图层1"。

（2）选择"图层1"再复制一个，生成"图层1的拷贝"图层。选中该图层，再选择

图 3-42　模糊的图

"滤镜" → "其他" → "高反差保留"，在弹出的 "高反差保留" 对话框中调整半径大小，根据画面预览效果进行调整，画面边界部分清楚即可。

（3）选中刚调好的图层，设置图层的混合模式为 "强光"，如果觉得效果欠缺，可继续复制高反差保留的图层，调整半径，直到满意为止。

（4）选择 "图层 1" 再复制一个，生成 "图层 1 的拷贝 2" 图层，并将原来的 "图层 1" 拖曳至顶层，设置图层 1 的混合模式为 "滤色"。

（5）选择 "图层 1 的拷贝" 图层，选择 "滤镜" → "锐化" → "USM 锐化" 命令，调整数量、半径、阈值等参数。如图 3-43 所示。

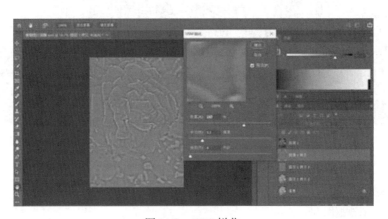

图 3-43　USM 锐化

（6）调整图像中亮度、对比度、色阶、曲线等参数。最后，提升了清晰度的效果如图 3-44 所示。

图 3-44 提升照片清晰度

3. 使用通道和蒙版

【例 3-9】通道抠图与蒙版结合。

（1）首先利用通道抠图。新建 PSD 文件。导入如图 3-45 所示图片。点击"通道"标签，进入"通道"面板，选择"红"通道进行操作。

（2）复制"红"通道，生成"红拷贝"通道。选中该通道，执行"图像"→"调整"→"曲线"、"亮度/对比度"、"色阶"和"反相"等命令，以及使用画笔工具，使图像中主体尽量白，背景尽量黑。如图 3-46 所示。

（3）点击"通道"面板下方的"将通道作为选区载入"按钮，做出选区。回到"图层"面板，选择"图层"→"新建"→"通过拷贝的图层"命令，新建了"狐狸"图层，如图 3-47 所示。然后对狐狸进行水平翻和变形拉伸。

图 3-45 通道抠图素材　　　　图 3-46 选出选区　　　　图 3-47 抠图完成

（4）在"狐狸"图层上面，新建"建筑樱花"图层，添加一张如图 3-48 所示的图片到该图层中，调整图片大小与狐狸的大小相当。右击选中"建筑樱花"图层，在弹出的菜单中选择"创建剪贴蒙版"命令，效果如图 3-49 所示。

（5）在"建筑樱花"图层中添加图层蒙版，使用黑色画笔工具在画布上涂画，将需要隐藏的部分隐藏起来。效果如图 3-50 所示。

图 3-48 建筑樱花素材

图 3-49 创建剪贴蒙版后

图 3-50 创建图层蒙版后的效果图

（6）添加"飘落的花瓣"图片，调整图片的大小、颜色等。

（7）添加文字。编辑文字图层，使用矩形选框工具做出文字底框，并进行填色，调整文字颜色为白色。

（8）选择"狐狸"图层，添加"滤镜"→"滤镜库"→"艺术效果"→"木刻"效果。选择"图像"→"调整"→"色彩平衡""亮度/对比度"和"色相/饱和度"命令来调整色相、亮度和饱和度。

（9）制作一个印章。最后完成的画面如图 3-51 所示。

图 3-51 通道和蒙版用于图像融合

本例使用通道抠图技术结合蒙版融合等技术，将狐狸和建筑、樱花等进行融合，制作出自然的具有创意的若隐若现效果。这种技术还可以用于云彩、水波、火焰、烟雾等效果。

4. 使用通道计算创建凸凹特效

【例 3-10】通道应用——通道计算创建浮起与凹陷特效。

（1）新建一张画布，大小为 640×480 像素，颜色模式为 RGB，背景为白色。新建两个图层，分别为"图层 1"和"图层 2"。

（2）切换到"通道"面板，点击"通道"面板下方的"创建新通道"按钮，新建一个 Alpha1 通道，如图 3-52 所示。选择工具箱中的"文字工具"，在上方工具选项栏中设置字体为"Britannic Bold"，字号为"120"，在 Alpha1 通道中输入几个英文字母，如图 3-53所示。

（3）在 Alpha1 通道上单击鼠标右键，选择"复制通道"选项，再复制一个 Alpha1 通道副本，将其重命名为 Alpha2 通道。如图 3-54 所示。

图 3-52　新建 Alpha 通道

图 3-53　输入英文字母

图 3-54　Alpha2 通道载入选区

（4）选中 Alpha2 通道，按 Ctrl+D 组合键取消选区。选择菜单"滤镜"→"模糊"→"高斯模糊"命令，设置参数为 5 个像素，然后选择菜单"滤镜"→"其他"→"位移"命令，将其水平和垂直方向各移动 6 个像素。

（5）单击 Alpha2 通道，选定其为当前通道，点击"通道"面板下方的第一个按钮，将其作为选区载入。如图 3-55 所示。

（6）按住 Ctrl+Alt 组合键的同时，用鼠标单击 Alpha1 通道，实现了 Alpha2-Alpha1 的通道减法计算操作，此时画布上剩下了两个通道选区相减后的剩余选区部分，即右下方大小为 6 个像素的部分。

（7）在选区存在的前提下，切换回"图层"面板，单击"图层 1"，设置前景色为黑色。选择"编辑"菜单中的"填充"命令，如图 3-56 所示。将前景色填充到选区中，则形成了如图 3-57 所示的浮起效果。

图 3-55　Alpha2-Alph1 操作　　　　图 3-56　"填充"面板　　　　图 3-57　填充后形成浮起效果

（8）将前面的操作反过来，即单击 Alpha1 通道作为当前通道，点击"通道"面板下方的第一个按钮，将其作为选区载入。在按住 Ctrl+Alt 组合键的同时，用鼠标单击 Alpha2 通道，实现了 Alpha1-Alpha2 的通道减法计算操作，此时画布上会剩下两个通道选区相减后的剩余选区部分，即左上方大小为 6 个像素的部分，如图 3-58 所示。

（9）在选区存在的前提下，切换回"图层"面板，单击"图层 2"，再选择"编辑"菜单中的"填充"命令，将前景色填充到选区中，则形成了如图 3-59 所示的凹陷效果。

图 3-58　Alpha1-Alpha2 通道操作　　　　　　图 3-59　填充后形成凹陷效果

5. 使用滤镜制作文字特效

【例 3-11】滤镜特效的应用——火焰文字特效。

（1）新建一张画布，大小为 640×480 像素，颜色模式为"灰度"，背景为白色。按 Alt+Delete 组合键，将画布填充为当前的前景色黑色。

（2）选择工具箱里的文字工具下的"横排文字蒙版工具"，在上方的工具栏选项中将"字体"设置为"华文彩云"，"字号"设置为"180"，在画布上输入"火焰"两个字。输入文字后，按回车键进行确认，画布上会出现文字形状的选区，如图 3-60 所示。

（3）按 Ctrl+Delete 组合键，在选区内填充当前的背景色白色，然后按 Ctrl+D 取消选区。如图 3-61 所示。

（4）选择"图像"菜单中的"图像旋转"，然后选择"90 度（顺时针）"命令。选择"滤镜"→"风格化"→"风"命令，设置"方向"参数为"从左"。在这种参数下，继续执行两次"风"命令。选择"图像"菜单中的"图像旋转"菜单，然后选择"90 度（逆时针）"命令。此时画布如图 3-62 所示。

（5）选择"滤镜"→"风格化"→"扩散"命令，选择"变暗优先"选项并执行。选择"滤镜"→"模糊"→"高斯模糊"，设置为"3 像素"并执行。选择"滤镜"→"扭曲"→"波纹"，设置参数为：数量"100%"，大小"中"。

（6）切换到"通道"面板，点击面板下方的第一个按钮，将通道载入选区，再切换回"图层"面板。

图 3-60　文字形状选区

图 3-61　文字填充白色

图 3-62　逆时针旋转后的画布

（7）选择"编辑"→"填充"命令，具体参数如图 3-63 所示。

（8）选择"图像"→"模式"命令，将图像设置为"索引颜色"模式。

（9）选择"图像"→"模式"→"颜色表"命令，将"颜色表"设置为"黑体"。如图 3-64 所示。

图 3-63　"填充"面板

图 3-64　"颜色表"面板

（10）按 Ctrl+D 取消选区，此时文字出现火焰效果，如图 3-65 所示。

图 3-65　火焰文字效果

6. 图像合成

图层的使用方法是图像合成的一门重要技巧。图像合成是 Photoshop 的精髓所在。

【例 3-12】图层综合应用——制作明信片。

（1）首先准备明信片中需要的素材。然后新建"明信片 . psd"文件，背景为白色，色彩模式为 RGB。再将一张背景图片拖到文件中，产生一个新的图层，命名为"背景图片"。

（2）将一张"老图书馆"照片拖入，为了与背景相融，使用通道对图片进行美化，再将该图片边缘用橡皮擦和画笔工具擦拭。

（3）新建"过渡"组，在其中新建一个图层，用画笔工具在画布下方添加一个过渡，使画面更加和谐。添加线条元素，过渡背景与图书馆的边缘。再新建一个"背景樱花"图层，选取樱花素材，并调试透明度，将其融入过渡背景中。

（4）新建"光"组，为画面增加光效。

（5）新建"鸟"图层，添加小鸟的剪影，并使用选区和蒙版的功能将小鸟与樱花结合。

（6）新建"课程名称"组，输入"多媒体技术与虚拟现实"，每个文字一个图层，分别添加"渐变叠加"等图层样式。

（7）新建"标题"组，新建文字图层，输入"武汉大学"。导入一个印章图片到"印章"图层。新建形状图层，画一个形状，并将文字层与形状图层进行链接。

（8）为了体现樱花元素，新建一个"樱花"图层，使用"风格化"滤镜，将樱花花瓣处理成油画效果，并调节透明度。

（9）完成明信片制作。如图 3-66 所示。

图 3-66　图层综合应用——明信片

7. 矢量绘图工具的使用

在 Photoshop 中，矩形工具、椭圆工具、钢笔工具等可以用于绘制矢量图形。下面的例子使用了这些矢量绘图工具。

【例 3-13】矢量工具的使用——制作樱花转盘。

（1）在 Photoshop 中新建一张画布，大小为 1890×1417 像素，背景为黑色。将樱花素材拖入文件中，生成"樱花"图层。选择菜单"视图"→"新建参考线"，分别新建一个"水平 50%"和"垂直 50%"参考线。

（2）选择"椭圆工具"，在工具选项栏的"选择工具模式"中选择"形状"，"填充"设置为"无"，"描边"颜色设置为"#f3abf2"，按 Shift 键绘制出最外的一个圆，图层名称修改为"最外"。如图 3-67 所示。

（3）使用同样的方法，或者复制圆图层，再绘制出 4 个同心的、不同大小的圆，圆以参考线的交叉点为圆心。然后栅格化图层。

（4）使用"矩形选框工具"，对圆图层分别进行选取，并删除选取部分。

（5）绘制刻度。新建一个图层，按照第一个圆的直径使用"铅笔工具"按 Shift 键沿着水平参考线绘制出一条线段。复制该图层，选择新图层并按 Ctrl+T 组合键进行自由变换，设置旋转角度为 6 度，按"确定"。再复制该图层，又创建一个新图层，重复上面的操作再绘制出一个旋转后的线段。然后按 Ctrl+Shift+Alt 组合键和 T 键，每按一次 T 键，就复制上述步骤一次，直到绘制出所有的旋转线段。使用"椭圆选框工具"画出第二圆的图形，按 Ctrl+Enter+Delete 组合键，删除选区内的线条，合并成一个图层。如图 3-68 所示。然后复制该图层，进行部分删除，再复制预留部分并调整角度粘贴到新建的"扫光"图层中。

（6）使用"钢笔工具"画出如图 3-69 所示的三角形路径，作为扫光部分。选择"路径"标签，选中路径，在"路径"面板上选择"将路径作为选区载入"，对选区填充渐变色彩。最后制作的樱花转盘的效果如图 3-69 所示。

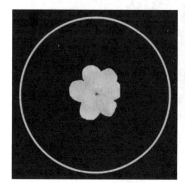
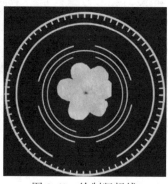

图 3-67　绘制圆　　　　　　　　图 3-68　绘制竖粗线　　　　　　　图 3-69　樱花转盘

3.3　图像处理技术的典型应用

图像识别是图像处理技术的典型应用，包括指纹识别、文字识别、人脸识别等。指纹识别指通过比较不同指纹的细节特征点来进行鉴别。人脸识别是基于人的脸部特征信息进行身份识别的一种生物识别技术。

3.3.1　文字识别

文字是人们彼此交流的重要工具。在当今的信息时代，计算机网络使得人与人之间的通信越来越方便，接触信息的渠道也越来越多样。对于每天接触的大量信息，人们常常利用手机等设备拍照留存，图片成了一种不可或缺的传播媒介。图像中的文字，对于拍摄者来说往往有着重大的意义。例如彩色背景上的文字，拍摄距离很远的海报上的文字，这些文字带有重要的语义信息，如果能识别这些文字，对于计算机理解图片含义有着重要的作用。

文字识别是计算机获取外部信息的重要途径。目前常用的方法有光学字符识别（Optical Character Recognition，OCR）技术。OCR 技术通过光学字符识别方式，将字面或图像上的文字灰度转变为电信号存入到计算机内，再通过信息分析和处理完成字体的大小、偏转、粗细等正规化处理，最后通过比对识别和人工校正将识别结果以文字方式输出。

整体来说，OCR 一般分为两个步骤：图像预处理和文字识别。

1. 图像预处理

识别文字前，需要对原始图片进行预处理，以便后续的特征提取和学习，这个过程是文字识别中重要的步骤。图像预处理包括灰度化、二值化、降噪、倾斜矫正、文字切分等。

（1）图像灰度化。就是将三通道的彩色图像变化成单通道的灰度图像的过程。彩色图像中的三个分量红（R）、绿（G）、蓝（B）决定了每个像素点的颜色。每个分量范围为 0~255，因此一个像素点有多达 1600 多万种的颜色变化范围。为了便于后续的计算，减少计算量，有必要对彩色图像实行灰度化。灰度化后的图像每个颜色由灰度表示。在红、绿、蓝三色中，人眼对蓝色最不敏感，对绿色最敏感，因此，将红、绿、蓝三个分量按照（0.30，0.59，0.11）的比例关系得到当前像素的灰度值。如图 3-70 所示为没有经过图像灰度化处理的原图，图 3-71 所示为经过图像灰度化处理后的图。

（2）图像二值化。就是将图像上的像素点的灰度值设置为 0 或 255，也就是将整个图像呈现出明显的黑白效果的过程。为了让计算机更快、更好地识别文字，需要先对彩色图进行处理，使图片只有前景信息与背景信息，可以简单地定义前景信息为黑色，背景信息为白色，这就是图像的二值化。如图 3-72 是对图 3-70 经过二值化处理的图。

图 3-70　原图

图 3-71　灰度化处理后

图 3-72　图像二值化处理后

（3）倾斜较正。拍照出来的图片不可避免地会产生倾斜，这时就需要对图像进行倾斜较正。

2. 文字识别

图像预处理完毕后，就到了文字识别的阶段。

（1）特征提取和降维。特征是用来识别文字的关键信息，每个不同的文字都能通过特征与其他文字进行区分。对于数字和英文字母来说，这个特征提取是比较容易的，总共 $10+26×2 = 62$ 个字符。对于汉字来说，特征提取的难度就较大，汉字是大字符集，国标中最常用的第一级汉字有 3755 个，汉字结构复杂，形近字多，特征维度就比较大。

在确定了使用何种特征后，还有可能要进行特征降维，这种情况下，如果特征的维数太高，分类器的效率会受到很大的影响，为了提高识别速率，往往就要进行降维，这个过程也很重要，既要降低特征维数，又使得减少维数后的特征向量还保留足够的信息量（以区分不同的文字）。

（2）分类器设计、训练。对一个文字图像，提取出特征后，就由分类器对其进行分类，用于告诉这个特征该识别成哪个文字。

（3）后处理。后处理就是对于分类器的分类结果进行优化。根据特定语言上下文的关系，对识别结果进行较正。

3. OCR 软件

1986 年，我国提出"863"高新科技研究计划，汉字识别的研究进入到实质性的阶段，清华大学和中科院分别进行开发研究，相继推出了中文 OCR 产品。目前，市场上有很多 OCR 软件工具，既有电脑端的，也有手机端的，用户可以自行按需选择使用。

如果要开发文字识别应用，可以使用 Tesseract 等开源文字识别引擎，也可以使用百度通用文字识别 API 等。

3.3.2　人脸识别

人脸识别是基于人的脸部特征信息进行身份识别的一种生物识别技术，是用摄像机或摄像头采集含有人脸的图像或视频流，并自动在图像中检测和跟踪人脸，进而对检测到的人脸进行脸部识别的一系列相关技术。

人脸识别系统主要由四部分组成：人脸图像采集及检测、人脸图像预处理、人脸图像特征提取以及匹配与识别。

人脸识别的难点主要是人脸作为生物特征的特点所带来的。不同个体之间的区别不大，所有的人脸的结构都相似，甚至人脸器官的结构外形都很相似。这样的特点对于利用人脸进行定位是有利的，但是对于利用人脸区分人类个体则是不利的。人脸的外形很不稳定，人可以通过脸部肌肉的变化产生很多表情，而在不同观察角度，人脸的视觉图像也相差很大，另外，人脸识别还受光照条件（例如白天和夜晚，室内和室外等）、人脸的遮盖物（例如口罩、墨镜、头发、胡须等）、人的年龄等多方面因素的影响。

目前，人脸识别产品已广泛应用于金融、司法、军队、公安、边检、政府、航天、电力、工厂、教育、医疗等多个领域。随着技术的进一步成熟和社会认同度的提高，人脸识别技术将应用于更多的领域。

3.4　三维全景技术

3.4.1　概述

1. 三维全景技术的概念

全景技术是指通过图片或照片的拼合，实现对场景环视和对物体的三维拖动显示。全景技术兴起于 20 世纪 90 年代，最早出现的是单视点全景图，由围绕轴心水平旋转的相机拍摄的多张图像拼接而成。此后出现了条带全景图，由水平移动的相机连续拍摄普通窄视角图像拼接而成。

近年来，随着虚拟现实技术的迅速发展，出现了一项新的数字图像处理技术，即三维全景技术。三维全景技术是利用真实图像进行渲染与拼接达到三维效果的一种技术。利用采集设备在兴趣点上全方位采集图像，经过处理形成每一视点的 360 度全景图像，利用显示引擎在屏幕上模拟从视点以任意角度观察的三维场景。这些新功能为人们提供了新的视角，给浏览者带来了身临其境的真实感觉。

基于三维全景图像的各种特性，三维全景图像拥有极为广泛的应用领域。目前数字三维全景已经应用于虚拟校园、产品展示、教学培训、娱乐等多个领域。

2. 三维全景技术的特点

三维全景技术具有以下几个特点：

（1）真实感强。360 度全景拍摄通过广角的表现手段以及绘画、相片、视频、三维模型等形式，尽可能多地表现出周围的环境。由于照片均为实地拍摄后再进行拼接处理，是真实场景的三维展现，比三维建模生成的图像更真实，能够给人以身临其境的感受。

（2）人机交互性强。用户可以通过鼠标选择自己的视角，任意放大和缩小，如亲临现场般环视、俯瞰和仰视。如果配备虚拟现实设备，将进一步增强人机交互的体验感。

（3）画面质量高。取景时所采用的相机像素都比较高，能够拍摄出高清图像，使其展示画面达到很高的画面效果。

此外，还有占用存储空间小、观看时无须单独下载插件、开发周期短和制作速度快等特点。

3.4.2　全景图生成技术

三维全景技术是利用实景照片建立虚拟环境，将相机环 360°拍摄的一组照片拼接成一个全景的图像。

1. 全景图生成

全景图的生成包括图像采集（照片拍摄）、图像拼接、全景图展示等步骤。

（1）图像采集。要进行图像的采集，主要有两种方法：

一是利用全景拍摄器材设备进行拍摄。该方法比较容易采集图像，但是摄影器材设备价格昂贵，因而影响了其通用性。

二是通过普通相机拍摄后再进行图像拼接。目前，用普通相机在固定点拍摄图片，然后拼接生成全景图的研究比较活跃，而全景图生成的核心技术之一的图像拼接算法也是研究重点。

（2）图像拼接与缝合。现有的全景图像拼接生成算法主要可以分为三类：基于特征的方法、基于流的方法和基于相位相关的方法。在得到拼接好的图像后，还需要对图像重叠部分进行处理，以实现图像的无缝拼接，对此目前大多采用的是线性插值法。

（3）全景图展示。得到 360 度全景图像后，还要将该图像投影到所选择模型的内表面展示，并提供简单的浏览功能。

360 度全景图像有三种类型：圆柱型、立方体型和球型。圆柱型是将拼接好的全景图投影到圆柱体的内表面；立方体型是将拼接好的全景图投影到立方体的内表面；球型是将拼接好的全景图投影到球体的内表面。

Pano2VR 是一个全景图像发布的应用软件，可以将球面全景和立方体全景图像转换成为 Quick Time 或者 Flash 格式的三维全景图像。

2. 全景图像的摄影设备

全景图像的拍摄比普通照片的拍摄要求高，主要原因有三点：首先是单幅图像的采集应尽可能使视角范围大；其次在图像采集的过程中要求图像的曝光、色温要有一致性，以方便后期的拼接与合成；最后是图像采集过程中要求围绕镜头的节点进行旋转。

（1）相机。原则上讲，所有的数字相机都可以用于全景图像的采集，但考虑到对于采集图像的质量以及全景图片拼接的要求，专业的单反相机是全景摄影的最佳选择。

（2）拍摄镜头。全景摄影时使用的镜头直接影响着制作三维全景图的质量与效率。因此选择适当的镜头十分重要。

标准镜头的视角与透视关系接近于人类的视觉感受，拍摄的画面具有真实感。长焦镜头比标准镜头的焦距长且视角小。广角镜头比标准镜头的焦距短且视角大。因此，广角镜头的视角涵盖范围比较大，在全景摄影360度景象的采集过程中，相比标准和长焦而言有着更高的效率。在全景摄影拍摄中常采用广角镜头进行图片的采集。

与标准镜头、长焦镜头和广角镜头相比，鱼眼镜头是最好的全景图像信息采集镜头。鱼眼镜头是一种焦距为16mm或更短的且视角接近或等于180度的镜头。鱼眼镜头属于超广角镜头中的一种特殊镜头，它的视角力求达到或超出人眼所能看到的范围。鱼眼镜头不仅视角范围大，而且它的焦距短，能够产生特殊的变形效果；同时景深长，有利于表现照片的大景深效果。

（3）云台。云台是放置相机的专用平台，和普通三脚架上的云台不同，全景图像采集要求相机的旋转始终以镜头的成像点为中心。因此全景云台也是全景摄影必不可少的设备之一。这种云台上有相关刻度、水平仪和一些调节附件，保证拍摄点固定于所拍摄的立体场景的中心已达到最好的拍摄效果。

（4）三脚架。拍摄三维全景图时由于要求在固定一个点拍摄多张照片再做拼接，因此三脚架也是必不可少的设备之一。三脚架的种类和品牌很多，三维摄影用的三脚架要求有良好的稳定性和可靠性。

3. 全景图拼接软件

实景照片拍摄后，需要经过拼合、切割、融合等一系列处理后，才能观看全景图。全景图的拼接一般用计算机软件来完成，目前全景图制作软件有PTGui、KRPano、720云全景制作软件、VeeR编辑器、造景师、Ulead COOL 360、Autodesk Stitcher等。

Photoshop的Photomerge功能也可以进行全景的拼接。但是其拼接原理较为简单，只有最基本的对齐和融合功能，而且需要拼接的全景图像至少要求有30%的重叠区域。对于复杂图像的扭曲与镜头变形的矫正无能为力。由于这些局限，Photoshop无法作为主力软件完成360全景的拼接工作，其主要是负责拼接之后全景图像的美化工作。

Stitcher是一款高品质专业级的全景图制作工具。它能利用无论是在水平或垂直部分有交互重叠的照片，在很短的时间内构建一个360×360度的高解析度全景影像。用户可以利用一个虚拟的摄影机在全景影像中通过缩放、摇晃、倾斜、旋转等动作来创造一个全新的影片。

　　PTGui 是一款功能强大的全景图片拼接软件。它同时提供手动和自动两种拼接模式，并且两种模式都能取得很好的效果。使用 PTGui 可以快捷方便地制作出 360×180 度的完整球型全景图片，且其工作流程简便。

3.4.3　生成校园全景图

1. 无人机拍摄

　　利用无人机进行拍摄时，首先，将无人机悬停到一定高度，确保 GPS 信号正常。云台调整到 0 度，飞机保持悬停，控制旋转机头方向，每隔 45 度按下快门（飞机摄像头的视角一般都超过 90 度，这是为了使每一张照片都能有 30%或以上的重叠部分），拍摄一张照片，总共 8 张，能拍完 360 度。接着，将云台调整到-45 度，飞机仍然悬停，也是每旋转45 度拍摄一张照片，总共 8 张。最后，将云台调整到-90 度，对准正下方拍摄，每旋转90 度拍摄一张，总共 4 张。

　　总的来说，拍摄过程中，无人机旋转 360 度，上、中、下 3 圈，每张照片重合 30%以上。如果每张照片没有 30%的重合度，那么后期照片合成时会有残缺，就合成不了完整的全景图。

2. 全景图拼接

　　使用 PTGui 软件进行全景图片的拼接，首先导入一组原始底片，再运行自动对齐控制点，最后生成并保存全景图文件。

　　将拍摄的照片拖动到软件中，软件会自动读取图片，并自动识别拍摄使用镜头参数。图片导入后，点击"对准图像"，软件将自动进行拼接图片，生成控制点。结束后，出现全景图编辑器，可以预览到拼接后的全景图。

　　全景编辑器用于对拼接后的全景图进行编辑，可以对拼接不完美的点进行手动打点调整。编辑完成后，点击"创建全景图"，则完成创建。

3. 修图、色彩阴影度

　　合成后的全景图中，天空是不完整的，所以修补蓝天是一个必要的过程，这时需要用Photoshop 等软件进行填补，以及进行部分区域的调光调色处理。在图 3-73 上进行了修补蓝天、修图和调光调色的部分全景图如图 3-74 所示。

图 3-73　拼接的全景图像

图 3-74　修补后的全景图像

4. 分享

上传全景图到网上。添加场景，上传图片，并给重要的建筑物添加坐标超链接，设置进入全景图的第一视角，再加入音乐，添加沙盘、场景和指引细节等。完成后，以网页形式分享可 360 度旋转观看的全景图。如输入网址 https：//720yun.com/t/32vknwi9z7l？scene_id＝30547139，可以观看武汉大学的全景图。

本 章 小 结

图像是人类获取和交换信息的主要来源，是一种重要的感觉媒体，是多媒体产品中使用最多的素材，具有直观、易于理解的特点。图像处理技术是多媒体技术的重要研究内容。从不同的角度来看，图像可分为不同的类型，如灰度图像和彩色图像，模拟图像和数字图像，静止图像和运动图像，平面图像和三维全景图像等。

本章介绍了图像采集、图像增强、图像复原、图像重建、图像编码、图像分割、图像识别、图像理解等数字图像处理的主要内容。

介绍了图像数字化的过程：采样、量化和编码。

色彩模式是将某种颜色表现为数字形式的模型，是一种记录图像颜色的方式。本章讲解了 RGB 色彩模式、CYMK 色彩模式、HSB 色彩模式、Lab 色彩模式和灰度色彩模型。

图像世界中不同的格式各自以不同的方式来表示图形信息，本章介绍了常用的图像文件格式。

Adobe Photoshop 功能强大，是最受欢迎的图像处理软件之一。本章介绍了 Photoshop 的基本概念和基本操作，讲解了 Photoshop 的图层、选区、蒙版、通道、滤镜、路径的基本操作和应用，以及使用 Photoshop 进行平面图像处理的应用示例。

本章简单介绍了文字识别和人脸识别这两个图像处理技术的典型应用。

最后，讲述了三维全景技术的基本知识，并给出了一个生成校园全景图的实例。

习　　题

一、单选题

1. 一幅宽高尺寸为 980×760 的图像，共有(　　)个像素点。

　　A. 980×760/2　　　B. 980×760/4　　　C. 980×760　　　D. 980×760/8

2. 分辨率是衡量一个图像质量的重要指标之一。图像分辨率的单位是(　　)。

　　A. DPI　　　　　B. PPI　　　　　C. Bit　　　　　D. PDI

3. 不进行数据压缩的、标准的 Windows 图像文件格式是(　　)。

　　A. BMP　　　　B. GIF　　　　C. JPG　　　　D. TIFF

4. 以下关于位图和矢量图的说法错误的是(　　)。

　　A. 矢量图的质量不受分辨率高低的影响

　　B. 位图图像放大后会发现有马赛克一样的单个像素

　　C. 扩大位图尺寸的效果是增多单个像素，从而使线条和形状显得参差不齐

　　D. 由于位图图像是以排列后的像素几何体形式创建的，所以能单独操作局部位图

5. 下列 RGB 值对应颜色全部正确的是(　　)。

　　A. 255 0 0（红色），0 255 0（蓝色），0 0 255（绿色）

　　B. 255 255 255（白色），0 0 255（蓝色），255 0 0（红色）

　　C. 0 0 0（白色），255 0 0（红色），0 255 0（绿色）

　　D. R=G=B（灰色），0 0 0（黑色），0 0 255（红色）

6. 适合在显示器上显示的色彩模式是(　　)。

　　A. RGB 模式　　　　B. CMYK 模式　　　C. HSB 模式　　　　D. Lab 模式

7. 与设备无关的色彩模式是(　　)。

　　A. RGB 模式　　　　B. CMYK 模式　　　C. HSB 模式　　　　D. Lab 模式

8. 以下(　　)项不是 HSB 色彩模式的基本特征。

　　A. 色相　　　　　　B. 饱和度　　　　　C. 亮度　　　　　　D. 锐度

9. 以下(　　)不是 CMYK 模式图像的通道。

　　A. 青色　　　　　　B. 洋红　　　　　　C. 白色　　　　　　D. 黑色

10. GIF 图像文件可以用 1~8 位表示颜色,因此最多可以表示(　　)种颜色。

　　A. 2　　　　　　　B. 16　　　　　　　C. 256　　　　　　D. 65536

11. PNG 图像文件采用无损压缩算法,其像素深度可以高达(　　)位。

　　A. 8　　　　　　　B. 24　　　　　　　C. 32　　　　　　　D. 48

12. 一张像素为 1280×960 的 24 色真彩色图像所占存储空间大小为(　　)。

　　A. 1. 17MB　　　　B. 3. 52MB　　　　C. 28. 13MB　　　　D. 1500KB

13. 以下(　　)格式不是图像的存储格式。

　　A. jpeg　　　　　　B. tiff　　　　　　C. dwg　　　　　　D. raw

14. 在图像像素的数量不变时,增加图像的宽度和高度,图像分辨率会发生怎样的变化?(　　)

　　A. 图像分辨率降低　　　　　　　　B. 图像分辨率增高

　　C. 图像分辨率不变　　　　　　　　D. 不能进行这样的更改

15. 缩小当前图像的画布大小后数量不变时,图像分辨率会发生怎样的变化?(　　)

　　A. 图像分辨率降低　　　　　　　　B. 图像分辨率增高

　　C. 图像分辨率不变　　　　　　　　D. 不能进行这样的更改

16. Photoshop 图层的特性不包括(　　)。

　　A. 独立性　　　　　B. 透明性　　　　　C. 叠加性　　　　　D. 智能性

17. 以下(　　)是 Photoshop 图像最基本的组成单元。

　　A. 节点　　　　　　B. 色彩模式　　　　C. 像素　　　　　　D. 路径

18. Photoshop 中魔棒工具的作用是(　　)。

　　A. 产生神奇的图像效果　　　　　　B. 按照颜色选取图像的某个区域

　　C. 图像间区域的复制　　　　　　　D. 一种滤镜

19. Photoshop 软件中,下面(　　)工具可以将取样区域复制到其他图像或同一图像其他部分,用于修复、掩盖图像中的瑕疵部分。

　　　A. 修复工具　　　B. 减淡工具　　　C. 图章工具　　　D. 模糊工具

20. 在 Photoshop 中，（　　　）是一种图层，用来保护被遮蔽的区域不被编辑。

　　　A. 路径　　　　　B. 蒙版　　　　　C. 通道　　　　　D. 滤镜

21. 在"色阶"对话框中，"输入色阶"的左侧框数值的含义是（　　　）。

　　　A. 用来调整阴影输入色阶　　　　　B. 用来调整高光输入色阶

　　　C. 用来调整中间输入色阶　　　　　D. 用来调整综合输入色阶

22. Alpha 通道是计算机图形学中的术语，指的是特别的通道。该通道用 256 级灰度来记录图像中的透明度信息，其中黑色表示（　　　）。

　　　A. 透明　　　　　B. 不透明　　　　C. 半透明　　　D. 以上都不对

23. Photoshop 中，Alt+Ctrl+Z 组合键执行（　　　）操作。

　　　A. 后退一步　　　　　　　　　　　B. 在当前图层粘贴

　　　C. 自由变换　　　　　　　　　　　D. 导入

24. 在 Photoshop 中，RGB 通道的"红"通道如果是白色，表示的含义是（　　　）。

　　　A. 表示红色最大　B. 表示全部选择　C. 表示没有红色　D. 表示没有选择

25. 在 Photoshop 中，"选择"菜单中的（　　　）菜单项可以选取特定颜色范围内的图像。

　　　A. 全部　　　　　B. 反向　　　　　C. 色彩范围　　　D. 取消选择

26. 下列不属于 Photoshop 中变换处理的是（　　　）。

　　　A. 缩放　　　　　B. 旋转　　　　　C. 翻转　　　　　D. 锐化

27. （　　　）的全景图拍摄方案是目前主流的硬件配置方案。

　　　A. 数码相机+鱼眼镜头+三脚架+全景云台

　　　B. 光学相机+鱼眼镜头+三脚架+云台+扫描仪

　　　C. 用三维建模软件创建虚拟场景

　　　D. 扫描仪+鱼眼镜头+三脚架+云台

28. 手机上广泛使用的手写输入技术，主要用到了（　　　）。

　　　A. 光学字符识别技术　　　　　　　B. 手写文字识别技术

　　　C. 语音识别技术　　　　　　　　　D. 机器翻译技术

二、填空题

1. 图像的数字化过程一般包括_____、_____和编码。

2. 图像增强技术是用于改善_____所采取的一种技术。

3. 数字图像的质量与图像的数字化过程有关，影响数字图像质量的主要因素有_____和_____。

4. 位图与_____有关，若在屏幕上以较大的倍数放大显示位图，则会出现_____现象。

5. _____文件是 Adobe Photoshop 图像处理软件的专用文件格式，可以支持图层、通道、蒙版和不同色彩模式的各种特征，是一种非压缩的原始文件保存格式。

6. Alpha 通道的主要用途是_____。

7. Photoshop 中，选择工具箱中的矩形工具或椭圆工具，同时按_____键，可以绘制出正方形或正圆。

8. Photoshop 中，当图像处于自由变换状态时，按住 Ctrl 键拖动某个控点，图像发生_____。

9. 在 Photoshop 的图像窗口中选建立选区时，在选区工具的选项栏中，选择_____方式，新建的选区边框将从原来的选区边框减掉。

10. 鱼眼镜头的用途是_____。

11. OCR 软件可以实现的功能是_____。

12. 云台是指_____。

三、简答题

1. 什么是分辨率？图像分辨率和设备分辨率有什么区别？

2. 图像的质量由哪些因素决定？

3. 请简要说明位图和矢量图的区别及各自的特点。

4. 绘画与图像修饰是 Photoshop 中最基本的操作，请简述 Photoshop 软件中主要的修饰工具以及它们的作用。

5. 简述 Photoshop 中规则区域和不规则区域的常用选择方法。

6. Photoshop 图层蒙版的作用是什么？图层蒙版中的黑白灰分别对图层产生什么效果？

7. Photoshop 中可以通过什么方式选择图像中的人物的头发？请简要说明操作过程。

8. 人脸识别技术已经在哪些方面得到应用？

9. 简述全景拍摄技术的优势。

10. 常见的三维全景软件有哪些？

四、操作题

1. 已知网页十六进制颜色值分别为#22286f、#19412b 和#e50012，请在 Photoshop 中查看所对应的 RGB 值分别是多少。

2. 使用 Photoshop 对一张歪斜照片进行矫正，并使用"USM 锐化"滤镜锐化照片。

3. 使用 Photoshop 的钢笔工具绘制水果、动物、花瓶等的矢量图形。

4. 用 Photoshop 制作艺术字，并加上倒影等效果。

5 使用 Photoshop 等软件制作各类 LOGO。

6. 拍摄学校代表性建筑、风光等照片，利用 Photoshop 制作一张明信片，或制作海报。

7. 采用文字识别软件，进行文字识别，并比较识别正确率。

8. 使用相机和三维全景软件，拍摄校园风光照片，制作三维全景漫游，并进行发布。

五、思考题

1. 数字图像处理研究的实质是什么？

2. 思考数字图像处理在所学专业中的应用。

3. 从数字图像处理的角度思考人为什么能看到不同的颜色。

4. 数字图像处理与人工智能的关系。

5. 请思考：数字图像处理中的哲学思想。

第 4 章
动画制作技术

　　动画是一种融合了图、文、声、像等多种媒介的动态媒体表现形式。随着动画产业的不断发展，利用计算机制作动画成为动画制作技术中的重要分支。计算机动画是在传统动画的基础上，采用计算机图形图像技术而迅速发展起来的一门新技术。计算机动画广泛应用于影视作品制作、电子游戏、网页制作、多媒体动画制作、工业设计、军事仿真、建筑设计等诸多领域。

本 章 导 学

☞ 学习内容

　　本章首先介绍动画的基本原理过程、动画的分类等概念。然后简要介绍动画的制作过程和以 Adobe Animate 软件为平台制作二维动画的技术。

☞ 学习目标

(1) 掌握计算机动画的概念。

(2) 理解动画的工作原理。

(3) 了解计算机动画的分类。

(4) 了解计算机动画的应用领域。

(5) 学会使用 Adobe Animate 制作计算机动画。

☞ 学习要求

(1) 掌握计算机动画的概念。

(2) 理解人眼视觉暂留及动画的工作原理。

（3）了解计算机动画的分类。

（4）了解计算机动画的应用领域。

（5）了解二维动画的制作流程。

（6）掌握 Animate 动画的基本概念。

（7）掌握逐帧动画的基本方法，能够使用 Animate 制作逐帧动画。

（8）掌握补间动画的基本方法，能够使用 Animate 制作动作补间动画和形状补间动画。

（9）掌握引导层动画和遮罩动画的基本方法，能使用 Animate 制作引导层动画和遮罩动画。

4.1　动画基础知识

现实生活中，动画可以说是家喻户晓的艺术表现形式，受到了不同年龄层次人们的喜欢。随着科学技术的不断发展，真正意义上的动画是以电影形式为表现手法之后才迅猛发展起来的，而现代科技又给动画注入了新的活力。传统动画的制作费时费力，人们自然就想到借助于计算机来辅助制作，这就出现了计算机动画。

4.1.1　动画概述

动画（Animation）这个词，源于"Animate"一词，该词本义为"赋予生命""使……活动"。我们可以这样理解，动画的含义就是把一些原本没有生命的不活动的对象，经过艺术设计与处理，使之成为有生命意义与活力的影像。

当人眼看外界的景物时，光信号传入大脑神经需经过一段短暂的时间，光的作用结束后，视觉形象并不立即消失，这种残留的视觉称为"后像"，视觉的这一现象被称为"视觉暂留"。医学已证明，人类具有"视觉暂留"的特性，人类的眼睛看到一个景象后，在1/24 秒内不会消失。利用这一原理，在一幅景象还没有消失前播放下一幅画，就会给人造成一种流畅的视觉变化效果，观众就能看到动画了。如图 4-1 所示。

一般电影采用的是每秒 24 帧的速度拍摄和播放，电视采用的是每秒 25 帧（PAL 制）或 30 帧画面的速度拍摄和播放。若速度低于每秒 24 帧，则会有卡顿的现象。

所以说，动画技术是一种在某种介质上记录一系列单个画面，并通过一定的速率回放而产生运动视觉的技术。

图 4-1　动画形成过程

4.1.2　计算机动画

计算机动画是在传统动画的基础上结合计算机图形技术而发展起来的，是借助于计算机生成一系列连续图像并且可以动态播放的计算机技术。动画使得多媒体信息更加丰富，表现力强。

从本质上讲，计算机动画的原理与传统动画基本相同，只是在传统动画的基础上，将计算机技术用于动画的处理和应用。但将计算机技术引入到传统的动画制作中后，不仅缩短了动画的制作周期，而且还产生了传统动画制作不能比拟的具有震撼力的视觉效果，可以制作出绚丽多彩的、逼真的动画。

4.1.3　计算机动画的分类

依据空间的视觉效果，计算机动画可分为二维动画和三维动画。

依据运动的控制方式，可分为实时（Real-Time）动画和逐帧动画（Frame-by-Frame）。实时动画也称为算法动画，是用算法来实现物体的运动。逐帧动画也称为帧动画或关键帧动画，是通过一帧一帧显示动画的图像序列而实现运动的效果。

1. 二维动画

二维动画就是在平面空间里进行创作的动画，即平面动画。

常用的二维动画制作软件有很多，其中，Adobe Animate（原来的 Adobe Flash）是一个非常优秀的矢量二维动画制作软件，它以流式控制技术和矢量技术为核心，制作的动画具有短小精悍的特点，被广泛应用于网页动画的设计。而 Adobe After Effects 软件是通过剪辑素材文件的方式来制作特效动画。

2. 三维动画

三维动画又称 3D 动画，它不受时间、空间、地点、条件、对象的限制，运用各种表现形式将复杂、抽象的节目内容、科学原理、抽象概念等用集中、简化、形象、生动的形式表现出来。目前，有许多功能强大的三维动画制作软件，如 Rhino、3ds Max、Maya、Blender 等。

二维动画中物体是平面的，在纸张、照片、计算机屏幕显示时，无论立体感有多强，都只是在二维空间上模拟真实的三维空间效果，只有上、下、左、右的运动效果。而一个真正的三维画面，则能从正面、反面和侧面来观看对象，还能通过调整三维空间的视点，看到不同的内容。三维动画中物体是立体的，不仅有上、下、左、右的运动效果，还有前、后（纵深）的运动效果，三维动画具有立体感、空间感和运动感。

二维动画和三维动画的主要区别在于采用不同的方法获得动画中的对象运动效果。三维动画是采用计算机模拟现实中的三维空间物体，在计算机中构造出三维几何造型，并给造型赋予表面材料、颜色、纹理等特性，然后设计造型的运动、变形，以及灯光的种类等，最后形成一系列栩栩如生的画面。

4.1.4　计算机动画的应用

随着计算机图形技术的迅速发展，从 20 世纪 60 年代起，计算机动画技术也迅速地发展和应用起来。计算机动画的应用可以是一个多媒体软件中某个对象、物体或字幕的运动，一段动画演示、出版物片头片尾的设计制作，也可以是电视广告、电影片头、电影特技，甚至动画片的制作等，在人们的生活中无处不在。

1. 影视制作与娱乐

如今，计算机动画被广泛运用在影视作品的制作中。动画技术渗透到影视特效创意、前期拍摄、影视 3D 动画、特效后期合成、影视剧特效动画中。在《侏罗纪公园》《阿凡达》《玩具总动员》《终结者 II》《蓝精灵》等影视作品中，随处可见计算机动画技术的应用。从简单的影视特效到复杂的影视三维场景，影视三维动画都能表现得淋漓尽致。

2. 广告和产品演示

动画广告是广告普遍采用的一种表现方式，动画广告中一些画面有纯动画的，也有实拍和动画结合的。当表现一些实拍无法完成的画面效果时，就需要采用动画来完成或两者结合来完成，如广告中的一些动态特效。今天人们看到的广告，从制作的角度看，几乎都或多或少运用了动画技术，动画技术运用于广告中，可以制作出如爆炸、烟雾、下雨、光效等特效，以及如撞车、变形、虚幻场景或角色等。

例如，中央电视台品牌宣传广告《相信品牌的力量·水墨篇》是一部具有里程碑意义的水墨动画广告作品，利用 3D 和 XSI 进行建模和动画设计；运用 Adobe After Effects，将在电脑中制作的 3D 动画和拍摄的实录水墨液态景象进行合成，最后完成了人们在屏幕上看到的精彩作品。广告以中国具有特殊含义的"墨"为元素，融合动态动画的拍摄手法，用一滴入水即溶的墨点为开端，通过墨在水中的弥漫，幻化成鲤鱼、游龙、太极、长城、动车、鸟巢等一系列最能代表中国传统文化，以及上下五千年悠久历史，与现代化高速发展进程的经典符号，彰显了中国特色。

3. 科学技术与工程设计

计算机动画技术广泛用于科学计算可视化、工程设计、建筑规划以及园林设计等领域。

在科学计算可视化中，通过计算机动画，将科学计算过程及其结果转换为图形图像显示出来，以便于研究和交互处理。

工程图纸设计完成后，可按照设计创建立体模型，制作三维动画。

三维动画技术在建筑领域得到了最广泛的应用。建筑动画是指为表现建筑以及建筑相关活动所产生的动画影片。它通常利用计算机软件来表现设计师的意图，让观众体验建筑的空间感受。早期的建筑动画因为 3D 技术的限制而在创意制作上较为单一，随着 3D 技术的提升与创作手法的多元化，制作出的建筑动画综合水准越来越高，且费用越来越低。

城市规划、市政规划，以及道路、桥梁、隧道等的设计和规划都离不开动画技术。通过三维动画，从简单的几何体模型到复杂的人物模型，从单个的模型展示到复杂的场景（如道路、桥梁、隧道、市政、小区等线型工程和场地工程等）设计规划，都能表现得淋漓尽致。

园林景观 3D 动画是将园林规划建设方案用 3D 动画加以表现的一种方案演示方式。其效果真实、立体、生动，是传统效果图所无法比拟的。

4. 模拟与仿真

利用计算机动画，可以模拟几乎一切操作过程。计算机动画技术第一个用于模拟的产品是飞行模拟器。飞行模拟器用于在室内训练飞行员，使飞行员可以在模拟器中操纵各种手柄，观察各种仪器以及舷窗外的自然景象。

在医疗领域，利用三维仿真技术可以将人体内部构造、病因病理等进行动态展现。可有效促进医疗人员与患者之间的沟通理解，同时也有助于提升医疗水平和质量。

在航空航天、武器装备研制等复杂的系统中，可以先建立模型，然后利用计算机动画模拟真实系统的运行，调节参数，以获得最佳的运行状态。

5. 虚拟现实

虚拟现实是利用计算机动画技术模拟产生的一个三维空间的虚拟环境。人们借助于头盔显示器、虚拟眼镜、数据手套等设备，身临其境地沉浸在虚拟环境中。虚拟现实的最大特点是用户可以与虚拟环境进行交互，将被动式观看变成逼真的互动体验。

4.1.5 二维动画的制作流程

二维动画的制作流程包括：总体设计、设计制作、动画制作、后期合成（包括配音、配乐、音效）等。

总体设计阶段主要包括策划以及文字剧本两方面的内容。文字剧本是动画影片创作的基础，它保证了故事的完整、统一和连贯，同时提供了未来动画的主题、结构、人物、情节、时代背景和具体的细节等基本要素，一般由编剧来完成。动画片剧本与普通影视剧剧本有所差别，需要文字编剧在撰写故事构架的同时，能够更多地考虑动画片制作的特点，强调动作性和运动感，并给出丰富的画面效果和足够的空间拓展余地。

设计制作阶段包括角色设计、场景设计、分镜头设计等方面的内容。其中，角色设计指的是动画中所涉及的人物设计。场景设计是指动画角色活动的舞台。一个完整的动画需要设计多个场景。分镜头是将动画脚本文字转换成视听形象的中间媒介。

动画制作阶段包括原画设计、动画设计等方面的内容。

"原画"也称为关键动画，是指对于人或物在运动过程中若干关键动作进行规定的设计及其形成的画面，即动画中的关键画面，又可以理解为计算机动画制作软件中的关键帧。

动画是连接原画之间的变化关系的过程画面。分镜头的动画设计是针对每个分镜头，基于所设计的原图，借助于计算机生成非关键性或过渡性的画面，并集成一个完整的画面。

合成是将各个分镜头动画按照一定的顺序进行组合，以保证各个分镜头之间过渡自然。

4.2　使用 Adobe Animate 制作动画

本节以 Adobe Animate 为平台，介绍二维矢量动画的制作。

4.2.1　Animate 动画的基础

1. 从 Flash 到 Animate

Adobe 公司的 Flash 软件是一个动画创作工具。Adobe Flash Professional CC 为创建数字动画、交互式 Web 站点、桌面应用程序以及手机应用程序开发提供了功能全面的创作和编辑环境。一般而言，使用 Flash 创作的各个内容单元称为应用程序，即使是很简单的动画，也可以通过添加图片、声音、视频和特殊效果，构建包含丰富媒体的 Flash 应用程序。

Adobe Animate CC 由原 Adobe Flash Professional CC 更名得来，除维持原有 Flash 开发工具支持外，新增了 HTML5 等创作工具。Animate CC 是一款功能强大的动画制作软件，应用它可以设计制作出丰富的交互式矢量动画和位图动画，其制作的动画可以应用在动画影片、广告、教学和游戏等领域，并且可以将动画发布到电脑、电视、移动设备等多种平台上。

Animate CC 新增的 HTML5 创作功能可以创建出 HTML5、CSS3 和 Javascript 相结合的交互式动画。Animate CC 对 HTML5 Canvas 和 WebGL 等多种输出提供原生支持，并可以进行扩展，以支持 SnapSVG 等自定义格式。

2. Animate 动画制作流程

使用 Adobe Animate 可以在一个基于时间轴的创作环境中创建矢量动画。制作 Animate 动画影片的流程如下：

（1）策划设计，包括设计剧情、设计角色，以及确定创作风格等。
（2）准备素材，准备动画文件中需要用到的音频素材、图像素材和视频素材等。
（3）建立动画文档，启动 Animate 软件，根据策划设计，设置动画文档的舞台大小、颜色、动画播放帧频等。

（4）绘画和导入素材，根据剧情需要，制作各种动画所需符号对象，如物体、人物、动物等；或者将准备好的音视频及图像等素材，导入到动画文档中。Animate 提供的绘图工具可用于绘制各种形状的图形。

（5）制作和设置动画，为动画对象添加动作，进行角色与背景的合成，设置声音与动画的同步等。Animate 提供了编程语言 ActionScript。

（6）保存、测试和发布动画影片。保存文档，进行测试，以验证动画影片是否达到设计要求。最后将文件发布为"swf"文件，该文档类型的文件可以使用 flash player 进行播放。也可以将动画影片发布为 HTML5 格式文件。

3. Animate CC 工作界面

下面介绍 Animate CC 的工作界面和其中各部分的功能。默认情况下，启动 Animate CC 后，打开一个欢迎屏幕，通过该界面可以快速创建动画文件。

Animate CC 的工作界面由标题栏、菜单栏、工具面板、时间轴面板、库面板、浮动功能面板、场景和舞台等组成，如图 4-2 所示。

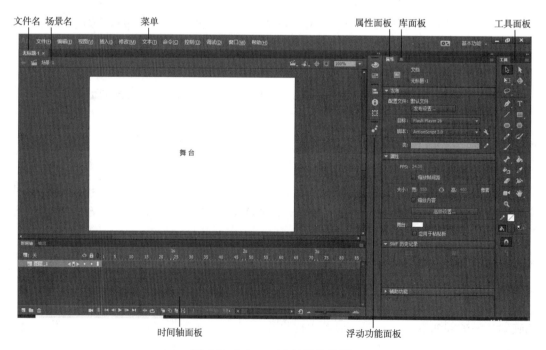

图 4-2　Animate CC 的工作界面

（1）菜单栏 。Animate CC 的菜单包括文件、编辑、视图、插入、修改、文本、命令、控制、调试等菜单项。

（2）工具面板。工具面板是 Animate CC 主要操作工具的集合面板，包含了绘图工具组、选择调整工具组、颜色填充工具组、编辑查看工具组，以及在 ActionScript 3.0 基础上支持的 3D 工具、IK 骨骼工具组和 Deco 绘画工具。使用这些工具可以进行选取对象、绘画、喷涂、编排文字等操作。

（3）时间轴面板。时间轴面板主要用于分配动画播放的时间和分层组合对象，是 Animate CC 重要的面板之一。通过该面板可以查看每一帧的情况，编辑动画内容，调整动画播放的时间和速度，改变帧与帧之间的关系，从而实现不同效果的动画。

（4）场景和舞台。动画内容编辑的整个区域称为场景，如图 4-3 所示。可以在整个场景内进行图形的绘制和编辑工作，但最终动画仅显示场景中白色区域内的内容，这个区域称为舞台（场景编辑区）。舞台之外区域的内容是不显示的。

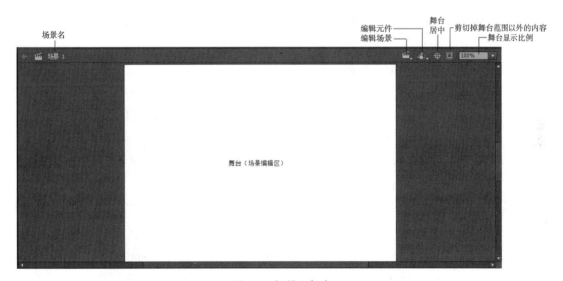

图 4-3　场景和舞台

（5）常用面板。Animate CC 常用的面板包括属性面板、库面板、颜色面板和变形面板等。

① 属性面板，是动画制作中重要的工具面板之一，其主要功能是对文档、各种工具、场景、帧、时间轴、ActionScript 组件以及元件进行设置。同时，可以根据用户的需要，改变其在工作区的位置和大小；拖动它，可以成为独立的面板，也可以对其进行折叠、关闭操作，方便编辑和查找。可以通过选择菜单"窗口"→"属性"命令，或按 Ctrl+F3 组合键打开。

根据用户选择的对象不同，属性面板中显示出不同的信息。

② 库面板，用于存储用户所创建的元件等内容，在导入外部素材时也可以导入到库面板中。

③ 颜色面板，用于给对象设置笔触颜色和填充颜色。其提供的颜色方案有纯色、线性渐变、径向渐变、位图填充等。如果选择"无"填充色，则图形的填充区域没有颜色内容，只能设置线条的色彩。

④ 变形面板，用于对选择的对象进行放大缩小、旋转、倾斜、改变中心点位置等操作。

4. 动画文档基本操作

（1）文档类型。在 Animate 中，用户可以根据需要，创建不同类型、不同应用的动画文档。

新建文档的类型包括网页动画类动画、通信应用类动画和脚本类动画。

① HTML Canvas：创建用于 HTML5 Canvas 的动画资源。通过使用帧脚本中的 Javascript，为资源添加交互性。

② WebGL：创建 WebGL 动画资源。通过使用帧脚本中的 Javascript，为资源添加交互性。

③ ActionScript 3.0：在 Animate 文档窗口中创建一个新的 FLA 文件（＊.fla）。系统会设置为 ActionScript 3.0 发布设置。使用 FLA 文件可以设置为 Adobe Flash Player 发布的 SWF 文件（＊.swf）的媒体和结构。

④ AIR for Desktop：在 Animate 文档窗口中创建一个新的 Animate 文档（＊.fla）。系统会设置 AIR 发布设置。使用 Animate AIR 文档可以开发在 AIR 跨平台桌面运行时部署的应用程序。

⑤ AIR for Android：在 Animate 文档窗口中创建一个新的 Animate 文档（＊.fla）。系统会设置 AIR for Android 发布设置。使用 AIR for Android 文档可以创建适用于 Android 设备的应用程序。

⑥ AIR for iOS：在 Animate 文档窗口中创建新的 Animate 文档（＊.fla），设置以 AIR for iOS 的发布设置。使用 AIR for iOS 文档为 Apple iOS 设备创建应用程序。

（2）创建文档。

① 创建新文档。用户可以选择欢迎屏幕中"新建"下方的文档类型来选择新建文档，或者通过菜单"文件"→"新建"命令，或按 Ctrl+N 组合键，打开"新建文档"对话框，从中选择需要的文档类型来创建新文档。如图 4-4 所示为"新建文档"对话框。在该对话框中，各参数的含义如下：

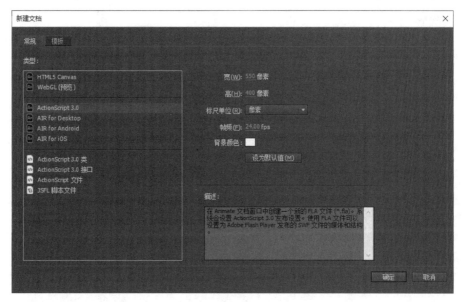

图 4-4   "新建文档"对话框

- 帧频：当前动画每秒播放的帧数，单位是"帧/秒"，即 fps（frames per second）。Animate CC 默认帧频为 24fps，这意味着动画每 1 秒要显示 24 帧画面。帧频高则可以得到更流畅、更逼真的动画。Animate 动画帧频一般为 24~25fps。

- 标尺单位：指定文档的标尺度量单位，包括像素、英寸、点、厘米、毫米等。

- 舞台大小：根据影片制作需要，在"宽度"和"高度"文本框中输入值指定场景大小。

- 背景颜色：指定舞台背景的颜色。单击"颜色块"，打开颜色样本面板，可以从中选择所需要的颜色。

② 使用模板创建文档。Animate 为使用者提供了创建不同类型文档的模板，以方便用户快速完成文档的创建和编辑。同时，提供的模板也可以作为一个应用案例，为初学者提供学习和使用参考。如图 4-5 为"从模板新建"对话框。

（3）打开文档。对于最近新建或打开过的文档，可以使用"打开最近的项目"来打开文档。或者使用菜单"文件"→"打开"命令来完成。也可以使用组合键 Ctrl+O 打开"打开"对话框。

（4）保存文档。在编辑和制作完动画以后，需要将动画文件保存起来。保存文档可以使用菜单"文件"→"保存"或"另存为"命令来完成。

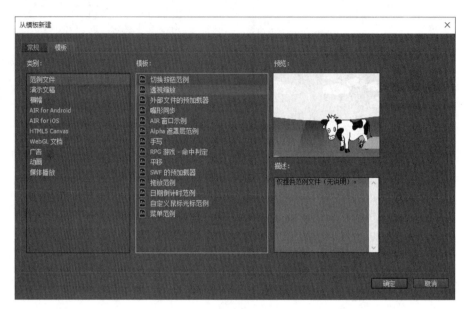

图 4-5   "从模板新建"对话框

4.2.2 常用概念和术语

1. 时间轴

在动画制作软件中，时间轴和帧是非常重要的内容，因为它们决定着帧对象的播放顺序。动画是以时间轴为基础的帧动画，每个动画作品都以时间为顺序，由前后排列的一系列帧组成。

时间轴是创建 Animate CC 动画的核心部分，用于组织和控制一定时间内的图层和帧中的文档内容。图层和帧中的图像、文字等对象随着时间的变化而变化，从而形成动画。

时间轴面板如图 4-6 所示。时间轴面板由图层控制区和帧控制区两部分组成。帧控制区又包括时间轴标尺、播放指针、帧和各种功能按钮等。图 4-6 中时间轴信息栏显示当前帧数是第 10 帧、动画播放速率是 12fps、运行时间是 0.8 秒。

其中：

① 时间轴标尺：用于显示时间轴中的帧所使用时间长度的标尺，每一格表示一帧。

② 播放指针：用于指示当前在舞台中显示的帧。

③ 运行时间：用于指示播放到当前位置所需要的时间。

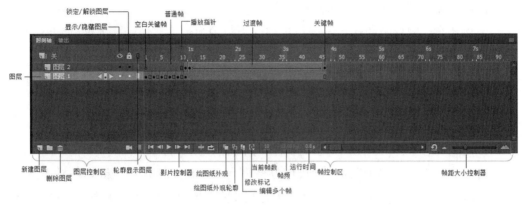

图 4-6 时间轴面板

④ "绘图纸外观" 按钮：又称为洋葱皮按钮。用于在时间轴上设置一个连续的显示帧区域，区域内的帧上的对象同时显示在舞台上。

⑤ "绘图纸外观轮廓" 按钮：又称为洋葱皮轮廓按钮。用于设置一个连续的显示帧区域，在标记范围内的帧上的对象以轮廓线形式同时显示在舞台上。

⑥ "编辑多个帧" 按钮：又称多帧编辑按钮。用于设置一个连续的编辑帧区域，区域内帧上的对象可以同时显示和编辑。在有些情况下，必须同时处理、修改连续的多个帧的内容，这时候就要用到多帧编辑功能了。如利用多帧编辑来同时调整多个动作，或者同时进行移动、缩放等操作。多帧编辑是进行整体修改的一个便捷手段。

⑦ "修改标记" 按钮：又称为洋葱皮范围按钮。单击此按钮，会出现一个多帧显示选项菜单。其中 "标记范围 2" 用于标记显示范围从当前帧的前 2 帧开始，到当前帧的后 2 帧结束。"标记整个范围" 用于标记显示范围内时间轴中的所有帧。

一般情况下，Animate CC 的舞台上只能显示当前帧的对象，如果希望在舞台上显示多帧的对象以帮助当前帧对象的定位和编辑，就可以利用绘图纸（洋葱皮）功能来完成。

2. 帧

构成动画的一系列画面称为帧（frame），帧是构成动画的基本单位，代表不同的时刻。

对动画的操作实质上是对帧的操作。Animate 中，将时间轴上一个个的小格称为帧，帧就相当于传统动画中的动画纸。一帧就是一幅静止的画面，画面中的内容在不同的帧中产生如大小、位置、形状等的变化，再以一定的速度从左到右播放时间轴中的帧，连续的帧就形成动画。

动画中每一个画面对应 Animate CC 中的一个合成帧。动画的连贯性和动画角色运动的流畅性很大程度上都取决于时间轴和帧的使用。

（1）帧类型。根据帧的作用不同，将帧分为三种类型：普通帧、关键帧和空白关键帧。如图 4-6 所示的。

关键帧（Key frame）是一个非常重要的概念，是指在动画播放过程中，呈现关键性动作或内容变化的帧。关键帧定义了动画的变化环节。在时间轴上，关键帧用一个实心的小黑点来表示。关键帧一般存在于一个补间动画的两端。只有在关键帧中，才可以加入 ActionScript 脚本命令，调整动画元素的属性，而普通帧则不行。

普通帧一般处于关键帧后面，以灰色方格来表示。普通帧是将关键帧的状态进行延续，一般用来将画面保持在舞台上，其作用是延长关键帧中动画的播放时间。一个关键帧后的普通帧越多，表示该关键帧的播放时间越长。

空白关键帧在时间轴上以一个空心圆表示，表示该关键帧中没有任何内容。如果在其中添加了内容，则转变为关键帧。

（2）帧的操作。Animate 动画是由一些连续的帧组成的，要使动画真正动起来，需要掌握帧的基本操作。帧的基本操作包括选择帧、插入帧、复制帧、移动帧、翻转帧、删除和清除帧等。

① 插入帧：在动画编辑过程中，需要插入普通帧、关键帧和空白关键帧。插入帧主要有以下三种操作方法：

● 使用快捷键。插入普通帧的快捷键为 F5 键；插入关键帧的快捷键为 F6 键；插入空白关键帧的快捷键为 F7 键。

● 在需要插入帧的位置单击鼠标右键，在弹出的快捷菜单中选择"插入帧"命令；或选择"插入关键帧"命令；或选择"插入空白关键帧"命令。

● 在需要插入帧的位置单击鼠标左键，然后选择菜单"插入"→"时间轴"→"帧"命令来插入普通帧；或选择"关键帧"命令插入关键帧；或选择"空白关键帧"命令插入空白关键帧。

② 选择帧：若要对帧进行编辑，首先要选择帧。选择单个帧，只需在时间轴上单击该帧所处位置即可；若要选择连续的多个帧，可以按住鼠标左键直接拖动帧格范围，或者先选择第一帧，然后再按住 Shift 键的同时单击最后一帧即可；若要选择不连续的多个帧，按住 Ctrl 键，依次单击要选择的帧即可；若要选择所有的帧，则选择某一帧后单击鼠标右键，在弹出的快捷菜单中选择"选择所有帧"命令即可。

③ 复制帧：主要有以下两种方法：

● 选中要复制的帧，然后按 Alt 键将其拖动到要复制的位置。

● 选中要复制的帧，单击鼠标右键，在弹出的快捷菜单中选择"复制帧"命令，然后用鼠标右键单击目标帧，在弹出的快捷菜单中选择"粘贴帧"命令即可。

④ 移动帧：将已经存在的帧移动到新位置，主要有以下两种方法：

● 选中要移动的帧，然后按住鼠标左键将其拖动到目标位置即可。

● 选择要移动的帧，单击鼠标右键，在弹出的快捷菜单中选择"剪切帧"命令，然后在目标位置再次单击鼠标右键，在弹出的快捷菜单中选择"粘贴帧"命令即可。

⑤ 翻转帧：功能是将选中帧的播放序列进行颠倒，即最后一个关键帧变为第一个关键帧，第一个关键帧变为最后一个关键帧。要进行翻转帧操作，首先要选择时间轴中的某一图层上的所有帧或多个帧，然后在选择的帧上单击鼠标右键，在弹出的快捷菜单中选择"翻转帧"命令即可；或在选择要翻转的帧后，选择菜单"修改"→"时间轴"→"翻转帧"命令即可。

⑥ 删除和清除帧：删除帧是删除不需要的帧。要删除帧，首先要选择待删除的帧，然后单击鼠标右键，在弹出的快捷菜单中选择"删除帧"命令或按 Shift+F5 组合键即可删除帧。清除帧是清除关键帧中的内容，但是保留帧所在的位置，即转换为空白帧。选择需要清除的帧，单击鼠标右键，在弹出的快捷菜单中选择"清除帧"命令即可；"清除关键帧"命令是将选中的关键帧转化为普通帧。

3. 图层

图层就像透明纸或幻灯胶片一样，一层层地向上叠加。每个图层都包含一个显示在舞台中的不同图像。如果上层图层某个区域没有内容，则透过这个区域可以看到下层图层的内容。在 Animate CC 中，可以在不同的图层中放置不同的对象，从而产生层次丰富、变化多样的动画效果。

Animate CC 图层类型有普通层、遮罩层和被遮罩层、引导层和被引导层等。

（1）创建图层。一个新建的文档，在默认情况下，时间轴面板上有一个名称为"图层 1"的图层。如果需要添加新的图层，可以单击时间轴面板中图层控制区的"新建图层"按钮，或者选择菜单"插入"→"时间轴"→"图层"命令创建新图层。

（2）选择图层。要编辑图层，首先要选取图层。

① 选择单个图层：在时间轴的图层控制区中单击图层，即可将其选中；或在时间轴的帧控制区的帧格上单击，即可选中该帧所对应的图层。或在舞台上单击要选择图层中所含的对象，即可选择该图层。

② 选择多个图层：若要选择多个相邻的图层，按住 Shift 键的同时单击图层；若要选择多个不相邻的图层，则按住 Ctrl 键的同时单击图层。

（3）重命名图层。选择图层，在图层名称上双击鼠标左键，进入编辑状态，再输入新名称，按 Enter 键确认。

（4）删除图层。选择要删除的图层，单击鼠标右键，在弹出的快捷菜单中选择"删除图层"命令即可；或者选择要删除的图层，然后单击图层控制区中的"删除"按钮 🗑，即可删除选择的图层。

（5）设置图层属性。图层的属性有图层名称、类型、轮廓颜色和图层高度等。当需要查看和修改图层的属性时，首先右键单击选中的图层，在弹出的快捷菜单中选择"属性"命令，弹出"图层属性"对话框，如图 4-7 所示。其中：

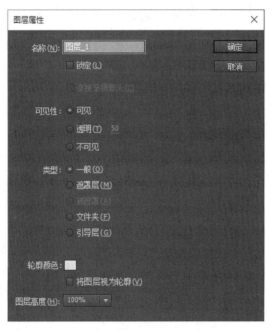

图 4-7　"图层属性"对话框

- 名称：用于设置图层的名称。
- 显示：若取消该复选框，则可以隐藏图层；若勾选该复选框，则显示图层。
- 锁定：若取消该复选框，则解锁图层；若勾选该复选框，则锁定图层。
- 类型：用于设置图层的相应属性，其中包括一般、遮罩层、被遮罩、文件夹和引导层。
- 轮廓颜色：用于设置该图层对象的边框颜色。
- 将图层视为轮廓：若选中该复选框，则可以使该图层中的对象以线框模式显示。

（6）调整图层顺序。Animate CC 中，上层图层的内容会遮住下层图层的内容，下层图层内容只能通过上层图层透明的区域显示出来，图层的上下位置代表了图层中的对象在动画中的叠加次序，因此有时需要调整图层的排列顺序。要调整图层的顺序，只需要选中要移动的图层拖放到目标位置即可。

（7）显示与隐藏图层。单击图层名称右侧的隐藏栏即可隐藏图层，隐藏的图层上将标记一个█符号。再次单击█图标，则显示图层。

（8）锁定图层。为了防止误操作破坏了已编辑好的图层内容，可锁定该图层。图层被锁定后，则不能对其进行编辑。选定要锁定的图层，单击图层名称右侧的锁定栏即可锁定图层，锁定的图层上将标记一个█符号，再次单击该图层中的█图标即可解锁。

（9）显示图层的轮廓。当某个图层中的对象被另外一个图层中的对象所遮盖时，可以使遮盖层处于轮廓显示状态，以便对当前图层进行编辑。图层处于轮廓显示时，舞台中的对象只显示其外轮廓。单击图层中的"轮廓显示"按钮，可以使该图层中的对象以轮廓方式显示，再次单击该按钮，可恢复图层中对象的正常显示。

4. 元件和实例

（1）元件。元件可以说是动画制作中非常重要的一个概念，元件是可以重复使用的图形、影片剪辑或按钮，元件可以看作组成动画的最基本的对象。每个元件都有自己的时间轴和场景。创建的元件保存在元件库中，当需要时可以随时调用。

使用元件能减小文件的大小，简化了动画的编辑。元件只需要创建一次，即可在整个文档中重复使用。

Animate CC 的元件有三种类型：影片剪辑、按钮和图形。

① 影片剪辑，用于制作独立于主场景时间轴的动画片段。影片剪辑元件中包含的素材可以是按钮、声音、图形和其他影片剪辑等。既可以为影片剪辑添加 ActionScript 脚本来实现交互或制作一些特殊效果，也可以添加滤镜或设置混合模式。单独的图像也可以定义为影片剪辑元件。

② 按钮，用于创建能激发某种交互行为的按钮。按钮有 4 种状态：弹起、按下、指针经过和单击，可以加入动作代码。

③ 图形，可用于制作静态图像，也可以制作附属于主场景时间轴的动画片段。图形元件的时间轴与主场景的时间轴同步。但图形元件不具有交互性，也不能添加声音、视频和滤镜。

对于图形元件，可以设置播放的方式。如循环播放、播放一次和从第几帧开始播放等。

（2）元件与实例。当将元件从库面板拖放到场景中时，场景中就增加了一个该元件的实例。一旦创建了一个元件，就可以在动画中任何需要的地方，包括其他元件内，来创建该元件的实例，并且可以对实例的大小、颜色、倾斜度、透明度等属性进行调整，而这些操作不会影响元件本身的属性。每个实例都有自己的属性。但是如果修改了元件的属性，实例就会跟着变化。基于元件的这种特性，在动画制作过程中，可以大量使用元件。

4.2.3　绘制动画对象

使用 Animate CC 制作动画，首先需要将动画中的人、物和场景等绘制出来，然后才能做动画效果。

使用 Animate CC 工具面板中的绘图工具，可以在文档中绘制各种形状的图形。这些工具包括：铅笔工具、线条工具、钢笔工具、矩形工具、椭圆工具、多角星形工具、橡皮擦工具等。

对绘制对象进行着色和填充，可以使用墨水瓶工具、颜料桶工具、渐变变形工具以及滴管工具等。

【例 4-1】使用椭圆工具绘制图形——月亮。

（1）打开 Animate CC，新建一个 ActionScript 3.0 的文件，命名为"月亮 . fla"。将背景设置为蓝色。

（2）选择"椭圆工具"，设置笔触颜色为"无"，填充颜色为"白色"，按 Shift 键同时拖动鼠标，在舞台上绘制一个白色的圆。再换一种填充颜色绘制一个圆。将新绘制的圆部分叠放在白色的圆上。

注意：绘制时，要关闭对象绘制模式。因为在对象绘制模式下绘制的图形为独立的对象，重叠的图形不会进行合并。而在合并绘制模式下，绘制重叠的图形时，则会自动进行合并。

（3）使用"选择工具"选中上面的圆，按 Delete 键删除该圆，则完成了半个圆的绘制。

（4）选择半圆对象，使用"修改"→"形状"→"柔化填充边缘"命令，弹出"柔化填充边缘"对话框，设置参数，将月亮的边缘进行柔化。这样，半个月亮就绘制完成了。

（5）再绘制一个白色的圆。然后右键单击该圆，在弹出的快捷菜单中选择"转换为元件"，将该对象转换为影片剪辑元件。

（6）选择圆，打开"属性"面板，在最下面展开"滤镜"，设置"模糊"滤镜，如图 4-8 所示。这样，就为圆添加了"模糊"滤镜。注意：Animate CC 中可以为文本、影片剪辑和按钮添加滤镜效果。

图 4-8 "属性"面板

4.2.4 逐帧动画

1. 逐帧动画的概念

逐帧动画是一种常见的动画形式，它是一个由若干个连续关键帧组成的动画序列。逐帧动画与传统动画制作方法类似，其制作原理是在连续的关键帧中分解动画动作，即每一帧中的内容不同，使其连续的播放而形成动画。

逐帧动画的特点是需要对每帧画面进行控制，设置它们的颜色、形状和大小等变化，在时间轴上表现为连续出现的关键帧。复杂的动画，尤其是一个图形在每帧上都有变化，但又不是简单的运动变化的动画，适合于用逐帧动画来制作。逐帧动画用于表现一些复杂、细腻的动画。

逐帧动画的制作原理简单，只需要在相邻的关键帧内绘制或放置不同的对象即可。其难点是在各相邻关键帧中的动作设计及对节奏的掌握上。因为需要制作出每一个关键帧中的内容，所以逐帧动画制作的工作量大。

2. 创建逐帧动画

（1）创建逐帧动画方法，主要有以下两种：

① 将其他应用程序中创建的动画文件或者图形图像序列导入 Animate 中，建立一段逐帧动画。导入的文件包括静态图片序列、动态图片序列、动画文件。

② 绘制矢量逐帧动画。通过在场景中逐帧绘制出每个关键帧画面，来创建逐帧动画。

（2）逐帧动画的创建。下面通过实例来理解逐帧动画的基本思想、制作方法与技巧。

【例 4-2】 逐帧动画——闪烁的星星。

① 新建一个 ActionScript 3.0 的文件，命名为 "闪烁的星星 . fla"。在 "属性" 面板中设置 "舞台" 的 "背景颜色" 为蓝色，其他保持默认设置。并在第 10 帧处按 F5 键插入普通帧，这时蓝色的背景一直沿用到第 10 帧。

② 在 "时间轴" 面板的当前图层上右击，在弹出的快捷菜单中选择 "插入图层" 命令，新建一个图层，并命名为 "星星"。

③ 单击 "星星" 层的第 1 帧，选择 "矩形工具"，设置笔触颜色为 "无"，填充颜色为 "黄色"，按住 Shift 键，在舞台上画出一个正方形。

④ 利用 "选择工具" 和 "任意变形工具" 旋转调整这个正方形为如图 4-9 所示的形状。

⑤ 选中图形，按 F8 键，在弹出的 "转换为元件" 对话框中设置元件名称为 "星星"，并选择元件类型为 "图形"。如图 4-10 所示。

图 4-9　星星形状　　　　　　　　图 4-10　转换为元件对话框

⑥ 选择 "星星" 层的第 2 帧，按 F6 键，插入关键帧。选中图形，选择 "任意变形工具" 将图形适当地缩小，在 "属性" 面板的 "样式" 下拉列表中选择 "Alpha" 透明，并将透明度值适当调小一些。

⑦ 重复上面的操作，设置第 3、4、5、6、7、8、9、10 帧实例的属性。要点是每一关键帧的星星比前一关键帧的图形适当缩小，且不透明度降低。第 10 帧上的实例设置为完全透明。完成后，按 Ctrl+Enter 组合键测试动画。

【例4-3】逐帧动画——心心闪图。

① 新建一个 ActionScript 3.0 的文件，命名为"心心闪图.fla"。按 CTRL+J 组合键打开"文档属性"对话框，设置尺寸为 128 像素×128 像素，其他保持默认设置。单击"确定"按钮，完成设置。

首先制作变色背景的逐帧动画。

② 将"图层1"更名为"背景"。使用"矩形工具"，设置笔触色为"无"，填充色为浅蓝（#00CCFF），在舞台上绘制一个矩形，然后在"属性"面板中，设置高、宽均为 128 像素，X、Y 坐标为 0，让矩形对齐到舞台的中心，如图 4-11 所示。

图 4-11　绘制矩形并对齐到舞台中心

③ 在时间轴的第 10 帧和第 20 帧，按 F6 键插入一个关键帧，并分别填充绿色（#00FFFF）与粉色（#FFCCFF），并在第 30 帧按下 F5，添加普通帧，延长画面到 30 帧。

④ 按 Enter 键播放动画，可以看到动画背景的颜色在依次变化，这样一个简单的背景闪烁效果就制作完成了。

下面绘制心心的逐帧动画。

⑤ 将背景图层锁定。新建一个图层命名为"心"。选择该层的第 1 帧，使用"椭圆工具"，设置笔触为黑色，笔触高度为 2 像素，填充色为白色，在舞台上绘制一个椭圆。接着使用"选择工具"，将鼠标指针移动到椭圆的上边中间位置，按住 Ctrl 键不放，向下拖曳出一个尖角。同样，在椭圆的下面中间位置处也拉出一个尖角，形成一颗心，如图 4-12 所示。

⑥ 复制心的轮廓线，按 CTRL+T 组合键打开变形面板，将其按照比例缩小 75%，然后将复制后心的轮廓线放回原来的心，并将两条轮廓线形成的环形填充暗色（#F0F0F0），

并删除多余的线条。这样"心"的制作就完成了。如图 4-13 所示。

图 4-12　形成一颗心

图 4-13　心形

⑦ 选中整个心形，按住 Ctrl+G，将它们组合在一起，调整好心形的大小和倾斜度，放置在舞台合适的位置，并通过复制的方式，制作出多颗"心"，分别调整好"心"的位置和大小，倾斜角度。如图 4-14 所示。

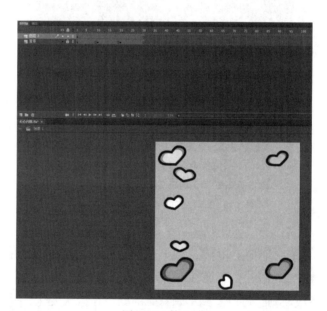

图 4-14　第 1 帧

⑧ 在时间轴的第 10 帧和第 20 帧的位置，插入关键帧，分别调整好每一个关键帧中"心"的角度和颜色，与其他关键帧的内容不一样，效果如图 4-15 所示。

⑨ 制作"心心"的部分完成了，继续在一群小心心的中间，添加一个变色的大心心，并且调整变换颜色的速度。

新建一个图层"大心心"，准备在该图层绘制大心心，每 5 帧添加一个关键帧。

⑩在"大心心"图层绘制大心心。颜色和大小还有角度可以自行调整。如图 4-16 所示。完成后，按 Ctrl+Enter 组合键测试动画。

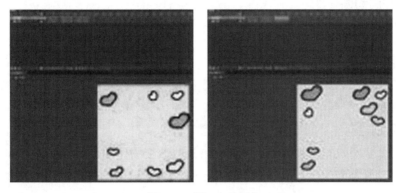

图 4-15 第 10、20 帧

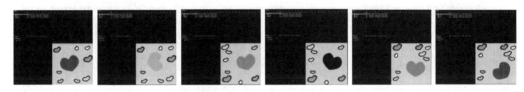

图 4-16 大心心的绘制效果

4.2.5 补间动画

1. 补间动画的概念

相对于逐帧动画工作量大，Animate CC 提供了一种快捷制作动画的方式，这就是补间。补间只需要绘制出开始和结束的两个关键帧的内容，两个关键帧中间的内容由电脑自己计算出来。也就是说，补间的开始和结束帧必须是关键帧，中间由电脑计算出的部分是过渡帧。用补间的方式制作的动画称为补间动画。

相对于逐帧动画，补间动画适合做一些有规律、相对简单的动画。

补间动画分为动作补间动画和形状补间动画。

（1）动作补间动画，也称为动作渐变动画，运用它可完成对图像的位移、缩放、旋转、变速、颜色、透明度等内容的动画处理。

构成动作渐变的元素是元件，包括图形元件、文字、影片剪辑和按钮等。对于不是元件的对象，需要将该对象转换为元件后才能创建动作补间动画。

（2）形状补间动画，用于创建形状变化的动画效果，使一个形状变为另一个形状，同时也可以设置图形形状位置、大小、颜色等的变化。

2. 创建补间动画

（1）创建动作补间动画。创建补间动画仅需要在状态改变时创建关键帧。动作补间动画的基本制作方法是，在一个关键帧上放置一个对象，然后在另一个关键帧改变这个对象的大小、位置、颜色、透明度、旋转、倾斜、滤镜参数等。定义后，Animate CC 自动补上中间的动画过程。

【例 4-4】创建动作补间动画——行驶的汽车。

本实例是一辆小汽车行驶过大街的动画。通过改变物体的位置，来创建物体的移动动画；通过设置动画补间的"缓动"参数，来创建变速动画。学习的目的是掌握目标移动动画的制作，以及目标进行加速或减速运动的设置技巧。最终效果如图 4-17 所示。

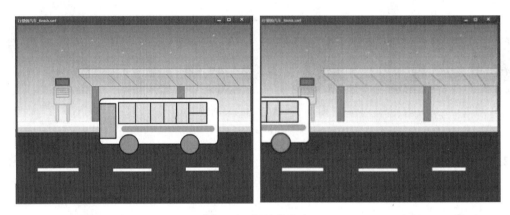

图 4-17　行驶的汽车

① 打开"行驶的汽车.fla"源文件，共有 4 个图层："背景 1""背景 2""背景 3"和"小汽车"。

② 选中"背景 1""背景 2""背景 3"图层，在时间轴上第 100 帧的位置按 F5 键，延长背景图层显示的时间；选中"小汽车"图层，在第 100 帧的位置按 F6 键，插入一个关键帧，并将第 100 帧的小汽车对象向左移动到舞台外面合适的位置。

③ 选择"小汽车"图层，在图层的第 1 帧将小汽车对象移动到舞台右边的外面合适的位置。这第 1 帧和第 100 帧就是小汽车开始和结束的位置。

④ 在"小汽车"图层的第 1 帧和第 100 帧的中间位置单击鼠标右键，在弹出的快捷菜单中选择"创建传统补间"命令。在第 1 帧到第 100 帧之间创建了动作补间动画。

⑤ 打开菜单"控制"→"测试"命令，或者按 Ctrl+Enter 组合键，在舞台上查看动画效果，可以看到小汽车匀速地慢慢驶过街道。由此可见，在默认状态下，动画过渡的变化是均匀的。下面来调整动画补间的"缓动"参数制作汽车的变速运动。

⑥ 在"小汽车"图层的第 1 帧与第 100 帧之间单击鼠标，查看属性面板，找到"补间"→"缓动"，点击编辑按钮，打开"自定义缓动"对话框，在线条上单击鼠标添加 3 个控制点，并通过拖动控制手柄调整控制线，形成如图 4-18 所示的曲线。

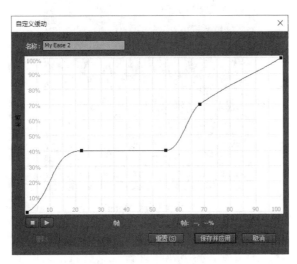

图 4-18　缓动调整面板

⑦ 按 Enter 键，在舞台上播放动画，可以看到在行驶过程中，汽车的速度模拟汽车进站出站的样子。

⑧ 单击"确定"按钮完成设置。执行菜单"控制"→"测试"命令，测试动画。

（2）创建形状补间动画。创建形状补间动画与创建动作补间动画方法类似。所不同的是，形状补间的两个关键帧中的对象必须是可编辑的图形，如果是其他类型的对象，如文字或元件等，则必须将其分离为可编辑的图形。下面的例子中包括了形状补间和动作补间。

【例 4-5】补间动画实例。

① 新建一个 ActionScript 3.0 的文件，并保存为"补间动画.fla"，设置"帧频"为 12。执行"文件"→"导入"→"导入到库"命令，导入一张图片到"库"面板。从"库"面板中将图片拖到舞台上"图层_1"第 1 帧位置。在第 30 帧插入普通帧，将画面延长到 30 帧。

② 新建图形元件"五角星"。选择"多角星形工具"，绘制一个红色的五角星。

③ 新建图层"武"。在该图层的第 1 帧，从库面板中将五角星元件拖到舞台上。选择"任意变形工具"将五角星实例缩小，放到合适的位置，并在"属性"面板中设置其 Alpha 值为 0，如图 4-19 所示。

127

图 4-19　设置 Alpha 值

④ 在第 11 帧插入空白关键帧，将五角星元件拖到舞台上，调整后，放到合适的位置。

⑤ 在第 1 帧和第 11 帧之间的位置单击鼠标右键，在弹出的快捷菜单中选择"创建传统补间"命令，在第 1 帧到第 11 帧间创建了动作补间动画。在第 1 帧和第 11 帧之间的位置单击鼠标，在其"属性"面板中设置"顺时针"旋转。

⑥ 在第 15 帧插入关键帧，将五角星延长到这一帧。然后按 Ctrl+B 组合键将它分离。再在第 25 帧插入空白关键帧，在五角星的位置输入"武"字，并打散分离。在第 15 帧和第 25 帧之间右键单击，在弹出的菜单中选择"创建补间形状"，创建了形状补间动画，从五角星变成"武"字。

⑦ 分别新建图层"汉""大""学"，各图层重复步骤③～⑥。完成后，时间轴面板如图 4-20 所示。第 5 帧、第 10 帧、第 25 帧的动画画面如图 4-21、图 4-22、图 4-23 所示。

图 4-20　时间轴面板

图 4-21　第 5 帧画面　　　　图 4-22　第 10 帧画面　　　　图 4-23　第 25 帧画面

4.2.6　运动引导层动画

1. 运动引导层动画概念

在动画制作中经常遇到一个或多个对象沿曲线运动的问题，而上面介绍的运动补间动画基本上是直线运动。对于这个问题，可以通过使用引导层，制作沿着不规则曲线运动的动画。

运动引导层动画是指对象沿着某种特定的轨迹进行运动的动画，特定的轨迹也被称为固定路径或作为动画的一种特殊类型。运动引导层的制作需要至少使用两个图层，一个是用于绘制特定路径的"运动引导层"，一个是用于存放运动对象的"被引导层"，而引导层要位于被引导层之上。引导层用来放置引导线，被引导层用于放置沿路径运动的元件实例。在最终生成的动画中，运动引导层中的引导线不会显示出来。

2. 创建运动引导层动画

使用"添加传统运动引导层"命令创建运动引导层是最为方便的一种方法。操作步骤为：首先在"时间轴"面板中选择需要创建运动引导层动画的对象所在的图层。然后单击鼠标右键，从弹出的快捷菜单中选择"添加传统运动引导层"命令，即可在所选图层的上面创建一个运动引导层，运动引导层前面的图标显示为 🏝。

下面，通过制作实例来理解引导层及引导线的作用。

【例 4-6】创建运动引导层动画——飞舞的蝴蝶。

（1）新建一个 ActionScript 3.0 的文件，并保存为"飞舞的蝴蝶 . fla"。在"属性"面板中设置舞台的大小：宽度 530 像素，高度 300 像素。

（2）选择菜单"文件"→"导入"→"导入到库"命令，将一张花丛的图片导入到库面板中。将"图层 1"更名为"花丛背景"，将库面板中的花丛图片拖到舞台中。在第 80 帧插入普通帧。

（3）选择菜单"文件"→"导入"→"导入到库"命令，将"蝴蝶.gif"文件导入到库面板中。

（4）新建"蝴蝶1"图层，在第1帧的位置，从库面板中将"蝴蝶"图片拖动到舞台的最右边。在第40帧处插入关键帧，将"蝴蝶"拖动到舞台的最左边。在第1帧至第40帧之间创建动作补间动画。

（5）新建"蝴蝶2"图层，在第1帧的位置，从库面板中将"蝴蝶"图片拖动到舞台的最左边。在第40帧处插入关键帧，将"蝴蝶"拖动到舞台的最右边。在第1帧至第40帧之间创建动作补间动画。

这样建立了两只对飞的蝴蝶。通过测试影片观察到动画效果是蝴蝶飞直线，那么为了达到蝴蝶飞曲线效果，则需要添加引导层来改变。

（6）选择"蝴蝶1"图层，鼠标右键单击，在弹出的快捷菜单中选择"添加传统运动引导层"。在"蝴蝶1"图层上出现了传统运动引导层。选择引导层，使用钢笔工具，从舞台上的左侧到右侧绘制一条光滑的曲线，这条曲线是蝴蝶可以沿着飞行的曲线，即引导层曲线。一个引导层可以同时引导多个图层。

（7）单击"选择"工具，并开启紧贴至对象功能，选择图层的第1帧和第40帧，将这两帧的蝴蝶实例的中心点紧贴至引导线。如图4-24所示。

图4-24　蝴蝶飞行引导线

（8）分别在"蝴蝶1"和"蝴蝶2"图层的第41帧让蝴蝶飞回来，同时水平翻转蝴蝶，并在第41帧到第80帧两个关键帧之间创建动作补间动画。时间轴如图4-25所示。测试影片，可见两只蝴蝶在花丛中飞舞的效果。

图4-25　第1帧到第80帧的时间轴

再通过一个实例进一步理解补间动画和运动引导层动画。

【例 4-7】创建动画——飘落的花瓣。

（1）新建一个 ActionScript 3.0 的文件，并保存为"樱花和珞珞.fla"。在"属性"面板中设置舞台的大小：宽度 550 像素，高度 500 像素。

（2）创建动作补间动画。新建"图片"图层，在该图层第 1 帧的位置，插入一张图片，并转换为元件。在第 25 帧的位置插入一个关键帧，并将图片缩小和设置"属性"面板中的 Alpha 值减小到 20，使其透明，在第 1 帧至第 25 帧之间创建动作补间动画。

接着，在第 31 帧的位置插入另一张图片，并将图片缩小和设置 Alpha 值为 20，在第 55 帧插入关键帧，并将图片放大和设置 Alpha 值为 100。在第 31 帧至第 55 帧之间创建动作补间动画。测试动画，第 1 张图片从大到小、从清晰到模糊；第 2 张图片从小到大、从模糊到清晰。

（3）创建形状补间动画。新建"课程名"图层，在第 51 帧的位置插入一个空白关键帧，使用"多角形星工具"在舞台的右上方绘制一个多角形星，将其颜色设置为渐变色；在第 60 帧的位置插入一个空白关键帧，在原先多角形星的位置上使用"文本工具"输入文字"多媒体技术与虚拟现实"，将其颜色设置为接近樱花色彩的粉色，并两次分离将其打散；在第 51 帧至第 60 帧之间创建形状补间动画，使文字渐变出现。

（4）利用运动引导层动画，制作樱花飘落的效果。首先，制作樱花花瓣，然后开始做运动引导层动画。将樱花飘落路径设计为 4 条，通过运动引导层动画技术，创建 4 组引导层和被引导层，在引导层上用"钢笔工具"绘制路径，在被引导层上导入花瓣元件，变形完善后点击"创建传统补间"。最终实现了樱花飘落动画。如图 4-26 为舞台与时间轴面板。

测试影片，如图 4-27 为第 5 帧的画面，图 4-28 为第 60 帧的画面。

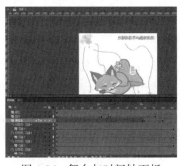
图 4-26　舞台与时间轴面板

图 4-27　第 5 帧画面

图 4-28　第 60 帧画面

4.2.7　遮罩动画

1. 遮罩动画的概念

遮罩动画是运用遮罩制作的动画。与运动引导层动画类似，在 Animate CC 中遮罩动画的创建也至少需要两个图层才能完成，这两个图层分别是遮罩层和被遮罩层。其中，位于上方用于设置遮罩范围的层为遮罩层，而位于下方的层则是被遮罩层。遮罩层如同一个窗口，通过它可以看到其下被遮罩层中的区域对象，而被遮罩层中区域以外的对象将不会显示，遮罩层的特点是遮罩层绘制的区域为可见区域。

遮罩动画可以产生一些特殊的效果，如探照灯、水中涟漪、百叶窗、放大镜等效果。

遮罩动画是一种特殊的 Animate 动画类型。在制作遮罩动画时，需要在动画图层上创建一个遮罩层。当播放动画时，只有被遮罩层遮住的内容才会显示，而其他部分将被隐藏起来。遮罩层本身在动画中是不可见的。

在制作遮罩动画时需要注意，一个遮罩层下可以包括多个被遮罩层，但按钮内部不能有遮罩层，也不能将一个遮罩应用于另一个遮罩。

遮罩层中的图形对象在播放时是看不到的，遮罩层中的内容可以是影片剪辑、图形、位图、文字等，但不能使用线条，如果一定要使用线条，可以将线条转化为"填充"。

可以在遮罩层、被遮罩层中分别或同时使用补间动画、路径动画等动画手段，从而使遮罩动画变成一个可以施展无限想象力的创作空间。

2. 创建遮罩动画

遮罩动画至少要有两个图层，上层是设置了遮罩范围的遮罩层，遮罩层中的对象可以是填充的形状、文字对象、图形元件的实例或影片剪辑。下层是被应用遮罩的图层，可以是一个或多个图层。遮罩层决定形状，被遮罩层决定显示的内容。

创建遮罩层最简便的方法是使用"遮罩层"命令，操作步骤为：首先在"时间轴"面板中选择需要设置为遮罩层的图层。然后单击鼠标右键，从弹出的快捷菜单中选择"遮罩层"，即可将当前图层设为遮罩，用遮罩层中的形状来显示被遮罩层中的图像。

遮罩层其实是由普通图层转化而来的，Animate CC 会忽略遮罩层中的位图、渐变色、透明、颜色和线条样式。

下面通过制作"放大镜"动画实例来理解遮罩层的作用。

【例 4-8】创建遮罩动画——放大镜。

（1）新建一个 ActionScript 3.0 的文件，并保存为"放大镜.fla"。在"属性"面板中设置舞台的大小：宽度 350 像素，高度 200 像素。

（2）将图层 1 改名为"小文字"，并在舞台上输入文字"樱花校园"（字体大小 30 磅，间距 50）。在第 50 帧插入普通帧。

（3）导入一张放大镜图片到"库"面板中。新建"放大镜"图层。在第 1 帧位置将放大镜图片拖到舞台上，并移到第一个文字上。在第 50 帧插入关键帧，并将放大镜图片移到最后一个文字上。在第 1 帧和第 40 帧之间鼠标右键单击，在弹出的菜单中选择"创建传统补间"命令，创建动作补间。

（4）新建"大文字"图层。输入文字"樱花校园"，比小文字大（字体大小 60 磅，间距 50）。将大文字移动到小文字上，左边对齐。

（5）新建"遮罩"图层。在第 1 帧绘制一个圆（大小与大文字相似），将其转换为元件，并将其移到第一个文字上，如图 4-29 所示。在第 50 帧插入关键帧，并将圆移到最后一个文字上，如图 4-30 所示。在第 1 帧和第 50 帧之间创建动作补间。

图 4-29　第 1 帧的遮罩图形　　　　　　图 4-30　第 50 帧的遮罩图形

（6）选择"遮罩"图层，单击鼠标右键，在弹出的菜单中选择"遮罩层"命令，使当前图层变为遮罩层。"时间轴"面板如图 4-31 所示。

图 4-31　设置了遮罩的"时间轴"面板

（7）遮罩动画完成。测试影片，效果如图 4-32 所示。

图 4-32　放大镜遮罩动画

本 章 小 结

动画是构成多媒体的重要内容之一，具有表现力强、直观生动等特点。计算机动画是在传统动画的基础上，采用计算机图形图像技术而发展起来的新技术。

本章主要介绍了动画的基本原理过程、动画的分类和动画的应用。讲述了使用 Adobe Animate 制作二维网页动画。重点讲解了逐帧动画、补间动画、运动引导层动画和遮罩动画的概念、技术要点以及制作过程。

习　　题

一、单选题

1. 在 Adobe Animate CC 时间轴上，选取连续的多帧或选取不连续的多帧时，分别需要按(　　)键后，再使用鼠标进行选取。

　　A. Shift，Alt　　　B. Shift，Ctrl　　　C. Ctrl，Shift　　　D. Esc，Tab

2. 下列关于舞台的说法不正确的是(　　)。

　　A. 舞台是编辑动画的地方

　　B. 影片生成发布后，观众看到的内容只局限于舞台上的内容

　　C. 场景和舞台上内容，影片发布后均可见

　　D. 场景是指舞台周围的区域

3. 以下各种关于图形元件的叙述，正确的是(　　)。

　　A. 图形元件可重复使用　　　　　　B. 图形元件不可重复使用

　　C. 可以在图形元件中使用声音　　　D. 可以在图形元件中使用交互式控件

4. 以下关于使用元件的优点的叙述，不正确的是(　　)。

　　A. 使用元件可以使动画的编辑更加简单化

　　B. 使用元件可以使发布文件的大小显著地缩减

　　C. 使用元件可以使动画的播放速度加快

　　D. 使用元件可以使动画更加漂亮

5. 下列关于元件和元件库的叙述，不正确的是(　　)。

　　A. Animate 中的元件有三种类型

　　B. 元件从元件库中拖到场景就成为实例，实例可以复制、缩放等各种操作

　　C. 对实例的修改，元件库中的元件会同步变更

　　D. 对元件的修改，舞台上的实例会同步变更

6. 以下关于逐帧动画和补间动画的说法，正确的是(　　)。

　　A. 两种动画模式 Animate CC 都必须记录完整的各帧信息

B. 前者必须记录各帧的完整记录，而后者不用

C. 前者不必记录各帧的完整记录，而后者必须记录完整的各帧记录

D. 以上说法均不正确

7. 下面(　　)动画的制作只需给出动画序列中的起始帧和终结帧，中间的过渡帧由 Animate CC 自动生成。

  A. 逐帧动画　　B. 形状补间　　C. 引导层动画　　D. 遮罩动画

8. (　　)选项不是 Animate CC 中帧类型。

  A. 帧　　　　B. 空白关键帧　　C. 中间帧　　D. 关键帧

9. Animate CC 的时间轴上空心小圆点表示的是(　　)。

  A. 帧　　　　B. 空白关键帧　　C. 过渡帧　　D. 关键帧

10. 在 Animate CC 中，测试影片的快捷键是(　　)。

  A. Ctrl+Alt+Enter　　　　　　B. Ctrl+Enter

  C. Ctrl+Shift+Enter　　　　　D. Shift+Enter

11. 正方形变为平行四边形的动画属于(　　)。

  A. 动作补间动画　　　　　　B. 形状补间动画

  C. 引导层动画　　　　　　　D. 遮罩动画

12. Animate CC 中将文字变为形状从而可以制作形状补间动画的操作是(　　)。

  A. 分离　　　　　　　　　　B. 改变字体大小

  C. 任意变形　　　　　　　　D. 缩放

二、填空题

1. Animate CC 中三种元件分别是：_____、_____和按钮。

2. 绘制椭圆时，在拖动鼠标时按住_____键，可以绘制出一个正圆。

3. Animate CC 中，图层包括普通层、引导层和_____层等。

4. Animate CC 中，将文字打散分离的组合键是_____。

5. 使用部分选取工具拖曳节点时，按_____键可以使角点转换为曲线点。

6. 在 Animate CC 中，新建 ActionScript 3.0 文档，则源文件的扩展名是_____，生成的影片文件的扩展名是_____。

7. Animate CC 中，_____直接导入 PSD 文件。

8. 在 Animate 的混色器中，可以为图形填充纯色、线性渐变色和_____等。

9. 引导层动画，引导层和被引导层的位置不能改变，引导层在_____，被引导层在_____。

10. 橡皮擦工具只能对_____进行擦除，对文字和位图无效，如果要擦除文字或位图，必须将它们_____。

三、简答题

1. 简述使用 Adobe AnimateCC 制作动画的主要步骤。

2. 简述 Animate CC 中关键帧、空白关键帧、普通帧和过渡帧的作用和区别。

3. 什么是补间动画？补间动画有哪两种形式？它们的作用和区别是什么？

4. 简述引导层的作用。

5. 简述遮罩层的作用。

四、操作题

1. 使用 Adobe Animate 制作电子贺卡。

2. 使用 Adobe Animate 制作广告片。

3. 使用 Adobe Animate 制作网站片头。

4. 使用 Adobe Animate 制作宣传短片。

5. 使用 Adobe Animate 制作课件。

五、思考题

1. 如何制作出能够吸引观众、具有美感的优秀动画片？

2. 如何理解动画技术探索与艺术发现的关系？

第 5 章
视频处理技术

本 章 导 学

☞ **学习内容**

　　视频处理技术是多媒体技术中较为复杂的信息处理技术，能够同时处理运动图像及与之相伴的音频信号，使计算机具备处理视频信号的能力。本章首先讲解视频基础知识及视频的获取和编辑过程，然后以视频编辑软件 Adobe Premiere 为平台，介绍视频的相关处理技术；以数字视频合成软件 Adobe After Effects 为平台，介绍视频后期处理的相关技术。

☞ **学习目标**

　　(1) 掌握视频的基本概念和特性。
　　(2) 熟悉常用的视频文件格式。
　　(3) 掌握视频的采集过程和编辑步骤。
　　(4) 学习 Adobe Premiere 的基本操作，掌握视频编辑处理。
　　(5) 了解 Adobe After Effects 进行视频后期处理的功能。

☞ **学习要求**

　　(1) 掌握模拟视频和数字视频的基本概念。
　　(2) 了解视频的数字化概念和压缩标准。
　　(3) 熟悉常用的视频文件格式，能够使用软件工具在不同的格式之间进行转换。
　　(4) 能够通过拍摄、捕获、上网等方式获得视频。
　　(5) 掌握视频编辑中帧、场、时间码、非线性编辑等术语的基本概念。

（6）掌握 Premiere 的基本操作。能够使用 Adobe Premiere 进行视频的编辑处理。

（7）了解 Adobe After Effects 的功能和基本操作。

5.1　视频基础知识

视觉是人类感知外部世界的重要途径，而视频技术则是把人们带到近于真实世界的最强有力的工具。视频是多幅静止图像与连续的音频信号在时间轴上同步运动的混合媒体，又称为运动图像或活动图像，它是一种信息量丰富、直观、生动、具体的承载信息的媒体。

在人类所接受的所有信息中，有多于60%的信息来自视觉。在多媒体技术中，视频信息的获取及处理占有举足轻重的地位，视频处理技术目前以至将来都是多媒体应用的核心技术之一。

5.2.1　视频基本概念

视频（Video）本质上是内容随时间变化的一组动态图像。在单位时间内连续播放一系列静止图像，就能得到动态图像组成的视频。每一幅独立的图像称为一帧，帧是构成视频的基本图像单元。画面每秒传输的帧数称为帧速率，典型的帧速率有 25fps、30fps 等。

人眼的视觉暂留效应使得当人们观看以每秒 25 帧或 30 帧的帧速率播放的多幅静态图像序列时有顺畅和连续的效果，不会感觉"失真"或"停顿"。

视频技术的发展主要经历了以下三个阶段：

（1）初级阶段。这一阶段的特点是在台式计算机上增加简单的视频功能，来处理活动画面。但使用的对象主要是视频制作的专业人员，普通 PC 机用户还无法在自己的电脑上实现视频功能。

（2）主流阶段。在这个阶段，数字视频在计算机中得到广泛应用。初期因为数字视频的数据量非常大，如 1 分钟满屏的真彩色数字视频需要 1.5GB 的存储空间。后来数据压缩解决了这个问题。这时，计算机有了捕获活动影像的能力，能够将视频捕获到计算机中。

（3）高级阶段。普通 PC 机进入了成熟的多媒体计算机时代。各种计算机外设和数字影像设备以及视音频处理硬件、软件等技术高度发达，这些都推动了数字视频的流行和发展。

除了传统的 2D 视频外，为了满足人们对于视频质量及感官享受的需求，近年来出现了超高清视频、4K 视频等新的视频模式。此外，3D 视频因能给观看者带来立体视觉享受，提高用户体验，也成为当下的热点。随着 3D 视频技术的日益发展，这项技术已经被用到 3D 电影、自由视点电视、游戏、艺术展览等多个领域。

按照视频的存储与处理方式不同，视频分为模拟视频和数字视频。

1. 模拟视频（Analog Video）

早先的电影、电视都是模拟视频信号。模拟视频是指由连续的模拟信号组成的视频图像，摄像机是获取视频信号的来源。模拟信号就是利用电流的变化来表示或者模拟所拍摄的图像，即用一个电信号来表征景物，记录下它们的光学特征，然后通过调制和解调，将信号传输给接收机，通过电子枪显示在荧光屏上，还原成原来的光学图像。

模拟视频所用的存储介质、处理设备以及传输网络都是模拟的。例如，采用模拟摄像机拍摄的视频画面，通过模拟通信网络（有线、无线）传输，使用模拟电视接收机接收、播放，或使用盒式磁带录像机将其作为模拟信号存放在磁带上。

模拟视频具有技术成熟、价格低、系统可靠性较高等优点，但模拟视频不适宜进行长期存放和多次复制。随着时间的推移，录像带上的图像信号强度会逐渐衰减，造成图像质量下降、色彩失真等现象。模拟信号也不便于分类、检索和编辑。

模拟广播视频标准也称为电视制式。世界上最常用的模拟广播视频标准有 3 种：NTSC、PAL 和 SECAM，如表 5-1 所示。

表 5-1　　　　　　　　　　　　　　模拟广播视频标准

制式	帧频（fps）	行数/帧	场频（Hz）	颜色频率（MHz）
NTSC	30	525	59.94	3.58
PAL	25	625	50.00	4.43
SECAM	25	625	50.00	4.43

（1）PAL 制式，是电视广播中色彩编码的一种方法，全名为 Phase Alternating Line（逐行倒相）。PAL 在 1967 年被提出，用来指扫描线为 625 线、帧频为 25fps、隔行扫描、PAL 色彩编码的电视制式。世界上大部分地区是采用 PAL 制式，我国也是采用 PAL 制式。

（2）NTSC 制式，是 1952 年由美国国家电视标准委员会（National Television System Committee，NTSC）制定的彩色电视广播标准。属于同时制，帧频为 30fps，扫描线为 525，逐行扫描。这种制式解决了彩色黑白电视广播的兼容问题，但存在相位容易失真、色彩不太稳定的缺点。美国、加拿大、墨西哥等大部分美洲国家，以及日本、韩国等采用这种制式。我国香港地区部分电视公司也采用 NTSC 制式广播。

（3）SECAM 制式，又称塞康制，意为"按顺序传送彩色与存储"，1966 年在法国研制成功。SECAM 制式的特点是不怕干扰、彩色效果好，但兼容性差。帧频为 25fps，扫描线 625 行，隔行扫描。采用 SECAM 制的国家主要有俄罗斯、法国、埃及和非洲的一些法语系国家等。

不同制式的区别主要在于其帧频（场频）不同、信号带宽以及载频不同、色彩空间的转场关系不同等。在各个地区售卖的摄像机或者电视机以及其他的一些视频设备，都会根据当地的标准来制造。如果要制作国际通用的内容，或者想要在自己的作品上插入国外制作的内容，必须考虑制式的问题。通常无法将一种制式转换为另一种制式，只有在特殊情况下使用专业的设备才能实现各种制式之间的转换。

2. 数字视频（Digital Video）

数字视频是以数字形式记录的视频，有不同于模拟视频的产生方式、存储方式和播出方式。其所用的存储介质、处理设备以及传输网络都是数字化的。例如，采用数字摄像设备直接拍摄的视频画面，通过数字宽带网络传输，使用数字设备（数字电视接收机或模拟电视+机顶盒、多媒体计算机）接收播放或用数字化设备将视频信息存储在数字存储介质上。

数字视频与模拟视频相比，具有适合于网络应用、再现性好、便于计算机编辑处理等优点。但是，数字视频有处理速度慢，所需的数据存储空间大，从而使数字图像的处理成本增高等缺点。

通过对数字视频的压缩，可以节省大量的存储空间，大容量存储技术的应用也使得大量视频信息的存储成为可能。

数字视频有两种生成方式：一是将模拟视频信号经过计算机模/数转换后，生成数字视频文件，对这些数字视频文件进行数字化视频编辑，制作成数字视频产品，利用这种方式处理后的图像和原图像相比，信号有一定损失；二是利用数字摄像机将视频图像拍摄下来，然后通过相应的软件和硬件进行编辑，制作成数字视频产品。目前，这两种处理方式都有各自的应用领域。

3. 视频技术的应用

视频技术的应用十分广泛。在广播电视中的应用有常规数字电视、高清晰度电视等；在通信领域中的应用有可视电话、视频会议、视频点播等；在计算机领域中的应用有视频制作、VCD、DVD、视频数据库、动画等；此外，在数字图书馆、视频游戏、网上购物、军事等领域均有应用。

5.1.2 数字视频技术

1. 视频的数字化

要使计算机能够对视频进行处理，必须把视频源（如电视机、模拟摄像机、录像机、影碟机等设备）的模拟视频信号转换成计算机要求的数字视频形式，并存放在磁盘上，这个过程称为视频的数字化过程。

模拟视频数字化方法主要有：全电视信号数字化和分量信号数字化。

2. 动态图像压缩编码的国际标准

视频信号数字化之后的数据量非常大，如果没有高效率的压缩技术，很难传输和存储。

由于视频是连续的静态图像，因此其压缩编码算法与静态图像的压缩编码算法有某些共同之处，但是运动的视频还有其自身的特性，因此在压缩时还应考虑其运动特性，才能达到高压缩的目标。在视频压缩中有损和无损的概念，与静态图像中基本类似。在有损压缩的过程中会丢失一些人眼和人耳所不敏感的图像或音频信息，而且丢失的信息不可恢复。视频压缩的目标是在尽可能保证视觉效果的前提下减少视频数据率。

目前，有国际标准化组织 ISO 和国际电工委员会 IEC 正式公布的视频压缩编码标准有 MPEG 标准系列，以及国际电信联盟远程通信标准化组织 ITU-T 正式公布的视频压缩编码标准 H.26X 标准系列。表 5-2 列出了部分视频压缩标准。

表 5-2 视频压缩标准

标　准	名　　称	比特率
MPEG-1	面向数字存储的运动图像及其伴音编码	≤1.5Mbit/s
MPEG-2	运动图像及其伴音信息的通用编码	1.5Mbit/s~100Mbit/s
MPEG-4	音视频对象的通用编码	8Kbit/s~35Mbit/s
H.261	P×64Kbit/s 音视频业务编解码	P×64Kbit/s（P：1~30）
H.263	低比特率通信视频编码	8Kbit/s~1.5Mbit/s
H.264	先进视频编码	8Kbit/s~100Mbit/s

（1）MPEG 视频压缩标准。MPEG 的全称是 Moving Picture Experts Group（运动图像专

家组），是在 1988 年由国际标准化组织 ISO 和国际电工委员会 IEC 联合成立的专家组，负责开发电视图像数据和声音数据的编码、解码和它们的同步等标准，这个专家组开发的标准称为 MPEG 标准。

目前，已经开发的 MPEG 标准有 MPEG-1、MPEG-2、MPEG-4、MPEG-7、MPEG-21。

MPEG-1 标准于 1992 年正式发布，标准的编号为 ISO/IEC11172，其标题为 "码率约为 1.5Mb/s 用于数字存储媒体活动图像及其伴音的编码"。MPEG-1 主要解决多媒体的存储问题，它的成功制定使得以 VCD 和 MP3 为代表的 MPEG-1 产品迅速在世界范围内普及。

MPEG-2 是 MPEG 组织制定的视频和音频有损压缩标准之一，它的正式名称为 "基于数字存储媒体运动图像和语音的压缩标准"。与 MPEG-1 标准相比，MPEG-2 标准具有更高的图像质量、更多的图像格式和传输码率的图像压缩标准。

MPEG-4 在 1998 年 11 月被 ISO/IEC 批准为正式标准，它不仅针对一定比特率下的视频、音频编码，而且更加注重多媒体系统的交互性和灵活性。利用 MPEG-4 的高压缩率和高的图像还原质量，可以把 DVD 里面的 MPEG-2 视频文件转换为体积更小的视频文件，可以很方便地用 CD-ROM 来保存 DVD 的节目。另外，MPEG-4 在家庭摄影录像、网络实时影像播放等方面也大有用武之地。

MPEG-7 标准被称为 "多媒体内容描述接口"，MPEG-7 规定一个用于描述各种不同类型多媒体信息的描述符的标准集合，其目标是支持多种音频和视觉的描述，支持数据管理的灵活性、数据资源的全球化和互操作性等。

MPEG 在 1999 年 10 月的 MPEG 会议上提出了 "多媒体框架" 的概念，同年 12 月的 MPEG 会议确定了 MPEG-21 的正式名称是 "多媒体框架" 或 "数字视听框架"。MPEG-21 标准其实就是一些关键技术的集成，通过这种集成环境来对全球数字媒体资源进行透明和增强管理，实现内容描述、创建、发布、使用、识别、收费管理、产权保护、用户隐私权保护、终端和网络资源抽取、事件报告等功能。

（2）视频编码国际标准 H. 26X。国际电信联盟远程通信标准化组 ITU-T 制定的视频编码标准包括 H. 261、H. 262、H. 263 和 H. 264 等。

H. 261 产生于 20 世纪 90 年代，是视频编码的先驱者，它最初是针对在 ISDN 上实现电信会议应用特别是面对面的可视电话和视频会议而设计的。

H. 262 标准等同于 MPEG-2 的视频编码标准，目前仍然是重要的视频编码之一。

H. 263 是由 ITU-T 制定的视频会议用的低码率视频编码标准。

H. 264 是新一代的视频编码标准，是 ITU-T 和规定 MPEG 的 ISO/IEC 共同制定的一种活动图像编码方式的国际标准格式。与 MPEG-4 的第 10 部分相同，即高级视频编码（Advanced Video Coding，AVC）。

5.1.3 常见视频文件格式

由于所依据的视频体系和数字视频处理技术不同，出现了诸多不同的数字视频文件格式。这些格式大致可分为两类：一类是用于多媒体出版的普通视频文件，如本地视频、DVD 视频等视频格式，这类文件具有较高的视频质量，但文件较大；另一类是用于网络传输的流媒体格式文件，这类文件可在网络上连续平滑播放，工作方式为"边传输边播放"。表 5-3 列出了常见的视频文件格式。

表 5-3 常见的视频文件格式

格　式	说　明
AVI（AudioVideo Interleave）	是一种音频视像交插记录的数字视频文件格式。AVI 文件支持多个音视频流，主要应用在媒体光盘上来保存电视电影等各种影像信息。AVI 文件图像质量好，可以跨平台使用，但由于文件过于庞大，而且压缩标准不统一，因此在不同版本的 Windows 媒体播放器中不兼容。
MPEG	是运动图像专家组格式。它采用了有损压缩方法，从而减少运动图像中的冗余信息，VCD、SVCD、DVD 就是这种格式。
DAT	DAT 格式的文件普遍存在于 VCD 光盘中。DAT 文件实际上是在 MPEG 文件头部加上了一些运行参数形成的变体，但很多视频软件不直接支持 DAT 格式，需要转换。
MOV（Movie digital video）	是 Apple 公司开发的一种视频格式，默认的播放器是 QuickTime Player。MOV 格式支持包括 Apple Mac OS、Microsoft Windows 在内的所有主流计算机操作系统，有较高的压缩比率和较完美的视频清晰度。
RA/RM/RP/RT	是流式文件格式，适合在网络上边下载边播放。
WMV（Windows Media Video）	是 Microsoft 流媒体技术的首选编码解码器，它派生于 MPEG-4，采用了几个专有扩展功能，使其可在指定的数据传输率下提供更好的图像质量。能够即时传输，并显示接近 DVD 画质的视频内容。
ASF（Advanced Stream Format）	Windows Media 的核心是先进的流式文件格式。Windows Media 将音频、视频、图像以及控制命令脚本等多媒体信息以 ASF 格式通过网络数据包的形式传输，实现流式多媒体内容的发布。
FLV（FLASH VIDEO）、F4V	FLV 流媒体格式是随着 Flash 的推出发展起来的视频格式，是视频文件的主流格式。由于它形成的文件极小、加载速度极快，使得网络观看视频文件成为可能。F4V 是继 FLV 格式后一种新型的 H.264 解码的视频文件格式。

格　　式	说　　明
3GP	是一种 3G 流媒体的视频编码格式，是 MPEG-4 Part 14（MP4）格式的一种简化版本，主要是为了配合 3G 网络的高传输速度而开发的，是手机中常见的一种视频格式。

5.2　视频的获取与编辑

5.2.1　数字视频的获取

在数字视频作品的制作过程中，首先需要获取视频素材。一般情况下，数字视频素材可以通过拍摄数字视频、采集模拟视频、从网络获取和捕捉屏幕等多种方式获取。

1. 拍摄数字视频

利用数码摄像机等数字设备直接拍摄以生成数字视频，以 MPEG 或 MOV 等格式存储。

2. 采集模拟视频

利用视频采集卡将模拟视频转换成数字视频。利用视频捕捉卡和视频工具软件对模拟摄像机中的实时视频信号进行捕捉，生成数字视频文件。

从硬件平台的角度分析，数字视频的获取需要以下三个部分的配合：

（1）模拟视频输出的设备，如录像机、电视机、电视卡等。

（2）可以对模拟视频信号进行采集、量化和编码的设备，这一般都由专门的视频采集卡来完成。

（3）由多媒体计算机接收和记录编码后的数字视频数据。在这一过程中起主要作用的是视频采集卡，它不仅提供接口以连接模拟视频设备和计算机，而且具有把模拟信号转换成数字数据的功能。

3. 从网络获取

网络是获取视频素材的一种有效方式，且方便快捷。但由于网络资源种类繁多，相对零散，真正找到满足实际需求的视频素材并非易事。许多网站都提供了视频或影片的下载服务，下载服务分为免费和付费两种。

4. 捕捉屏幕获取

利用屏幕捕获软件可以录制屏幕，生成所需的视频文件。录制和捕获视频的软件有很多，如 Camtasia Studio、Screenflash、EV 录屏、屏幕录像专家、ViewletCam 等。

Camtasia Studio 是一款屏幕录像和编辑软件。该软件提供了强大的屏幕录像、视频的剪辑和编辑、视频菜单制作、视频剧场和视频播放等功能。

5.2.2 视频编辑常用概念与术语

1. 帧和关键帧

帧是传统影视、动画、数字视频中的基本信息单元，相当于电影胶片上的每一格镜头。一帧就是一幅静止的画面，连续的帧就形成了动态的画面。

关键帧是编辑动画和处理特效的核心技术。关键帧记录动画或特效的特征及参数，中间画面的参数则由计算机自动运算并添加。

2. 帧尺寸

在电视机、计算机显示器等显示设备中，组成一帧图像内容的最小单位是像素，而每个像素则通常由 R、G、B 三原色的点组成。分辨率的一种表示方法是以"水平方向像素数×垂直方向像素数"的方式来表示。帧尺寸（frame size）就是形象化的分辨率，指图像的宽度和高度。对于 PAL 制式的电视系统来说，其帧尺寸一般是 720×576，而 NTSC 制式的电视系统，其帧尺寸一般为 720×480。对于 HDV（高清晰度）来说，其帧尺寸一般为 1280×720 或 1440×1280。

3. 场

场是电视系统中的一个概念。电视机由于受到信号带宽的限制，以隔行扫描的方式显示图像，这种扫描方式将一帧画面按照水平方向分成许多行，用两次扫描来交替显示奇数行和偶数行，每扫描一次就称为一场。也就是说，一帧画面是由两场扫描完成的。以 PAL 制式的电视系统为例，其帧速率是 25 帧/秒，则场速率就是 50 帧/秒。随着视频技术和逐行扫描技术的发展，场的问题已经得到了很好的解决。

4. 帧宽高比和像素宽高比

人们平常所说的 4：3 和 16：9 是指视频画面的宽高比，也就是指组成每一帧画面的宽高比。而像素宽高比则是指帧画面内每一个像素的宽高比。例如，对于 PAL 制式的电视系统，帧尺寸同为 720×576 的图像而言，4∶3 的单个像素宽高比为 1.067∶1，而 16∶9 的单个像素宽高比为 1.422∶1。

通常，电视像素是矩形，计算机像素是正方形。因此，在计算机显示器上看起来合适的图像在电视屏幕上显示则会变形，特别是显示球形图像时尤其明显。所以，使用视频编辑软件制作视频时，选择的像素宽高比取决于用户的视频文件将在什么样的终端上呈现。

5. 素材

素材是指影片中的小片段，可以是音频、视频、静态图像或标题等。

6. 时间码

时间码是影视后期编辑和特效处理中视频的时间标准，通常用来识别和记录视频数据流中的每一帧，根据电影和电视工程师协会使用的时间码标准，其格式为小时∶分钟∶秒∶帧（hours∶minutes∶seconds∶frames）。例如一段 00∶01∶22∶08 的视频素材，其播放的时间是 1 分钟 22 秒 8 帧。

7. 转场

转场或称过渡，指影片镜头间的衔接方式，是在一个场景结束到另一个场景开始之间出现的内容。通过添加转场，可以将单独的素材和谐地融合成一部完整的影片。

镜头与镜头之间的组接方式有很多种类。如前一个镜头的画面逐渐消失的同时，后一个镜头的画面逐渐显示直到正常，称为溶解；前一个镜头的画面按一定的方向移出屏幕的同时，后一个镜头的画面按相同的方向紧跟前一个镜头移入屏幕，称为滑像。

8. 线性编辑

在传统的电视节目制作中，电视编辑是在编辑机上进行的。编辑机通常由一台放像机和一台录像机组成，编辑人员通过放像机选择一段合适的素材，然后把它记录到录像机中的磁带上，接着再寻找下一个镜头，进行记录工作，如此反复操作，直至把所有合适的素材按照节目要求全部顺序记录下来。由于磁带记录画面是顺序的，无法在已有的画面之间插入一个镜头，也无法删除一个镜头，除非把这之后的画面全部重新录制一遍。这种编辑方式就称为线性编辑，这给编辑人员带来很多的限制，编辑效率非常低。线性编辑有不能随机存取素材、节目内容修改难度大、信号复制质量受损严重、录像机磨损严重和磁带容易损伤等缺点。

9. 非线性编辑

非线性编辑是应用多媒体等技术，在计算机中对各种原始素材进行各种编辑操作，并将最终结果输出到计算机硬盘等记录设备上的一系列完整的过程。由于原始素材被数字化存储在计算机磁盘上，信息存储的位置是并列平行的，与原始素材输入到计算机时的先后顺序无关。这样，便可以对存储在磁盘上的数字化音视频素材进行随意的排列组合，并可进行方便的修改，还能实现诸多的处理效果，如特技等，这就是非线性编辑的优势。

非线性编辑集录像、编辑、特技、动画、字幕、同步、切换、调音、播出等多种功能于一体，克服了传统编辑设备的缺点，提高了视频编辑的效率，赋予视频制作人员极大的创作自由度。

10. 渲染

渲染是指将项目中所有的源文件收集在一起，创建最终的影片的过程。渲染也用于描述"计算视频编辑文件中的效果以生成最终视频输出的过程"。

5.2.3 数字视频的编辑

视频编辑是一个综合性的多媒体信息处理过程，其中可以包括音频和图像，是多媒体信息的综合应用形式。

数字视频编辑主要包括视频内容编辑和视频效果处理两个方面。

1. 视频内容编辑

与其他的媒体信息一样，数字视频在计算机中也是以数据文件形式存放的，所以对数字视频进行编辑实际上就是对具有特定格式的计算机数据文件进行编辑，其最大的特点是定位准确。编辑工作主要包括插入（拼接）和删除（裁剪）。需要说明的是，由于实际使用视频信息时都伴有配音和背景音乐，所以这里所说的视频编辑操作同样也适合相应的音频信息。

视频的基本编辑方法主要是片段的取舍。先确定片段的入点或称起点（mark in）和出点或称终点（mark out），然后将其去掉或保留。

将保留的片段按时间顺序排列在时间线（timeline，或称时间轴）上，从头到尾连续播放，就形成了完整的视频影片。

2. 视频效果处理

视频效果处理是指对已有的视频图像通过添加适当的艺术效果和特技镜头，刺激人的视觉感官，以达到准确反映内容和渲染、夸张的效果。视频效果有很多，例如，透明效果可以将两个片段的画面内容叠加在一起，常用在表示回忆的场景中；运动处理可以使静止的画面移动；文字的出现方式，可以使画面的出现更丰富多彩；创建快镜头和慢镜头效果可以改变速度；色彩调整可以改变一段视频的色调。

对于数字视频来说，无论是视频内容还是视频效果，其编辑工作都是在相应的视频处理软件的支持下完成的。

3. 非线性编辑的工作流程

任何非线性编辑的工作流程都可以简单地看成输入、编辑、输出三个步骤。

（1）素材的采集与输入。采集就是利用视频编辑软件，将模拟视频、音频信号转换成数字信号并存储到计算机中，或者将外部的数字视频存储到计算机中，成为可以处理的素材。输入主要是将其他软件处理过的图像、声音等导入到正在使用的视频编辑软件中。

（2）素材的编辑。设置素材的入点与出点，以选择合适的部分，然后按时间顺序组接不同素材的过程。另外，还可以添加包括转场、特效、合成叠加等特技处理和字幕制作等操作。

（3）输出和生成。编辑数字视频的目的是为了得到所需要的视频效果，一旦编辑完成，就可以输出编辑结果，直接输出为压缩的视频文件，如 MP4、AVI、MPEG、MOV 等格式。

5.2.4　常见视频制作软件

视频制作软件是完成视频信息编辑、处理的工具，通过这类软件，人们可以对各种音频、视频素材进行剪辑、拼接，混合成一段可用的视频，并添加字幕以及多种特技效果，完成对数字视频的非线性编辑。

视频制作软件其实是对图片、视频、音频等素材进行重组编码工作的多媒体软件。视频制作软件的重要技术特征包括：具有图片转换为视频的技术、优秀专业的视频制作功能，以及能够为原始图片添加各种多媒体素材，实现制作出的视频图文并茂的展示。例如，为图片配音乐，添加字幕效果，制作各种过渡转场特效等。而软件功能的强弱，则往往体现在特效处理方面。

视频编辑软件种类很多，大体可分为以下三大类：

　　第一类视频编辑软件属于入门级别的。特点是操作非常简单，没有更多的功能和特效。如 Windows Movie Maker、爱剪辑、数码大师等。Windows Movie Maker 是一款入门级视频编辑软件，功能简单。

　　第二类视频编辑软件属于业余级别的。特点是有一定的功能和特效，简单易学。

　　第三类是专业级别的视频编辑软件。特点是功能强大和全面，能根据编辑人员的要求实现一些特效要求。如 Adobe Premiere、Vegas Movie Studio、Ulead MediaStudio Pro、Adobe After Effects 等都是专业的视频制作软件工具。

5.3　视频编辑软件 Adobe Premiere

　　Adobe Premiere 是 Adobe 公司推出的专业级视音频非线性编辑软件，集采集、编辑、合成等功能于一身，能对视频、音频、动画、图片、文本进行编辑加工，最终生成视频文件。Premiere 能够配合多种视频卡进行实时视频捕获和视频输出，使用多轨的影像与声音合成剪辑方式来制作多种动态影像格式的影片，操作界面丰富，能够满足专业化的剪辑需求。还可以和其他 Adobe 软件高效集成，满足用户创建高质量作品的要求，其广泛应用于电视节目编辑、广告制作、电影剪辑和 Web 等领域。

　　Adobe 公司的 Premiere 软件从常用的 Premiere CS 到 Premiere Pro CC，其版本经过长期的发展与升级，成为当今使用最广泛的专业视频剪辑软件，在非线性编辑领域中可谓首屈一指。专业、简洁、方便、实用是其突出的特点。Premiere Pro CC 是目前的新版本，它以编辑方式简便实用、对素材格式支持广泛、高效的元数据流程等优势，得到众多视频编辑工作者和爱好者的青睐。

5.3.1　Premiere 的功能

　　Premiere Pro CC 既可以用于非线性编辑，也可以用于建立 Adobe Flash Video、Quick Time、Real Media 或者 Windows Media 影片。使用 Premiere 可以实现诸如视频和音频的剪辑，音频和视频同步，音频、视频的修整，字幕叠加，格式转换，加入各种特效等基本功能。

　　Premiere Pro CC 的核心技术是将视频文件逐帧展开，然后以帧为精度进行编辑，并且可以实现与音频文件的同步，这些功能的处理体现了非线性编辑软件的特点。

　　最新的 Premiere Pro CC 版本带来了大量令人激动的新增功能。通过"多个打开的项目"工作流程，可以轻松地在多个项目之间同时编辑。引入了响应式设计和改进的图形端到端工作流程，编辑 360°/VR 内容时，可为视音频提供完整的、身临其境的端到端编辑体验。

全新的 Premiere 特别推出了虚拟现实功能，包括：

● 最齐全的沉浸式内容工具集。全新 VR Comp 编辑器让用户使用熟悉的编辑模式进行 VR 视频编辑，它可以把 360°球面全景图变成用户熟悉的平面直线图像。

● 沉浸式显示屏。用户可以自己体验其编辑的沉浸式内容，通过佩戴和观众一样的头显，用户可以看到时间轴，并用键盘进行编辑。

● 为沉浸式媒体添加空间标记。在佩戴头戴式显示器的同时，在媒体上放置空间标记。

● 沉浸式视频转场。Premiere 新加入的强大的 VR 转场功能，使得这套编辑工具可用于编辑沉浸式内容。

5.3.2　使用 Premiere Pro 进行视频编辑的流程

1. 创建和设置项目

启动 Premiere 之后，从出现的欢迎界面中选择"新建项目"选项，新建并设置好项目参数，创建一个影片项目，然后再进行编辑处理。

2. 采集素材

素材的采集可以有多种方式，如来自数字摄像机等设备拍摄后保存的视频文件素材，或通过屏幕录制软件进行录屏的素材等。

3. 添加和整理素材

素材是视频编辑处理的基础。素材包括各种未经编辑处理的视频、音频和图像等文件。在使用 Premiere CC 编辑前，需要将整理好的各种素材导入到项目面板中。

4. 编辑素材

编辑素材是按照影片播放的内容，将一个个素材片段组接起来。拍摄的一段段内容经过采集，分别保存在计算机中。同时，在 Premiere 中捕获的视频片段，也可以被轻松地导入素材面板，然后根据设计好的影片顺序进行调整和剪接。影片的剪接应以该片的思想、主题和内容作为依据，使观众通过观看解影片来感受影片传达的思想。

5. 特效处理和过渡处理

特效处理是在编辑的基础上，为影片加入特效效果、过渡特效、伴奏音乐等多媒体内容。

6. 添加字幕

一般情况下，影片中都需要一些必要的字幕。视频上可以叠加文字，称为字幕。图像中的文字是静态的，视频中的文字是动态的。视频中出现的文字要持续一定的时间，文字不变，画面改变，文字说明一段视频，不同的画面内容需要不同的文字说明。文字的出现方式也可以不同，如溶解、移入、放大、缩小等，产生不同的视觉效果。

此外，在视频的开头要有标题，用于对整个节目进行说明；视频的结尾应有落款，用于说明节目的组织方式。

7. 保存项目

影片制作完成后，要将项目保存下来，以便以后进一步进行编辑和修改。

8. 渲染和输出影片

输出时，将制作完成的影片使用专门的格式存储在磁盘中。经过处理后的视频，可以作为一部完整的影片进行压缩打包，Premiere Pro CC 可以不同格式的视频文件将影片打包保存。

5.3.3 Adobe Premiere 工作界面

Premiere 是具有交互式界面的软件，其工作界面中有多个工作组件。用户可以方便地通过菜单和面板相互配合使用，直观地完成视频编辑。Premiere Pro CC 工作界面中的面板不仅可以随意控制关闭和开启，而且还能任意组合和拆分。用户可以根据自身的习惯来定制工作界面。

1. 菜单

菜单包括文件、编辑、剪辑、序列、标记、图形、窗口和帮助等菜单选项，每个菜单选项代表一类命令。

文件菜单用于新建项目和序列等内容，保存项目，启动视频捕捉，以及渲染输出影片。

编辑菜单用于对素材进行复制、剪切、粘贴、全选、查找等操作。

剪辑菜单用于进行素材剪辑编辑操作。

序列菜单用于对项目中的序列进行编辑、管理操作，以及渲染片段、增减轨道、修改序列内容等操作。

标记菜单用于在时间线面板的时间标尺上设置序列的入点、出点，以及添加或删除标记。

窗口菜单用于切换程序窗口工作区的布局，以及各种工作面板的显示。

2. 项目面板

在视频素材处理的前期，首要任务就是将收集起来的素材导入到项目面板中，以便统一管理。项目面板一般用来存放时间线面板编辑合成的原始素材。

项目面板如图 5-1 所示。将所需素材逐个导入后，就完成了编辑前的准备工作。

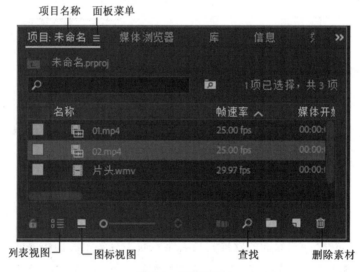

图 5-1　项目面板

项目面板中的"使用列表视图"和"图标视图"用于控制显示模式。单击"列表视图"或"图标视图"对应的图标即可进行两种显示模式的切换。项目面板中的常用操作还有：为列表视图添加预览区域，对列表进行各种排序以及显示列表中的缩览图等。

在影片项目需要用到大量素材的情况下，可以考虑将视频素材、音频素材以及图片素材分别放置在不同的文件夹中，将这些素材分门别类，有利于快速找到素材。

3. 时间线面板

时间线面板是非线性编辑器的核心面板，在时间线面板中，从左到右按顺序排列的视频、音频剪辑，将最终渲染成为影片。视频、音频剪辑的大部分编辑合成工作和特效制作都要在该面板中完成。如图 5-2 所示为时间线面板。

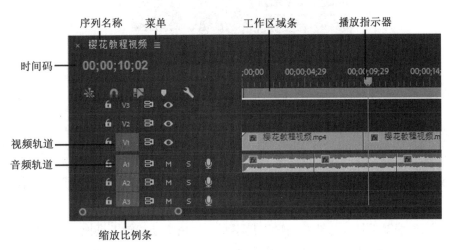

图 5-2　时间线面板

时间线面板按照时间顺序排列和连接各种素材、剪辑片段和叠加图层、设置动画关键帧和合成效果等。时间线面板提供多层嵌套。

4. 工具面板

工具面板集中了用于编辑剪辑的所有工具。要使用其中的某个工具时，在工具面板中单击将其选中即可。移动鼠标指针到时间线面板该工具上方，鼠标指针会变为该工具的形状，并在工作区下方的提示栏显示相应的编辑功能。长按鼠标可以将隐藏的工具显示出来。如图 5-3 所示为 Premiere 常用工具。

（1）选择工具：使用选择工具可以选中轨道上的一段剪辑，并可以拖曳一段剪辑的左右边界来改变入点或出点。按 Shift 键，通过选择工具可以选中轨道上的多个剪辑。

（2）向前选择轨道工具：使用向前选择轨道工具单击轨道上的剪辑，被单击的剪辑及其右边的所有剪辑全部被选中。按 Shift 键单击轨道上的剪辑，所有轨道上单击处右边的剪辑都被选中。

（3）向后选择轨道工具：使用向后选择轨道工具单击轨道上的剪辑，被单击的剪辑及其左边的所有剪辑全部被选中。按 Shift 键单击轨道上的剪辑，所有轨道上单击处左边的

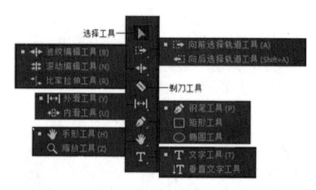

图 5-3　工具面板

剪辑都被选中。

（4）波纹编辑工具：使用波纹编辑工具拖曳一段剪辑的左右边界时，可以改变该剪辑的入点或出点。相邻的剪辑随之调整在时间线的位置，入点和出点不受影响。使用波纹编辑工具调整之后，影片的总时间长度发生变化。

（5）滚动编辑工具：与波纹编辑工具不同，使用滚动编辑工具拖曳一段剪辑的左右边界，改变入点或出点时，相邻素材的出点或入点也相应改变，影片的总长度不变。

（6）比率拉伸工具：使用比率拉伸工具拖曳一段剪辑的左右边界时，该剪辑的入点和出点不发生变化，而该剪辑的速度将会加快或减慢。

（7）剃刀工具：使用剃刀工具单击轨道上的剪辑，该剪辑在单击处被截断。按 Shift 键单击轨道上的剪辑，所有轨道里的剪辑都在该处被截断。

（8）外滑工具：使用外滑工具选中轨道上的剪辑拖曳，可以同时改变该剪辑的出点和入点，而剪辑总长度不变，前提是出点后和入点前有必要的余量可供调节使用。同时，相邻剪辑的出入点及影片长度不变。

（9）内滑工具：内滑工具与外滑工具正好相反，使用内滑工具选中轨道上剪辑并拖曳，被拖曳的剪辑的出入点和长度不变，而前一相邻剪辑的出点与后一相邻剪辑的入点随之发生变化，前提是前一相邻剪辑的出点后与后一相邻剪辑的入点前有一定的余量可以供调节使用。

（10）钢笔工具：使用钢笔工具可以在节目监视器中绘制和修改遮罩，还可以在时间线面板对关键帧进行操作，但只可以沿垂直方向移动关键帧的位置。

（11）手形工具：用于拖曳时间线面板的显示区域，轨道上的剪辑不会发生任何改变。

（12）缩放工具：使用缩放工具在时间线面板中单击，时间标尺将放大并扩展视图。按 Alt 键的同时使用缩放工具在时间线面板中单击，时间标尺将缩小并缩小视图。

（13）文字工具：使用文字工具可以添加字幕。

5. 监视器窗口

在监视器窗口中，可以进行素材的精细调整，如进行色彩校正和剪辑素材。默认的监视器窗口由两个面板组成，用户看到的左边是素材源监视器面板，右边是节目监视器面板。

素材源监视器面板用于播放原始素材。在素材源监视器面板中，素材的名称显示在左上方的标签页上，单击该标签页的下拉按钮，可以显示当前已经加载的所有素材，并从中选择素材在素材源面板中进行预览和编辑。在素材源监视器面板中进行的编辑非常重要，它能减少下一步编辑工作的麻烦。如图 5-4 所示的源监视器面板，下方的控制器区域可以对素材进行搜索、设置出入点、插入、覆盖等操作。

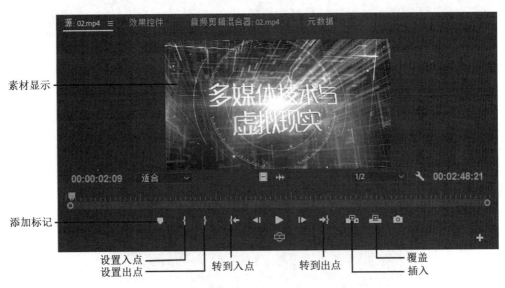

图 5-4　素材源面板

素材源监视器面板在同一时刻只能显示一个单独的素材，如果要将项目面板中的全部或部分素材都加入其中，则可以在项目面板中选中这些素材，直接使用鼠标拖动到素材源监视器面板中即可。在素材源监视器面板的标题栏上单击下拉按钮，可以选择需要显示的素材。

节目监视器面板用于对时间线面板中的不同序列内容进行编辑和浏览。节目监视器面板每次只能显示一个单独序列的节目内容，如果要切换显示的内容，可以在节目监视器面板的左上方标签页中选择所需要显示内容的序列。如图 5-5 所示为节目监视器面板，其控制器区域的工具条功能与素材源监视器面板中的类似。

标记入点　标记出点　切换 VR 视频显示　　提升　提取

图 5-5　节目面板

6. 效果面板和效果控件面板

效果面板为时间线面板上选中的素材添加特技效果，包括音频效果、音频过渡、视频效果和视频过渡等。这些特效大大地丰富了 Premiere 的表现力。如图 5-6 所示。

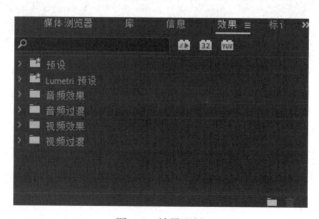

图 5-6　效果面板

（1）过渡效果：在两个片段的衔接部分，往往采用过渡的方式来衔接，而非直接地将两个片段生硬地拼接在一起。Premiere 提供了多种特殊过渡效果，从过渡窗口可以看到各种丰富多彩的过渡样式。

（2）滤镜效果：Premiere 同 Photoshop 一样，也支持滤镜的使用。Premiere 共提供了近 80 种滤镜效果，可对图像进行变形、模糊、平滑、曝光、纹理化等处理功能。还可以使用第三方提供的滤镜插件，如好莱坞的 FX 软件等。

效果控件面板中显示了时间线面板中选中素材片段所采用的一系列特效，使用者可以方便地对各种特效进行设置与调整，以达到更好的效果。如图 5-7 所示。

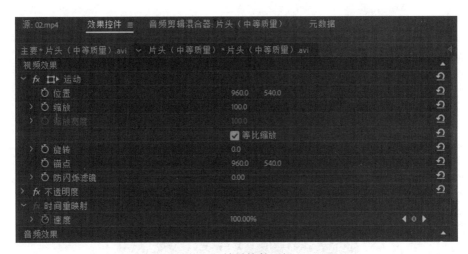

图 5-7　效果控件面板

效果控件面板主要有两种特效。一种是固定特效，包括运动和透明两种效果，可以直接在效果控件面板中进行设置；另一种是视频特效，这部分特效是通过特效面板添加的，在效果控件面板中可以调整特效的参数。

5.3.4　Premiere 综合运用

下面将以实例的形式综合运用 Premiere 软件，对该软件的基本用法和视频处理的基本步骤和方法进行介绍。

1. 新建和设置项目

（1）新建项目。Premiere 中的项目可以理解为编辑视频文件所形成的框架，由于影片的编辑和创作中的所有操作都是围绕项目进行的，因此创建项目是影片编辑和制作的必要工作。

　　运行 Premiere Pro CC，打开欢迎界面。在该界面下，单击"新建项目"按钮，打开"新建项目"对话框。或者选择菜单"文件"→"新建"→"项目"命令，也打开"新建项目"对话框。

　　在"新建项目"对话框中，设置"视频"的"显示格式"为"时间码"，"音频"的"显示格式"为"音频采样"，"捕捉"的"捕捉格式"为"DV"。然后选择项目存储的路径及设置名称为"樱花校园"后，单击"确定"按钮，即可创建"樱花校园"项目文件（樱花校园 . prproj）。如图 5-8 所示。

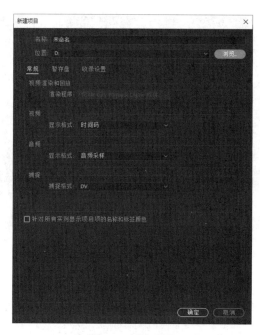

图 5-8　新建项目

　　（2）设置项目。在创建项目后，系统自动弹出"新建项目"对话框，以帮助用户对项目的配置信息进行一系列设置，使其满足用户在编辑视频时的工作基本环境。

　　（3）新建序列，序列是 Premiere 项目中的重要组成元素，项目内的所有素材，以及为素材所应用的动画、特效和自定义设置都会装载在"序列"内。

　　序列是一个小的项目，序列中可以编辑视频，对视频、音频、素材进行组织、应用效果等。序列又可以当作素材导入到另一个序列中。

　　Premiere 内的序列是单独操作的，创建项目后，执行"文件"→"新建"→"序列"命令，即可弹出"新建序列"对话框，如图 5-9 所示。或者在项目面板中，选择右下角的

"新建项"按钮，在弹出的快捷菜单中选择"序列"命令。在"新建序列"对话框中，主要包括序列预设、设置、轨道三部分内容。

图 5-9　新建序列对话框

在"序列预设"中，要根据项目的需要来进行选择。若制作的是普通的 DVD 尺寸画面，就选择"DV-PAL，标准 48KHz"；若制作的视频是高清尺寸，就选择"HDV-HDV720P25"；若制作超清视频，要选择"AVCHD-AVCHD 1080P25"。设置完成后，进入了 Premiere 的编辑界面。

2. 导入和管理素材

（1）导入素材。Premiere 编辑中用到的素材，如声音、图片、视频等，都要导入到项目中。

导入的方式有多种：

● 执行"文件"→"导入"命令，弹出"导入"对话框，选择需要导入的文件点击"打开"即可。

● 鼠标双击项目面板中的空白区域，弹出"导入"对话框。

● 在项目窗口的空白区域点击右键，选择"导入"，弹出"导入"对话框。

如果是导入单个素材，则在弹出的"导入"对话框中选择需要导入的素材文件，单击"打开"按钮即可。

如果是导入序列素材，则在弹出的"导入"对话框中启用"图像序列"复选框，单击"打开"按钮，便可一次性导入整个序列的图像。

如果是导入素材文件夹，则在"导入"对话框中选择文件夹，并单击"导入文件夹"按钮。

（2）使用文件夹来管理素材。分别将图片、声音和视频导入到项目面板中，建立三个文件夹，分别命名为"图片""声音"和"视频"，将素材拖动到不同的文件夹或者在不同的文件夹内分别导入不同素材。

3. 视频剪辑

素材剪辑主要是对素材进行调用、分割和组合等操作处理。

（1）在时间线面板的轨道中编辑置入的素材。时间线面板中的基本操作包括：设置剪辑的入点和出点、提升剪辑和提取剪辑、删除波纹、改变剪辑的速度和方向、帧定格、断开视音频链接等。

将视频导入到项目后，可以直接将项目面板中的视频一个个地拖曳到右边的时间线面板上的时间轴来创建一个序列。但在连接多段视频信息时，对于视频文件或者音频文件来说，往往只需要用到其中某些特定的部分。那么，在 Premiere 中可以通过设置入点和出点来截取所需的部分，剪除不需要的视频片段，这个入点和出点之间的部分称为片段或剪辑。

使用剃刀工具来剪切剪辑。选择工具箱上的"剃刀"工具，可以看到光标变成了一把小剃刀，如图 5-10 所示。鼠标单击时间线上的视频即剪切成两个片段，这两个片段可独立编辑。再点击"选择工具"，可以对片段的视频进行移动。如果在切割素材按住 Shift 键单击鼠标，则时间线面板中未锁定轨道的同一时间点的剪辑也被切割成了两部分。

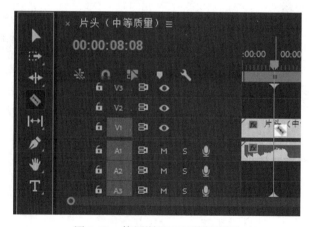

图 5-10　使用剃刀工具剪辑视频

如果分段视频不需要，则可以选中后按 Delete 键删除，或者选择菜单"编辑"→"清除"命令，也可以选择菜单"编辑"→"波纹删除"命令，在删除的同时，其后的剪辑内容自动向前移动。

同样对剪辑也允许进行复制，形成重复的播放效果。在时间线面板中单击要复制的片段，选择菜单"编辑"→"复制"命令，再单击要复制到的轨道，将播放指示器拖动到要复制的位置，选择"编辑"→"粘贴"命令即可。也可以选择菜单"编辑"→"粘贴插入"命令，将复制的内容插入到播放指示器位置，并且将其他轨道上的视频从播放指示器处分为两段。粘贴时选择"粘贴属性"命令，被选择素材的属性被源素材属性代替。

（2）在源监视器面板中编辑项目面板中的源素材。在项目面板中，播放源素材到相应的位置时分别点击标记入点和标记出点按钮，为素材添加入点和出点。如图 5-11 所示，在素材源面板中点击播放按钮，待播放到开始位置时，按下"┧"按钮，同样在播放到终止位置时，按下"┟"按钮，在入点和出点之间的视频即为需要的视频片段。然后点击"插入"或"覆盖"按钮将选取的内容以插入或者覆盖的方式添加到时间线面板的轨道上。

图 5-11 在素材源面板中编辑项目面板中的源素材

（3）在节目监视器面板中编辑剪辑。通过节目监视器窗口也可以直观地编辑时间线面板轨道上的剪辑。

在节目监视器窗口中，单击"播放-停止切换"按钮播放视频，利用播放过程为视频设置入点和出点，截取一个片段。接着可以执行以下操作：

① 提升。截取片段后，单击"提升"按钮，截取片段将从时间线面板目标轨道中删除。裁切留下空白区域。

② 提取。截取片段后，单击"提取"按钮，截取片段将从时间线面板目标轨道中删除，后面的素材将向前靠拢，填补裁切留下的空白。

③ 剪辑完成后，可以选择菜单"标记"→"清除入点""清除出点"等命令，清除入点和出点标记。

（4）分离视、音频。如果要分离素材中的视频和音频，则在时间线面板的素材处单击鼠标右键，在弹出的快捷菜单中选择"取消链接"，或者选择菜单"剪辑"→"取消链接"命令，可以断开视频和音频链接。

如果需要链接视频和音频剪辑，则按住 Shift 键，分别选择视频和音频剪辑，然后右键单击素材，在弹出的右键菜单中选择"链接"，则将视频音频素材链接上。

（5）添加标记。如果需要在长的视频中快速找出对应的画面，可以利用添加标记来实现。

在时间线面板上播放剪辑，将播放指示器放在需要添加标记的位置，鼠标右键单击在弹出的快捷菜单中选择"添加标记"或者按下快捷键 M，这时显示一个绿色的标记■，鼠标双击此标记，弹出"标记"对话框，在此对话框中输入名称和注释等信息，并选择标记类型，点击"确定"后就添加了一个标记。

当鼠标移动到时间线面板的标记上时，就显示出该标记的信息。

（6）帧定格。Premiere 中一切操作都是在帧上制作的，对帧的修改影响着视频。因此，在编辑中常常会用到帧定格的功能，在剪辑的持续时间内冻结视频帧，特别是使第一帧或最后一帧定格，或者是对播放指示器后面的画面定格来添加文字说明等。

首先，将播放指示器移动到要定格的视频点，然后在视频轨道上右键菜单中打开"帧定格选项"对话框，如图 5-12 所示。其中，定格位置有源时间码、序列时间码、入点、出点、播放指示器等选项，可以根据需要的位置进行选择。切换位置选项，帧定格的画面会有所不同。

图 5-12　"帧定格选项"对话框

设置完成后，视频片段的所有帧都会定格在所选定格位置的那一帧的画面上。

使用"添加定格帧"命令也可以完成类似的功能。拖动播放指示器，找到需要进行定格设置的画面，然后单击鼠标右键，执行"添加帧定格"命令。这时可见时间线面板视频轨道上的视频素材被分成了两段，后面的一段视频素材就变成了静止的单帧画面了。然后，可以根据需要将此直接拉到与音频同等时间位置即可。

(7) 改变素材的长度和播放速度。有下列几种方法来进行调整：

① 利用解释素材命令修改素材的长度和播放速度。在"项目"面板中，右键单击视频源素材，在弹出的快捷菜单上选择"属性"，在打开的窗口中可以查看源素材的类型、图像大小、帧速率、总持续时间等信息。

将源素材拖曳到时间线面板上，选择菜单"剪辑"→"修改"→"解释素材"命令，在弹出的"修改剪辑"对话框中修改帧速率。帧速率越低，视频速度越慢；帧速率越高，视频速度越快。

② 利用速度/持续时间命令修改素材的长度和播放速度。鼠标右键单击"时间线"面板中所需调整播放速度的剪辑，在弹出的快捷菜单选择"速度/持续时间..."项，弹出"剪辑速度/持续时间"对话框，如图 5-13 所示。

图 5-13 "剪辑速度/持续时间"对话框

当前默认的速度是 100%。若增大速度值，对应的持续时间会减少，长度变短；若减小速度值，则对应的持续时间会增加，长度变长。若勾选"倒放速度"，则素材将颠倒播放。若勾选"保持音频音调"，将在改变视频速度的同时，保持原有的音频音调。

③ 使用比率拉伸工具。选择工具箱的"比率拉伸工具"，在序列中用鼠标拖动剪辑的其中的一端的边缘，可以将剪辑的速度加快或减慢。

4. 添加视频效果

Premiere 作为多媒体视频处理软件，可以轻松地制作出动感十足的多媒体作品。Premiere 提供了多种视频效果，是设计者为影视作品添加艺术效果的重要手段。使用这些特效，可以改变素材的颜色和曝光量，修补原始素材的缺陷，可以键控（抠像）和叠加画面，可以变化声音、扭曲图像，可以为影片添加粒子和光照等各种艺术效果。同一个特效可以同时应用到多个素材片段上，在一个素材片段上也可以添加多个视频特效。

Premiere 还拥有众多的第三方外挂视频插件，这些外挂视频特效插件能扩展 Premiere 的视频功能，从而为影片增加更多的艺术效果。

打开"效果"面板。点击"视频效果"文件夹前小三角辗转按钮，展开该文件夹内 18 个子文件夹（18 大类特效），再点击子文件夹前小三角辗转按钮，可以分别展开该类的多种效果项目。

【例 5-1】添加"基本信号控制"视频效果。

基本信号控制效果可以调整亮度、对比度、色相、饱和度。

① 打开"效果"面板。点击菜单"窗口"→"效果"命令，或者在"信息"窗口直接点击"效果"选项卡，便打开"效果"面板。

② 选择效果。点击"效果"面板"视频效果"文件夹前小三角辗转按钮，展开该文件夹内的子文件夹，再点击"调整"子文件夹前小三角按钮，展开效果项目，选择其中"PROcAmp"（基本信号控制）效果。

③ 添加视频效果。将"基本信号控制"效果拖曳到时间线面板中某一段剪辑上释放，便将特效添加到了该片段上。同时，在"效果控件"面板，可以看到"基本信号控制"效果在其中。

④ 设置效果。在为一个视频素材添加了特效之后，就可以在"效果控件"面板中设置效果的各种参数来控制特效，还可以通过设置关键帧来制作各种动态变化效果。

选中素材。在时间线面板中将时间线滑块拖曳到刚才添加效果的片段上，并单击它。展开特效项目参数。点击"效果控件"面板中的"PROcAmp"项目前小三角辗转按钮，展开项目参数，如图 5-14 所示。

设置特效参数。可以对添加了"基本信号控制"效果后的剪辑进行"亮度""对比度""色调""饱和度"四个特效参数的设置和调整。例如，在"亮度"栏目中的参数上（默认值为 0.0）按住鼠标左键水平拖动，改变参数值大小（最大值为 ±100.0，其正值为增加亮度，负值为减少亮度），或者在参数上直接点击后再填入数值，在空白处点击一下，新的参数被确定。

⑤ 预览效果：设置完成后，可以直接在"节目"监视器中预览设置了参数之后的画面效果。

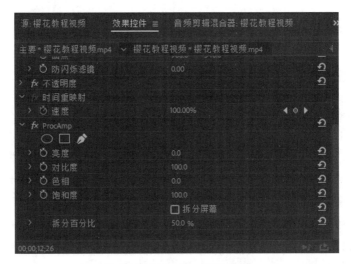

图 5-14　PROcAmp 特效参数

⑥ 删除特效。如果对添加的特效不满意，可以删除该效果。在"效果控件"面板中右键点击"PROcAmp"，在弹出的菜单中点击"清除"命令，则该效果被删除。

【例 5-2】使用马赛克预设效果。

Premiere 中，除了直接为素材添加内置的效果外，用户还可以使用系统自带的并且已经设置好各项参数的预设特效。预设特效被放置在"效果"面板里的"预设"文件夹中。此外，用户也可以将自己设置好的某一效果保存为预设效果，供以后直接调用。

点击"预设"文件夹前的小三角辗转按钮，展开其子文件夹，再展开"马赛克"子文件夹，选择"马赛克入点"效果，将其拖曳到时间线面板中某一段剪辑上释放即可。打开"效果控件"面板，在右侧的时间线缩略图中，可以看到该特效是包括关键帧的预设特效。如图 5-15 所示。利用椭圆、矩形或钢笔工具，可以绘制蒙版，给局部范围打马赛克。

创建
蒙版

关键帧

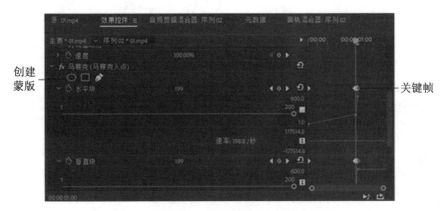

图 5-15　"马赛克入点"效果

将时间线滑块拖曳到这段素材上，点击"节目"面板中的播放按钮，就可以看到添加了"马赛克入点"的预设特效素材的画面效果。

5. 视频过渡效果

过渡（或转场）效果是影片制作中经常用到的效果之一，可以使镜头连接自然流畅。在 Premiere 中，通过效果面板，在片段切换时添加过渡效果。

视频过渡方式可以是影片各片段之间首尾直接相接，也可以在相邻片段间设置丰富多彩的过渡方式，如划像、擦除、缩放等。选择采用哪种过渡效果，取决于节目的需要。使用视频过渡必须在相邻的两个片段间进行。

在 Premiere 中的"效果"面板"视频过渡"文件夹中，存放了系统自带的多种视频过渡效果。选择某个视频过渡效果，将其拖放到时间线面板相邻的两个片段间释放，则添加了一个过渡效果。

6. 音频效果

Premiere 提供了多种音频效果，使用这些效果可以处理录制的原声片段，添加特殊的声效，或者掩饰原声的缺陷，使得影片的音频更加完美。

【例 5-3】使用延迟音频效果。

① 选择"效果"面板→"音频效果"→"延迟"效果，将其拖动到音轨上的音频片段上，松开鼠标，即可完成音频效果的添加。

② 点击"效果控件"面板的"延迟"项目前小三角辗转按钮，展开项目参数。当前的关键帧处于音频片段的起始帧，延迟滑块用来设置原声和回声间的时间差，默认为1 秒。

③ 点击"延迟"的"切换动画"按钮，出现"添加/删除关键帧"按钮。当播放指示器走到确定的时间点时单击该按钮，可以在该位置添加关键帧。

④ 拖动面板上播放指示器，将第 2 个关键帧设置在大约 10 秒的位置，从窗口中可以观察到该关键帧详细的时间信息，将延迟滑块的值设为 0。

⑤ 在音频快结束时设置关键帧。这样，就通过两个关键帧得到了动态的音频效果，延迟时间由 1 秒逐步变化到 0 秒，然后又从 0 秒变化到 1 秒。关键帧之间的帧的音频属性介于两个关键帧之间，呈现出线性变化。当然，也可以设置更多的关键帧，来控制更复杂的音频效果。

7. 字幕

视频编辑时，常常需要添加字幕，以补充、说明及强调内容。Premiere 提供了强大的字幕功能，可以在字幕窗口中轻松完成标题字幕的制作。

【例 5-4】 添加字幕。

添加字幕可以使用文字工具，然后，在效果控件面板中对文字进行编辑。

① 选择工具栏的"文字工具"，图标 **T**，在视频中点击即可添加字幕。如果添加的字幕是乱码，则需要将字体设置为中文字体。

② 选中字幕，在"效果控件"面板中可以设置"不透明度"，并设置字幕开始出现的关键帧和最后消失的关键帧的相关参数，如设置不透明度开始为 100%，消失时不透明度为 0%。

③ 为字幕的剪裁特效设置关键帧：在 0 秒处设置"剪右侧"值为 99，1 秒处为 69，2 秒处为 54，3 秒处为 38，4 秒处为 0。注意，这里设置字幕为从左向右出现，只设置"剪右侧"参数即可。

8. 影片渲染与输出

（1）项目渲染。在编辑视频的过程中，如果添加了过渡和视频效果等特效，若需要实时的画面效果，就需要对工作区进行渲染，然后再输出。

在 Premiere 中，渲染是在编辑过程中不生成文件而只是浏览节目实际效果的一种播放方式。在编辑中应用渲染，可以检查素材之间的组接关系和观看应用特效后的效果。

当需要进行渲染时，选择"序列"→"渲染入点到出点的效果"命令，即可渲染入点到出点的效果。

（2）项目输出。项目编辑完成后，进行项目输出，从而将项目导出，发布为最终作品。

执行"文件"→"导出"→"媒体"命令，弹出"导出设置"对话框，设置导出的格式（如选择格式为 H. 264）、输出文件名称（如序列 01. mp4）等参数，如图 5-16 所示。参数设置完成后，单击"导出"按钮，即可将视频影片保存为视频文件。

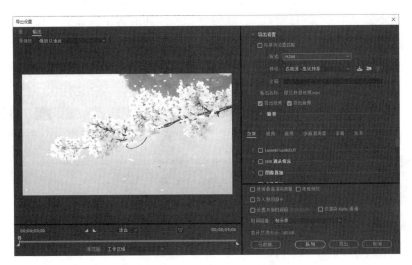

图 5-16　"导出设置"对话框

5.3.5 使用 Premiere 剪辑 VR 视频

新版的 Adobe Premiere Pro CC 中，增加了对 360°全景视频和 VR 视频的显示和编辑功能。通过一个可以输入全景视频的视场模式，可以在单视场、双目视场、立体视场等模式之间进行切换。

将全景图技术应用于视频，产生了 360°全景视频。虽然 360°全景视频并不能称之为真正的 VR 技术，但它能提供给用户立体感觉。360°全景视频是以人眼为中心点，围绕上下 180°、水平 360 无缝衔接的视频影像。360°全景视频的每一帧画面都是一个 360°的全景，让用户有一种真正意义上身临其境的感觉，通过佩戴 VR 眼镜观看，会有更强的沉浸感。

360°视频和 VR 视频都可以将观众置于场景之中。两者的差别在于显示方式。如果希望观众通过手机、平板电脑或电脑屏幕观看一级方程式比赛，则 360°视频是一个优秀的解决方案。但如果希望让观众亲自与冠军"共同驾驶"赛车，最好的选择则是 VR 视频。

Premiere Pro CC 推出了在 VR 中编辑沉浸式视频的解决方案，即 Premiere Pro 的 VR 内编辑器，它支持视频捕获与编辑同步进行，在使用 Premiere 时，使用者无须佩戴 VR 眼镜，在电脑屏幕前就可以完成全景视频的整个剪辑过程，同时新增的键盘导航快捷键也有助于提高视频的编辑速度。

1. 浏览 VR 视频

Premiere Pro CC 中可以浏览编辑 VR 视频。

（1）新建项目，新建序列，并且将 VR 属性设置为"球面投影"。

（2）导入全景视频，并且将视频素材拖曳到时间线面板上。或者，导入 360°视频，选中源监视器面板，选择菜单"剪辑"→"修改"→"解释素材"命令，打开"修改剪辑"对话框的"解释素材"，在"VR 属性"中点击"符合"，选择"投影"为"球面投影"。

（3）在节目监视器面板的右键菜单中选择"VR 视频"→"启用"，或者点击节目监视器面板的"+"号，选择按钮编辑器上的"切换 VR 视频显示"图标 ▓，将该按钮加到预览窗口。选择 VR 视频显示模式，则预览窗口变成可拖动的全景模式。若连上 VR 头显，还可以在 VR 头显中进行浏览。

2. 输出 VR 视频

在 Premiere Pro CC 中可以输出 VR 视频。选择菜单"文件"→"导出"→"媒体"命令，打开"导出设置"对话框，在该对话框中设置相关输出项，其中最重要的是要勾选"视频为 VR"。

5.4　数字视频合成软件 After Effects

上一节介绍的 Premiere Pro CC 是一款视频编辑软件，本节介绍的 Adobe After Effects 则是用于制作影视特效的专业合成软件。

After Effects 是 Adobe 公司开发的一款数字视频合成软件，在视频特效制作中运用非常广泛。利用它可将静帧、二维动画、三维动画、实拍影像完美地结合在一起，制作出所需的特殊效果。无论是电视节目的片头、片尾以及广告宣传片的制作，还是形式丰富和新颖的时空转换、字幕制作，After Effects 都大有用武之地。

After Effects 是影视后期合成软件中的佼佼者。所谓影视后期合成，是指前期先拍摄之后，然后根据脚本需要，把现实中无法拍摄的事物后期用 After Effects 制作合成，再将虚拟的效果与拍摄现实的场景相结合起来。例如，一个人用手掌发出一个冲击波，这种画面在实际生活中是不存在的，但有些电影镜头中或许需要，这时，After Effects 就能派上用场。

After Effects 和视频剪辑软件显著区别是两者侧重点不同。剪辑软件侧重于剪辑衔接大量的视频电影镜头，用于处理很长时间的节目。而 After Effects 则主要侧重于影片合成和特效处理。常用于单个或者几个短镜头的制作，以细节为主，常制作几十秒或者几分钟的片段。

5.4.1　Adobe After Effects 概述

After Effects 是一款用于高端视频特效系统的专业特效合成软件，将视频特效合成技术上升到了一个新的高度。

1. After Effects 的主要功能

（1）图形视频处理。After Effects 软件可以高效且精确地创建无数种引人注目的动态图形和震撼人心的视觉效果。

（2）多层剪辑。After Effects 引入 Photoshop 中"层"的概念，使其可以对多个图层的合成图像进行控制，制作出天衣无缝的视频合成效果。After Effects 可以说是动态的 Photoshop。无限层视频和静态画面的成熟合成技术，使 After Effects 可以实现电影和静态画面无缝的合成。

（3）高效的关键帧编辑和路径功能。After Effects 引入了关键帧、路径等概念。关键帧支持具有所有层属性的动画，可以自动处理关键帧之间的变化。而路径功能就像在纸上画草图一样，可以轻松绘制动画路径，或者加入动画模糊。

（4）强大的特技控制。After Effects 使用多达几百种的插件修饰增强图像效果和动画控制。After Effects 涵盖影视特效制作中常见的文字特效、粒子特效、光效、仿真特效、调色技法以及高级特效等。利用 After Effects 的特效功能可以很方便地将静态影像制作成绚丽的动态效果。

（5）同其他 Adobe 软件无缝结合。After Effects 保留了 Adobe 软件与其他图形图像软件的优秀兼容性，可以同其他 Adobe 软件和三维软件结合，After Effects 在导入 Photoshop 和 Illustrator 文件时，保留层信息。After Effects 也可以近乎完美地再现 Premiere 的项目文件等。

（6）高效的渲染效果。After Effects 可以执行一个合成在不同尺寸大小上的多种渲染，或者执行一组任何数量的不同合成的渲染。

2. After Effects 的工作界面

Adobe After Effects 的标准操作界面由菜单栏、工具栏、项目面板、时间线面板、特效及预设面板等组成。如图 5-17 所示为 After Effects 的工作界面。

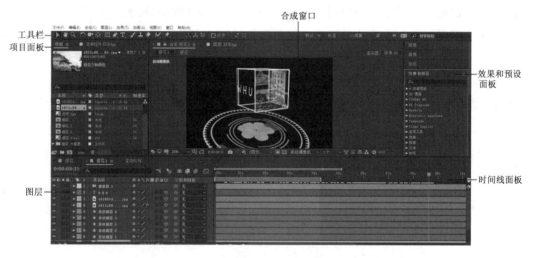

图 5-17　After Effects 工作界面

用户也可以根据自己的喜好改变界面。如果界面调乱了，可以通过"重置"命令还原。

（1）菜单栏。菜单栏是 After Effects 的重要界面要素之一，它包含了 After Effects 全部功能的命令操作。菜单包括：文件、编辑、图像合成、图层、效果、动画、视图、窗口、帮助。

（2）工具栏。工具栏包括了 After Effects 进行合成和编辑项目时经常使用的工具，直接单击工具栏中的按钮，即可选择相应的编辑操作。如图 5-18 所示，其中，工具下方有倒三角图形的，长按鼠标可显示一组工具。图 5-22 中从左往右分别是：选择工具、手形工具、缩放工具、旋转工具、摄像机工具、锚点工具、矩形工具、钢笔工具、文本工具、画笔工具、仿制印章工具、橡皮擦工具、画笔抠像工具和操控点工具。

图 5-18　工具栏

（3）项目面板。项目面板可以说是 After Effects 的"仓库"，所有的素材与合成都会在这个窗口中显示。它位于界面的左上角，用来组织、管理视频节目中所使用的素材。视频制作所使用的素材，首先要导入到项目面板中，在此面板中还可以对素材进行预览。

项目面板的上半部分为素材的缩略图，右侧为素材的基本信息。当选中某一个素材文件时，可以在项目面板上查看对应的缩略图和属性，也可以对素材进行替换、解释、重命名等基本操作。

（4）合成窗口。合成窗口是视频的预览区域，能够直接观察要处理的素材文件显示效果，一个成熟的视频是通过很多的合成组合起来的。该窗口不仅可以预览素材，在编辑素材的过程中也不可缺少。常用的工具栏里的工具主要在这里使用。用户还可以建立快照，以方便对比观察影片。该窗口不仅具有预览功能，还具有控制、操作、管理素材、缩放窗口比例、当前时间、分辨率、图层线框、3D 视图模式和标尺等操作功能，是 After Effects 中非常重要的工作窗口。

（5）时间线面板。时间线面板是工作界面的核心部分，是进行素材组织的主要操作区域，主要用于管理层的顺序和设置动画关键帧。时间线面板左侧为控制面板区域，由图层空间组成；右侧为时间线区域。在时间线区域，可以通过"图表编辑器"按钮将所编辑的区域分成关键帧和图表两种编辑模式。

After Effects 动画的设置基本都是在时间线面板中完成的。可以拖动时间指示器预览动画，可以添加滤镜和关键帧，对动画进行设置和编辑操作。

（6）效果和预设面板。After Effects 提供了多种效果，这些效果包含动态背景、文字动画、图像过渡等。用户可以应用效果到图层来添加或修改静止图像、视频和音频的特性。例如，改变图像的曝光度或颜色，为文字层添加文字入场动画，为素材添加阴影、发光、3D 或者粒子等各式各样的特效。要实现复杂的效果，可以使用多个效果叠加的方式来实现。

使用效果和预设面板浏览和应用效果。当添加了效果后，可以使用效果控件面板或时间线面板修改效果属性。每一个添加的效果对应多个参数可以调整。

5.4.2　After Effects 的常用术语

1. 合成图像

合成图像是 After Effects 中一个重要的概念和专业术语。合成是一个影片的框架，制作影片需要有一个框架，然后向里面添加素材，每一个合成都拥有一个自己的时间线面板，有了时间线面板，就能对素材进行各种操作，如添加特效，制作动画等。如果没有合成，则时间线面板为空。

2. 图层

After Effects 是一种基于图层操作的合成软件。在 Adobe 公司开发的图形软件中，对"图层"的概念都有很好的解释，而 After Effects 中的图层多用于实现动画效果，因此与图层相关的多数命令都是为了让动画更丰富。After Effects 图层中包含的元素比 Photoshop 中图层的元素丰富，不仅有图像，还包含摄影机、灯光、声音等。在 After Effects 中，相关的图层操作都是在时间线面板中进行的。

3. 关键帧

与前面介绍的关键帧概念类似。关键帧是指角色或物体发生位移或变形等变化时，关键动作所在的那一帧。After Effects 是通过关键帧来控制动画，要产生动画就必须有两个或两个以上有变化的关键帧。在不同的时间点设置不同的对象属性，时间点之间的变化则由软件自动计算完成。

4. 蒙版

蒙版是 After Effects 合成的关键之一，是定义图层不透明区的一种方法。

图层的透明信息都存放在 Alpha 通道中，若 Alpha 通道不能满足用户的需要，则可以使用蒙版来显示或隐藏图层的任意部分，蒙版可以是一个路径或轮廓图，在为对象设置蒙版后，可以建立一个透明区域显示下面的对象。一个层可以有多个蒙版。

5. 效果和特效插件

作为一个专业特效合成软件，After Effects 包括多种效果，使用较多的效果有发光、渐变、阴影、曲线、色调等，还有文字特效、CC 特效等。After Effects 将全部效果放在 After Effects 文件夹的 Plug-ins 子文件夹下。

此外，还有第三方软件商开发的为数众多、功能强大的特效插件，如粒子插件、E3D 三维插件等。这些插件安装后，就可以在 After Effects 中使用。

5.4.3 After Effects 的基本操作

1. After Effects 项目文件的操作

（1）新建和打开项目。启动 After Effects 时，会自动创建一个新项目，也可直接打开项目，选择"文件"→"打开项目"命令，即可打开所需项目。

（2）保存项目。选择"文件"→"保存"命令，或按 Ctrl+S 组合键，在弹出的"另存为"对话框中进行存储路径和名称的设置，单击"保存"按钮进行项目的保存。项目文件扩展名为 .aep。

2. 导入和管理素材

After Effects 作为影视后期制作软件，在进行特效制作时，素材是必不可少的，除了软件本身的图形制作和添加的滤镜效果，大量的素材是通过外部媒介导入获取的，而这些外部素材则是后期合成的基础。

在"项目"面板中可将所需素材导入，"项目"面板主要用于素材的存放及分类管理。

（1）素材的类型。After Effects 可以导入多种类型与格式的素材，如图片、视频、音频等。

● 图片素材：是指各种设计、摄影的图片，是影视后期制作最常用的素材。常用的图片素材格式有 JPEG、TGA、PNG、BMP、PSD 等。

● 视频素材：是指一系列单独的图像组成的视频素材形式。常用的视频素材格式有 AVI、WMV、MOV、MPG 等。

● 音频素材：是指一些字幕的配音、背景音乐和特效的声音等。

（2）导入素材的方法。导入时，可以是单个的图片、视频或音频文件，也可以是多个文件，或者是序列文件、包含图层的文件，甚至可以导入文件夹。

素材导入方法有很多，可分次导入，也可一次性全部导入，而不同类型素材导入时有不同的操作。下面介绍几种常用素材导入和不同类型素材的导入操作方法：

● 单击菜单"文件"→"导入"→"文件"命令，按 Ctrl+I 组合键，打开"导入文件"对话框。

● 在"项目"面板的空白处单击鼠标右键，在弹出菜单栏单击"导入"→"文件"

命令，打开"导入文件"对话框。

● 在"项目"面板的空白处双击鼠标，可直接打开"导入文件"窗口。如要导入最近导入过的素材，执行"文件"→"导入最近的素材"命令，可直接导入最近使用过的素材文件。

（3）管理素材的方法。当进行特效制作时，"项目"面板中存储着大量的素材。这些素材在制作过程中，常出现需要重新解释或替换的情况，为了保证"项目"面板的整洁，还需要对素材进行管理，管理素材的方法包括素材的排序、素材的解释、素材的替换和素材的整合等。

3. 新建合成

After Effect 的编辑操作必须在一个合成中进行，一个项目内可创建一个或多个合成，而每一个合成也能作为一个新的素材应用到其他合成中。

合成的操作包括新建合成、设置合成等。每个合成拥有自己的时间线面板，绝大多数的合成操作在"时间线"面板中完成。主要是对图层属性和动画效果进行设置，例如设置素材出入点的位置、图层的混合模式等。

（1）创建合成。选择"合成"→"新建合成"命令；或在"项目"面板空白处单击鼠标右键选择"新建合成"命令；或按 Ctrl+N 组合键，快速完成新建合成。

（2）合成设置。"图像合成设置"对话框如图 5-19 所示。

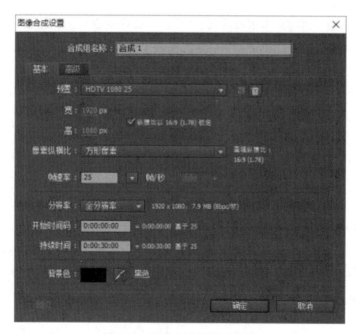

图 5-19　图像合成设置对话框

其中的基本参数如下：

- 合成名称：设置一个合成的名称，有缺省值。
- 预设：选择预设后的合成参数，快速地进行合成设置。
- 像素长宽比：设置像素的长宽比例，在下拉列表中可以看到预设的像素长宽比。
- 帧速率：设置合成图像的帧速率。
- 分辨率：对视频效果的分辨率进行设置，可通过降低视频的分辨率来提高渲染速度。
- 开始时间码：设置项目起始的时间，默认从 0 帧开始。
- 背景颜色：设置合成窗口的背景颜色，可通过选择吸管工具进行背景颜色的调整。

（3）合成嵌套。合成嵌套是一个合成包含在另一个合成中。当对多个图层使用相同特效或对合成的图层分组时，可以使用合成嵌套。合成嵌套也称为预合成，是将合成后的图层包含在新的合成中，这会把原始的合成图层替换掉。而新的合成嵌套又成为原始的单个图层源。

4. 图层的基本操作

After Effects 的操作绝大部分是基于图层的操作，图层是 After Effects 的基础。所有的素材在编辑时都是以图层的方式显示在时间线面板中的。画面的叠加是层与层之间的叠加，效果也是施加在图层上的。在合成中可创建各类图层，也可直接导入不同素材作为素材层。

（1）图层的类型，包括素材图层、文本、纯色（固态层）、照明、摄像机、空白对象、形状图层、调整图层、Adobe Photoshop 文件等。

① 素材图层：素材包括视频、音频和各种图片。素材导入项目面板后，可以通过拖曳的方式导入合成图像的时间线中，或直接拖曳到合成预览窗口中，不同的素材可以通过标签的颜色进行区分。

② 文本图层：选择工具栏中的文字工具，在合成预览窗口中点击，添加文字，在合成图像时间线上就会自动新建一个文字图层。

③ 纯色图层：通常是为了在合成图像中添加背景、建立文本或利用蒙版和图层属性建立图形等。纯色层建立后，可以对其进行普通层的所有操作。

④ 照明：用于模拟不同类型的真实灯光源，以及模拟出真实的阴影效果。

⑤ 摄像机：摄像机图层有固定视角的作用，并可制作摄像机的动画，在项目制作时，可通过摄像机来创造一些空间场景或者浏览合成空间。

⑥ 空白对象：起辅助动画制作的作用，不会在渲染中出现。其作用主要是将对应的图层和空物体层建立父子关系，由空物体层的属性变化控制对应图层的运动。

⑦ 形状图层：用于创建各种形状图形。在创建形状图层时，可使用钢笔、椭圆、多边形等工具，在合成窗口绘制形状。

⑧ 调整图层：调整图层在通常情况下不可见，After Effects 中对图层应用特殊效果，则该图层就产生一个效果控制。可以建立一个调节层，为其下方的层应用相同的效果，而不在下方层中产生效果控制，效果控制将依靠调节层来进行。

⑨ Adobe Photoshop 文件：创建 Adobe Photoshop 文件图层。

（2）图层的基本操作，包括创建、选择、设置入出点、复制、拆分、自动排序等。

① 创建图层。图层是构成合成的元素。如果没有图层，合成就是一个空的帧。选择合成后，选择菜单"图层"→"新建"命令进行创建图层。

② 选择图层。操作图层时，首先要选定目标图层。After Effects 支持使用鼠标对图层进行单个或多个的选择。

③ 设置图层入点、出点。入点是指图层有效区域的开始点，出点是指图层有效区域的结束点。持续时间是入点和出点之间的跨度。

图像素材、内部创建的素材可以随意改变入点和出点，动态素材只能在源素材的持续时间范围内改变入点和出点。

④ 重命名图层。在"时间线"面板选中要修改名称的图层，然后按下 Enter 键，再输入新名称即可。

⑤ 删除图层。在"时间线"面板中选择要删除的图层，按 Delete 键，或执行"编辑"→"清除"命令。

如果只是删除图层持续时间的一部分，则在"时间线"面板中设置工作区域以及包括要删除的图层持续时间部分。将当前时间指示器移动到工作区域要开始的时间，然后按 B 键；将当前时间指示器移动到工作区域要结束的时间，然后按 N 键，这样工作区域便设置完成。

⑥ 复制图层。在"时间线"面板选择要复制的图层，最快捷的方式是按 Ctrl+D 组合键来完成。在复制图层时，可复制其所有属性，包括效果、关键帧、表达式和蒙版。也可以通过菜单"编辑"→"复制"命令和"粘贴"命令完成复制图层。

⑦ 拆分图层。在 After Effects 中，有时需要将一段素材拆分为两段，分别对应不同的效果，这时需要拆分图层。拆分图层也是复制并修剪图层的一个替代方法。

拆分图层最快捷的方式是按 Ctrl+Shift+D 组合键，可以将"时间线"面板上选中的素材在当前时间指示器处截为两段，并放在不同的图层中；也可以使用"编辑"→"拆分图层"命令。

拆分图层时，生成的两个图层包含原始图层中它们的原始位置处的所有关键帧。拆分图层后，原始图层的持续时间将在拆分点结束，并且新图层将从该时间点开始。

如果在选择"编辑"→"拆分图层"命令时没有选择任何图层，则将在当前时间拆分所有图层。

⑧ 替换图层。在"时间线"面板中选择要替换的图层，按住 Alt 键，在项目面板中选择另一个素材到要替换的图层的位置即可。

⑨ 图层混合模式。图层混合模式的工作原理是利用色彩之间的各种算法，如加色、减色、相乘合成模式等，使图像产生各种色彩混合效果。

（3）图层的属性。除了音频外，其余各类型图层都有 5 个基本变换属性：位置、缩放、旋转、定位点、不透明度。

① 定位点（锚点）属性。定位点即图层的中心点，调整图层的位置、缩放和旋转等都是在定位点的基础上来操作的。不同位置的定位点通过调整图层的位置、缩放和旋转来达到不同的视觉效果。

② 位置属性。位置属性是控制素材在画面中的位置，主要用来进行位移动画的图层制作。可以通过数字和手动方式对图层的位置进行设置，也可以通过移动路径上的关键帧来改变图层的位置。

③ 缩放属性。缩放属性用来控制图层的大小。默认的缩放图层是等比例缩放，也可选择非等比例缩放图层，可单击"锁定缩放"按钮将其锁定解除，即对图层的宽高分别进行调节；若将缩放属性设置为负值，则会翻转图层。

④ 旋转属性。旋转属性用于控制图层在合成画面中的旋转角度，旋转属性的设置主要由圈数和度数参数组成。After Effects 以对象定位点为基准，进行旋转设置。可以进行任意角度的旋转，当超过 360 度时，系统以旋转一圈来标记已旋转的角度，如旋转 760 度为 2 圈 40 度，反向旋转表示负的角度。

⑤ 不透明度。不透明度属性主要用来对素材图像进行不透明的效果设置，其参数设置是以百分比的形式表示，当数值达到 100% 时，即图像完全不透明，遮住其下图像；而当数值为零时，即图像完全透明，下面图像全部显示。

图层属性操作的快捷键有：快捷键 A——展开定位点属性；快捷键 P——展开位置属性；快捷键 S——展开缩放属性；快捷键 R——展开旋转属性；快捷键 T——展开透明度属性。

【例 5-5】图层属性的使用。

① 新建一个项目，新建合成图像，宽度为 1050，高度为 576。

② 制作绿色背景。使用菜单"图层"→"新建"→"纯色"命令，新建纯色图层，在"纯色设置"对话框中设置"颜色"为#19412b，如图 5-20 所示。

③ 制作直线。选择绿色背景层，按 Ctrl+D 组合键复制一个副本，并重命名为线条，颜色改为黑色。展开线条层上的变换属性，选择"缩放"属性，并取消约束比例，调整垂直方向的值为 1，变成一根直线。如图 5-21 所示。

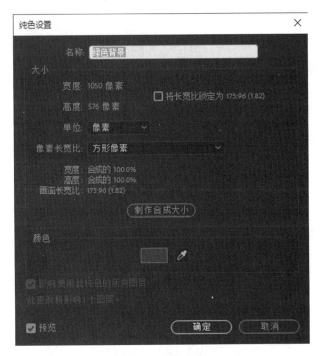

图 5-20　绿色背景

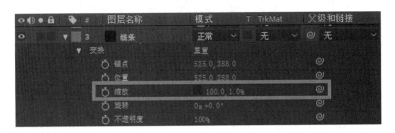

图 5-21　设置缩放属性

④ 输入文字。选择工具栏上的 "文本工具"，输入文字 "WWW. WHU. EDU. CN"，并设置字体、文字大小、颜色等。

⑤ 制作文字倒影。复制文字层，改名为 "倒影"。

按 S 键，展开 "缩放" 属性，取消约束比例，调整垂直方向的值为−100，文字进行了翻转。

按 T 键，展开 "透明度" 属性，降低透明度。完成设置。如图 5-22 所示。

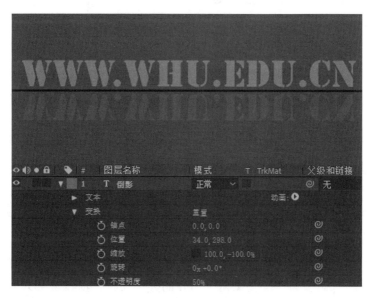

图 5-22 设置缩放属性、透明度属性

5. 关键帧的基本操作

关键帧的基本操作包括添加关键帧、选择关键帧、移动、复制关键帧、删除关键帧等。

（1）添加关键帧。在"时间线"面板中，点击图层左侧的小三角，展开图层属性，包括图层的定位点、位置、缩放、旋转、透明度。这些名称前面有一个小秒表图标 ，即关键帧开关，它是关键帧的控制器（记录器）。移动当前时间指示器到合适的位置，单击 ，就添加了关键帧。从而激活了关键帧记录。从这时开始，无论是在"时间线"面板中修改该属性值，还是在"合成"窗口中修改图像对象，都会被记录下关键帧。被记录下的关键帧在时间线上会出现一个 图标。

（2）选择关键帧。在"时间线"面板中，用鼠标单击要选择的关键帧；或者在图层窗口中，用"选择工具"单击运动路径上的关键帧图标。

如果要选择多个关键帧，再按住 Shift 键即可。

（3）编辑关键帧。任何时候都可以对关键帧进行编辑修改。鼠标双击要修改的关键帧，在弹出的"属性设置"对话框中修改；或者，移动当前时间指示器到要编辑的关键帧处，在合成图像或图层窗口中进行操作。

（4）复制关键帧。选中需要复制的关键帧，选择"编辑"→"复制"命令，将当前时间指示器移动到被复制的时间位置，选择"编辑"→"粘贴"命令。

（5）删除关键帧。选中要删除的帧，按 Delete 键删除即可。

（6）关键帧显示方式。在"时间线"面板上，展开右上角三角图标，可以选择将关键帧以数字的形式展示。

（7）调整动画速度。按住 Alt 键，同时拖动最后一个关键帧，可以改变动画的速度。

【例 5-6】认识关键帧动画。

在制作视频特效时，经常需要设置关键帧动画。通过设置图层或效果中的参数关键帧，能够制作出流畅的动画效果。关键帧是记录图层属性关键变化的帧，两个及其以上的关键帧就可以产生动画。关键帧动画可以是独立的，也可以是相互作用的，可以将属性的变化设置成动画，也可以将效果的变化设置为动画。关键帧动画在路径动画和文字动画上都得到了极大的应用，在 After Effects 中起着举足轻重的作用。

① 新建项目"樱花转盘.aep"，选择"文件"→"导入"命令，选择第 3 章例 3-13 中制作的樱花转盘.psd 文件。注意要导入 psd 的分层文件，所以在导入对话框的"导入种类"中选择"合成-保持图层大小"。完成后，在"项目"面板中新建了一个"樱花转盘"的合成。双击该合成，进入合成编辑。

② 添加关键帧使"扫光"区域旋转。展开"扫光"图层的"旋转"属性，将当前时间指示器移动到最左边，激活"旋转"属性的关键帧开关，在属性前添加了一个关键帧标志。将当前时间指示器移动第 15s 的位置，设置旋转属性值为 3x +0.0°，旋转 3 圈。"时间线"面板设置如图 5-23 所示。

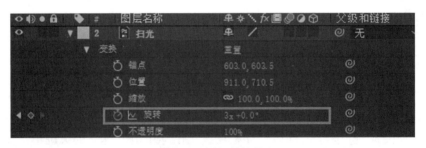

图 5-23 添加关键帧

如果想使关键帧精确的移动到某个时间点，可以先移动当前时间指示器到某个时间点，拖动关键帧的同时按住 Shift 键，关键帧自然被吸到当前时间指示器上。

③ 用同样的方法来添加关键帧，使"断片"区域旋转。需要注意的是，在设置"旋转"属性前，需要先使用工具栏中的"锚点工具"，将其锚点移动到转盘的中心位置。

④ 同上，给几个圆环和樱花花瓣等其他图层都设置旋转关键帧。

⑤ 为"断片"图层添加辉光效果。打开菜单"效果"→"风格化"→"发光"命令，添加一个发光效果，设置参数如图 5-24 所示。

图 5-24　发光效果参数

⑥ 新建合成"樱花 3D"，将"樱花转盘"合成拖到"樱花 3D"合成中。选择"樱花转盘"图层，点击"3D 图层"，允许在 3 维中操作此图层。展开"变换"，设置旋转至水平位置，效果如图 5-25 所示。

图 5-25　樱花转盘效果

⑦ 预览动画。拖动当前时间指示器在不同关键帧之间滑动，将看到关键帧动画建立的过程。移动关键帧，可以改变播放的快慢。

6. 蒙版的基本操作

（1）蒙版类型。蒙版按照绘制形式可以分为三种类型：矩形（正方形）蒙版、椭圆（圆形）蒙版和 Bezier（贝赛尔）曲线蒙版。其中，矩形蒙版是渲染速度最快的；Bezier 曲线蒙版是最灵活，可以利用钢笔工具绘制任何形状的 Bezier 曲线蒙版。

（2）创建蒙版。蒙版可以在合成窗口或图层窗口中创建和调整。After Effects 提供了多种创建蒙版的方式。其中，利用工具栏中的工具创建蒙版是最常用的方法。

按快捷键 M，可以在时间线面板中看到创建的蒙版。蒙版创建后，可以作为一个整体来进行缩放或旋转，也可以使用工具栏中的工具修改蒙版。

【例 5-7】遮罩文字动画。

① 新建一个项目，新建合成图像。新建纯色图层，颜色为黑色。

② 选择"横排文字工具"，输入文字"武汉大学"。

③ 单击文字图层，然后用矩形工具绘制一个矩形，如图 5-26 所示。

④ 绘制的矩形作为蒙版。对蒙版设置动画。展开蒙版，可见蒙版有 4 个属性：蒙版路径、蒙版羽化、蒙版不透明度和蒙版扩展。每个属性前都有关键帧开关，可以设置动画，如图 5-27 所示。

图 5-26　设置蒙版　　　　　　　　　　图 5-27　蒙版属性

单击"蒙版路径"前的关键帧开关，在"时间线"面板第 0 秒处添加关键帧，并且将矩形蒙版移出文字左外。

⑤ 将当前时间指示器移到 2s 的位置，将矩形蒙版向右移动，显示出所有文字。在第 2 秒处添加了一个关键帧。

⑥ 设置羽化效果。修改蒙版的羽化值，将值加大，使得看起来柔和。这样，简单的

遮罩文字动画制作完成。

7. 特效的基本操作

After Effects 提供了大量的效果功能。After Effects 内置效果包括了 3D 通道效果、音频效果、模糊和锐化效果、颜色校正效果、扭曲效果、表达式控制效果、生成效果、抠像效果、蒙版效果、噪点与颗粒效果、透视效果、仿真效果、风格化效果、文字效果、时间效果、转场效果等。此外，还可以使用第三方开发的为数众多及功能强大的特效插件。使用这些效果的基本操作包括添加效果、编辑效果、删除效果等。

（1）添加效果。添加效果的方法主要有两种：一是执行"效果"菜单中的命令来实现添加效果；二是通过"效果与预设"面板进行添加。

添加时，首先在"时间线"面板中选中需要添加特效的图层，在"效果与预设"面板的效果区域双击鼠标左键，则在"效果控件"面板上出现该效果的属性；或者可以直接拖动效果至合成窗口素材所在区域。

可以在同一个层上添加多个效果。在为图层添加效果后，其效果会显示在合成窗口中。

（2）关闭和删除效果。在"效果控件"面板中单击需要关闭效果前的"fx"，或在"时间线"面板中单击需要关闭效果前的"fx"，即可关闭该特效。关闭的效果将不再在合成窗口中显示，也不会在预览和渲染时出现。

要删除效果，应首先选择该效果，然后按 Delete 键即可。

（3）参数的更改。可以通过两种方式来进行特性属性及参数的设置：一是使用"效果控件"面板；二是可以通过在"时间线"面板中展开相应层中的特殊标签进行设置。

（4）效果顺序。渲染时，效果渲染的先后顺序是按照效果控件面板中的顺序决定的。如果需要更改其渲染顺序，可以在"效果控件"面板中将"效果"标签拖动至前或至后。

【例 5-8】文本特效的应用。

After Effects 有很强的文字创建功能，并能为文字添加动画特效，从而制作出创意文字效果。After Effects 中的文字特效主要通过特效插件、时间线中的路径文字和文字动画属性进行制作，视频中常见的效果有三维文字、阴影文字、金属文字、扫光文字、碎片文字、发光文字和路径文字等。

After Effects 文字特效常用的内置插件包括辉光、CC 放射状快速模糊、斜面 Alpha、阴影、碎片以及渐变等。辉光能使文字周围产生光效；CC 放射状快速模糊能使文字产生放射状光效；斜面 Alpha 和阴影能使文字产生三维效果；碎片能使文字产生破碎效果。

文字动画属性是专门针对文字对象设置的。利用文字动画属性，可以对文字的位置、大小、旋转、颜色、透明度、字符间距、行间距、模糊及其变化等进行设置。

路径文字可将文字按指定路径进行排列。下面来创建一个路径文本。

① 新建项目和合成。然后导入一个路径图片作为背景。

② 选择文字工具，输入文字"M&VR"。

③ 选择文本图层，选择钢笔工具，在合成窗口沿着路径背景图片绘制一条路径。

④ 选择"效果"→"生成"→"描边"命令，添加效果。在"效果控件"面板中设置"路径"选择"蒙版 1"，颜色设置为红色。

⑤ 展开文本图层的"路径选项"，在"路径"中选择"蒙版 1"，使文字自动拟合路径。

⑥ 打开"首字边距"前的时间变化关键帧开关，对首字边距设置关键帧，0 秒在左侧画框外，5 秒在右侧画框外，如图 5-28 所示。路径文字制作完成。

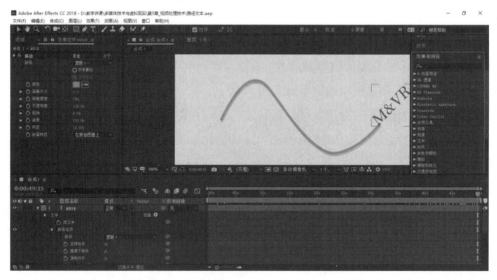

图 5-28　效果控件面板和设置关键帧

本 章 小 结

视频是一种重要的感觉媒体，是多媒体中一个非常重要的媒体元素。本章介绍了模拟视频、数字视频的基本概念，数字视频技术和视频国际标准，介绍了视频的获取和编辑的基本概念和常用的视频制作软件。

Premiere 是 Adobe 公司推出的数字视频非线性编辑软件。本章介绍了 Premiere 的基本功能，使用 Premiere Pro CC 进行视频剪辑的基本方法，以及添加视音频效果、字幕的基本操作。

After Effects 是 Adobe 公司开发的一款数字视频合成软件。After Effects 功能强大。本章简单介绍了 After Effects 的常用术语和基本功能，以及使用 After Effects 的基本操作。

习　　题

一、单选题

1. PAL 制式的播放速度为每秒（　　）帧。

    A. 30　　　　　　　B. 25　　　　　　　C. 24　　　　　　　D. 12

2. 中国大陆采用的彩色电视制式是（　　）。

    A. NTSC 制式　　　B. PAL 制式　　　C. SECAM 制式　　D. DK 制式

3. 下面不是数字视频优点的是（　　）。

    A. 数字视频的逼真度最高　　　　　B. 数字视频可以不失真的进行无数次复制

    C. 对数字视频可以进行非线性编辑　D. 数字视频可以长时间存储

4. 模拟视频用连续的信号方式的作用不包括（　　）。

    A. 存储视频信息　B. 处理视频信息　C. 传输视频信息　D. 查看视频信息

5. 以下（　　）不是常用的视频文件格式。

    A. RMVB　　　　　B. AVI　　　　　　C. MPEG　　　　　D. PNG

6. 下列（　　）是典型的帧速率。

    A. 3 帧/秒　　　　B. 30 帧/秒　　　　C. 50 帧/秒　　　　D. 100 帧/秒

7. 视频编辑中，最小单位是（　　）。

    A. 秒　　　　　　　B. 字节　　　　　　C. 帧　　　　　　　D. 像素

8. 对于 PAL 制式的电视系统，帧尺寸同为 720×576 的图像而言，无论是 4∶3 还是 16∶9，画面的像素数都是（　　）。

    A. 720×1280　　　B. 1080×1920　　　C. 1080×2220　　　D. 720×576

9. 以下（　　）选项不是动态图像压缩编码的国际标准。

    A. MPEG-9　　　　B. MEPG-1　　　　C. H. 261　　　　　D. H. 264

10. MPEG-2 标准下的视频文件常见的文件扩展名是（　　）。

    A. mp3　　　　　　B. mp4　　　　　　C. avi　　　　　　　D. flv

11. 用来表现被摄主体与环境之间的关系和引导观众将被摄主体放置在一定的参照环境中进行观察常用（　　）镜头表示。

    A. 推镜头　　　　　B. 拉镜头　　　　　C. 摇镜头　　　　　D. 移镜头

12. 时间码格式为（　　）。

    A. 小时∶分钟∶秒∶毫秒　　　　　B. 毫秒∶秒∶分钟∶小时

    C. 小时∶分钟∶秒∶帧　　　　　　D. 小时∶分钟∶帧∶秒

13. 以下（　　）不是视频编辑软件。

    A. 会声会影　　　B. EDIUS　　　C. Movie Maker　　D. Adobe Audition

14. 以下（　　）不是视频文件的后缀。

    A. m4v　　　　　B. flv　　　　　C. m4a　　　　　D. avi

15. 以下（　　）是视频处理工具的功能。

    A. 播放视频　　　B. 剪接　　　　C. 编辑　　　　D. 以上都是

16. 下列（　　）不是 Adobe Premiere 的功能。

    A. 音频、视频同步　　　　　　　B. 格式转换

    C. 图像处理　　　　　　　　　　D. 视频、音频剪辑

17. Adobe Premiere 中，若想要导出视频文件后缀为 mp4 的文件，应选择以下（　　）格式。

    A. AVI　　　　　　　　　　　　B. JPEG

    C. H. 264（蓝光）　　　　　　　D. H. 264

18. 使图像符合 3D 场景的阶段是（　　）。

    A. 线性编辑　　　B. 非线性编辑　　C. 渲染　　　　D. 转场

19. 一段视频剪辑的持续时间为 00∶02∶10∶15，若时基设定的是 30 帧，则它的播放时间为（　　）。

    A. 2hour10min15s　　　　　　　B. 2hour10min10. 15s

    C. 2min10. 5s　　　　　　　　　D. 2min25s

20. Adobe Premiere 中提供以下（　　）切换效果是位于"视频切换效果"下"叠化"组内的转场。

    A. 叠化　　　　　B. 白场过渡　　　C. 随机反转　　　D. 抖动叠化

21. Adobe After Effects 中，展开缩放属性的快捷键是（　　）。

    A. 快捷键 P　　　B. 快捷键 S　　　C. 快捷键 R　　　D. 快捷键 T

22. 在 After Effects 中，引入序列静态图片时，正确的操作是（　　）。

    A. 直接双击序列图像的第一个文件即可引入

    B. 选择序列文件的第一个文件后，需要勾选序列选项，然后单击打开按钮

    C. 需要选择全部序列图像的名称

    D. 使用"导入"→"合成"命令

二、填空题

1. 如果要拍摄远景、全景画面，摄影应采用_____焦距的镜头。

2. 按照视频的存储与处理方式的不同，视频分为_____和_____。

3. 由国际标准化组织和国际电信联盟正式公布的视频压缩编码标准中，有_____标准系列和_____标准系列。

4. 某视频的尺寸为 720×576，其单位是_____。

5. 任何非线性编辑的工作流程，都可以简单地看成_____、_____、_____ 3 个步骤。

6. Adobe Premiere 中，_____工具用于选中当前插入点右侧的所有素材。

7. Adobe Premiere 中，剃刀工具用于_____素材，以便对某一段素材添加效果。

8. Adobe Premiere 时间线面板的功能是_____。

9. 常用视频文件格式，可分为普通视频文件和_____文件。

10. PSD 文件导入 After Effects 时，直接导入为_____，可以保持各个图层信息并可以对单个图层设置效果。

11. After Effects 中，调整层与普通层的区别是_____。

三、简答题

1. 简述模拟视频和数字视频的区别。

2. 一段视频，按每秒播放 25 帧的速度，播放 3 分钟。其中每一帧是 640×480 分辨率的真彩色图像。在数据不压缩的情况下，这段视频需要多少存储空间？

3. 简述时间码的概念。

4. 简述非线性编辑系统的特点。

5. 请简要列出三种在 Premiere Pro CC 项目中导入素材的方法。

6. 简述 Premiere Pro CC 项目面板的作用。

7. 什么叫视频转场，它有什么作用？

8. 简述在 Premiere Pro CC 中添加字幕的两种方法。

9. 简述 Adobe Premiere 与 Adobe After Effects 软件侧重点有什么不同。

10. 简述 Adobe Photoshop 与 Adobe After Effects 软件的联系与区别。

四、操作题

1. 使用 Adobe Premiere 制作电子相册。要求包括图片、音乐、字幕等素材，并添加各种效果。

2. 使用 Adobe Premiere 制作"美丽校园"的视频。要求包括视频、图片、音乐、字幕等素材，添加镜头眩光等特效，以及转场效果，并输出影片。

3. 使用 Adobe Premiere 制作手机竖屏短视频。

4. 使用 Adobe Premiere 编辑全景视频。

5. 用 Vlog 记录你的学习和生活，并使用 Adobe Premiere 对视频进行剪辑。

6. 利用 Adobe After Effects 的图层属性，制作动画。

7. 使用 Adobe Premiere 和 Adobe After Effects，制作影片的片头和片尾。

五、思考题

1. 视频与动画的联系与区别。

2. 手机拍摄的视频的分辨率的大小是否影响视频的尺寸大小？

3. 什么是图像防抖动技术？图像防抖动的解决途径有哪些？

4. 智能视频技术的应用和发展方向。

5. 如何制作 VR 视频？

第6章
三维建模和动画制作

本 章 导 学

☞ **学习内容**

三维建模和三维动画是近年来随着计算机技术发展而产生的一门新兴技术，涌现出许多功能强大的软件。本章以 3ds Max 为平台，介绍三维建模和动画的基本概念，以及使用 3ds Max 进行建模和制作三维动画的基本操作。

☞ **学习目标**

(1) 掌握三维建模的基本概念。
(2) 掌握使用 3ds Max 创建三维模型的基本方法和基本操作。
(3) 掌握使用 3ds Max 材质和贴图的基本概念和基本方法。
(4) 掌握 3ds Max 灯光的基本概念和基本方法。
(5) 了解 3ds Max 摄影机的基本概念和基本方法。
(6) 掌握使用 3ds Max 创建三维动画的基本方法和基本操作。

☞ **学习要求**

(1) 掌握三维建模的基本概念。
(2) 了解三维建模的主要技术和方法。
(3) 掌握 3ds Max 的基本概念和基本操作。
(4) 能够使用 3ds Max 的标准基本体和扩展基本体创建模型。
(5) 能够使用 3ds Max 的布尔运算创建模型。

（6）能够使用 3ds Max 将二维图形转换为三维模型。

（7）能够使用 3ds Max 的材质和贴图功能对三维对象进行操作。

（8）能够使用 3ds Max 灯光功能为模型加上光影效果。

（9）能够使用 3ds Max 制作关键点动画。

6.1　三　维　建　模

6.1.1　三维模型

随着计算机技术和信息技术的不断发展进步，三维建模技术发展迅速，人们对图像的要求也越来越高，不再满足于以往平面所显现的图像，在三维空间上表现人和物是发展趋势。三维模型表现力强，能够表现一些结构复杂的物体，以及人们一般看不到的物体的内部结构，这样不仅能够为用户提供身临其境的感受，还提高了人和物等各种形态的逼真性。

任何物体都可以用三维模型表示。三维模型是物体的多边形表示，通常用计算机或者其他视频设备进行显示。显示的对象可以是现实世界的实体，也可以是虚构的物体。

三维模型应用广泛，可应用于媒体、影视娱乐、广告、建筑行业、机械制造及工业设计、医疗卫生、军事、教育培训、生物化学工程等多个领域。

6.1.2　三维建模技术

三维建模是许多研究与应用领域的关键技术。创建物体的三维模型主要有三种手段：利用三维软件建模、通过仪器设备测量建模和利用图像或者视频建模。

1. 三维软件建模

传统的三维建模主要使用基于几何造型的建模方法。通过使用几何造型软件，创建出物体的三维模型。

几何建模技术的研究对象是对物体几何信息的表示与处理，它能将物体的形状存储在计算机内，形成该物体的三维几何模型，并能为各种具体对象应用提供信息，如能随时在任意方向显示物体形状、计算体积、面积、重心、惯性矩等。

目前，在市场上有许多功能强大的三维建模和动画制作软件，如 Autodesk 公司的 AutoCAD、3ds Max、Maya、Softimage，Robert McNeel & Assoc 公司的 Rhino，NewTek 公司的 LightWave 3D，以及开源的跨平台全能三维动画制作软件 Blender 等。表 6-1 列出了一些常用三维建模软件的信息。

表 6-1   常用三维建模软件

软件名称	特 点
Rhino（犀牛）	美国 Robert McNeel & Assoc 公司推出的超强三维建模软件。Rhino 是基于 NURBS 建模的三维建模软件。
3D Studio Max（3ds Max）	Autodesk 公司开发的三维建模和动画渲染制作软件。提供了多边形工具组件和 UV 坐标贴图的调节功能；丰富的建模工具使得建模可以有多种选择。
Maya	Autodesk 公司出品的世界顶级的三维动画软件。具有复杂和强大的材质模型、动画功能支持；自定义设置功能；实时反馈能力优秀；应用程序开发界面 API 支持等。
Softimage XSI	Autodesk 公司面向高端三维影视市场推出的旗舰产品。以其独一无二真正的非线性动画编辑，为众多从事三维电脑艺术人员所喜爱。
Lightwave3D	NewTek 公司开发的一款功能强大的三维动画制作软件，是一款重量级的、易学易用的三维动画软件。
Pro/E	美国 PTC 公司研制的一套由设计至生产的机械自动化软件，作为当今世界机械 CAD/CAE/CAM 领域的新标准而得到业界的认可和推广，属于工程设计类三维软件。
Solidworks	法国达索公司推出的世界上第一个基于 Windows 开发的三维 CAD 系统。是领先的、主流的三维 CAD 解决方案。
Google Sketchup（草图大师）	是一个极受欢迎并且易于使用的 3D 设计软件，官方网站将它比喻作电子设计中的"铅笔"。它的主要卖点就是使用简便，人人都可以快速上手。
UG（Unigraphics NX）	最早应用于美国麦道飞机公司，为用户的产品设计及加工过程提供了数字化造型和验证手段。目前已经成为模具行业三维设计的主流应用之一。
Blender	是一款开源、跨平台的三维动画制作软件，提供从建模、动画、材质、渲染到音频处理、视频剪辑等一系列动画短片制作解决方案。
Poser	Metacreations 公司推出的一款三维动物、人体造型和三维人体动画制作的软件。是一款专业级 3D 角色设计与动画工具。
ZBrush	是一个数字雕刻和绘画软件，它以强大的功能和直观的工作流程彻底改变了整个三维设计制作行业，为当代数字艺术家提供了世界上最先进的工具。它以实用的思路开发出的功能组合，激发艺术家创作力。

表 6-1 中所列这些软件工具的共同点是利用一些基本的几何元素通过一系列几何操作，如平移、旋转、拉伸以及布尔运算等来构建复杂的几何场景。

如图 6-1 所示为使用 3ds Max 软件构建的武汉大学宋卿体育馆模型。

图 6-1　武汉大学宋卿体育馆模型

如图 6-2 所示为使用 Solidworks 软件构建的武汉大学老图书馆模型。

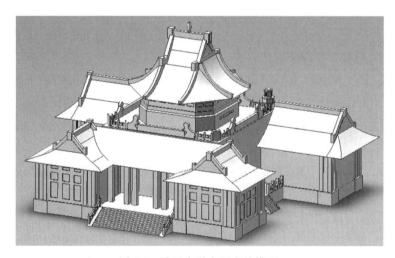

图 6-2　武汉大学老图书馆模型

如图 6-3 所示为使用草图大师构建、渲染的武汉大学卓尔体育馆模型。

2. 利用仪器设备建模

三维扫描仪又称为三维数字化仪，是当前使用的对实际物体三维建模的重要工具之一。它能快速方便地将真实世界的立体彩色信息转换为计算机能直接处理的数字信号，为

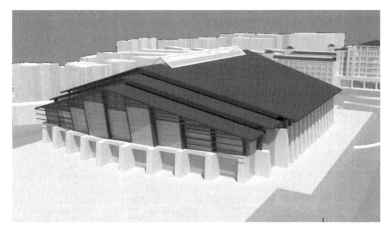

图 6-3　武汉大学卓尔体育馆模型

实物数字化提供了有效的手段。

三维扫描仪与传统的平面扫描仪、摄影机、图形采集卡不同之处在于：

（1）三维扫描仪扫描对象是立体的实物，而不是平面图案。

（2）通过三维扫描仪扫描，可以获得物体表面每个采样点的三维空间坐标，彩色扫描还可以获得每个采样点的色彩。某些扫描设备甚至可以获得物体内部的结构数据。而摄影机只能拍摄物体的某一个侧面，且会丢失大量的深度信息。

（3）三维扫描仪输出的是包含物体表面每个采样点的三维空间坐标和色彩的数字模型文件，可以直接用于 CAD 或三维动画。彩色扫描仪还可以输出物体表面色彩纹理贴图。

3. 基于图像或视频建模

传统的三维建模工具虽然日益改进，但构建稍显复杂的三维模型依旧是一件非常耗时费力的工作，而人们要构建的很多三维模型都能在现实世界中找到或加以塑造，因此三维扫描技术和基于图像建模技术就成了一个理想的建模方式。但三维扫描技术一般只能获取景物的几何信息，而基于图像建模技术为生成具有照片级真实感的合成图像提供了一种自然的方式，因此它迅速成为计算机图形学领域中的研究热点。

通常所说的基于图像建模是指利用图像来恢复出物体的几何模型，这里的图像包括真实照片、绘制图像、视频图像以及深度图像等。而广义的基于图像建模技术还包括从图像中恢复出物体的视觉外观、光照条件以及运动学特性等多种属性，其中的视觉外观包括表面纹理和反射属性等决定模型视觉效果的因素。

近几年来，基于图像的建模方法获得了迅猛发展并取得了显著的成果。利用深度图像进行建模的研究十分活跃，尤其是在室内场景、人体（动作）、特定物体集合的重建研究中取得了较大的进展。目前，单幅结构场景图像的三维建模是计算机视觉与人工智能以及虚拟现实等领域的热点问题。

基于图像建模技术相对于传统的建模方法，具有简单、快速、真实感强等特点，在实际中获得了广泛的应用。特别是随着计算机图形学、虚拟现实等领域对复杂真实感模型需求的增加，基于图像建模技术将得到更大的发展和应用。

4. 三维建模方法

目前三维建模的方法很多，其中主要有 Mesh 网格建模、多边形建模、NURBS 曲面建模和 Patch 面片建模等。

（1）Mesh 网格建模。Mesh 网格建模是历史最悠久的建模方法，其模型由被称为"面"的许多相互连接的小三角形组成，每个"面"有不同的尺寸和方向，通过排列这些面，可以用简单的模型结构建立出复杂的三维模型。Mesh 网格模型还易于进行动画编辑，通过改变面的尺寸和方向，便可以制成弯曲、扭转、变形等简单的动画或复杂的动画等。

（2）多边形建模（Polygon 建模）。多边形建模是目前三维软件流行的建模方法之一。可编辑的多边形对象包含顶点、边、边界、多边形和元素 5 个次级结构编辑层级，其编辑方法与可编辑网格对象相似。多边形建模首先使对象转化为可编辑的多边形对象，然后通过对该多边形对象的顶点、边、多边形等各种子对象进行编辑和修改来实现建模过程。多边形建模是动画、游戏制作领域最为常用的建模方式，通过使用足够的细节，可以创建任何表面。

（3）NURBS 建模。NURBS（Non-Uniform Rational B-Splines）是"非统一均分有理性B 样条"的意思。NURBS 建模是由曲线组成曲面，再由曲面组成立体模型，曲线有控制点可以控制曲线曲率、方向、长短等。NURBS 建模是目前流行的建模方法之一。

凡是可以想象出来的东西都可以使用 NURBS 方法为其建模，NURBS 方法的优势是既具有多边形建模方式的灵活性，又不依赖于复杂的网格来细化表面。建模时可以使用曲线来定义表面，这些表面在视图中看起来细节较少，但在渲染时却有更高的精度。许多动画设计师使用 NURBS 方法创建角色模型，就是因为 NURBS 建模可以提供光滑的更接近有机角色形态的表面，并使网格结构保持相对较低的细节，因此与其他建模方法相比，使用NURBS 建模可以提高效率。

6.2 基于 3ds Max 的三维建模

6.2.1 3ds Max 概述

3D Studio Max（简称 3ds Max），是美国 Autodesk 公司开发的三维物体建模和动画制作软件，具有强大、完美的三维建模功能，是当今世界上最流行的三维建模、动画制作及渲染软件之一，集三维建模、材质制作、灯光设定、摄影机使用、动画设置及渲染输出于一身，被广泛用于三维动画、影视制作、建筑设计、游戏开发、虚拟现实等领域。借助 3ds Max 三维建模和渲染软件，可以创造宏伟的动画世界，布置精彩绝伦的场景以实现设计可视化，并打造身临其境的虚拟现实体验。

1. 3ds Max 软件的特点

（1）面向对象的创作平台提供了友好的操作界面和直观简便的操作方式，使人们可以容易地创作出专业级的三维图形和动画。

（2）具有无比强大的建模功能，提供了丰富的建模工具，包括基本建模和高级建模工具。前者用于构造长方体、圆球、圆柱和多边形等，后者用于制作山、水，以及不规则形体，如人体和动植物等。三维物体可以进行扭转、弯曲、缩放等变形操作，从而构建出更多、更复杂的三维物体。

（3）具有材质和贴图编辑器，可对整个对象或部分对象进行颜色、明暗、反射、透明度等编辑处理。

（4）具有丰富多彩的动画技巧，可以通过设置对象、摄影机、光源和路径等制作动画。

（5）具有多种特殊效果处理技术，例如淡入、淡出、模糊、光晕、云、雾和雨等，利用这些特殊效果处理，可以产生变幻莫测的神奇动画效果。

2. 3ds Max 的获取和安装

3ds Max 软件可以在 Autodesk 官网 https：//www. autodesk. com. cn/上获取免费试用版。对于学生和教师，免费教育许可可供合格教育机构在履行教学职能过程中用于学习、教学、培训、研究和开发用途。下载前，需要创建账户，选择要下载的软件的名称和版本信息、操作系统和语言后，开始下载。下载完成后，按照提示进行安装即可。

安装完成后，打开 Windows 的开始菜单，找到"3ds Max"字样，启动 3ds Max，出现欢迎界面。后期使用时，可以关闭"欢迎屏幕"。

3. 3ds Max 的主要工作流程

3ds Max 的主要工作流程包括建模、赋予材质、设置摄影机与灯光、创建场景动画、制作环境特效以及渲染出图等部分，根据需求的不同，在流程上可能会有删减，但是制作的顺序大致相同。

（1）建模，即创建模型，不论进行什么工作，总会有一个操作对象存在，创建操作对象的工序就是创建模型。3ds Max 软件中提供了许多常用的基础模型以供选择，为模型的创建提供了便利。

（2）赋予材质，就是为操作对象赋予物理质感。每个物体都有其物理特性，如金属、玻璃等，鲜明的物理特点体现了其质地，在 3ds Max 中使用"材质编辑器"就能调试出真实质感的材质，让模型更加真实。

（3）设置摄影机与灯光。创建摄影机时与在现实世界中一样，可以控制镜头的长度、视野并进行运动控制。3ds Max 提供了业界标准参数，可精确实现摄影机匹配功能。灯光则可以设置照射方向、照射强度、灯光颜色等，使其模拟效果非常真实。

（4）创建场景动画。利用 3ds Max 可以记录场景中模型的移动、旋转、比例变化甚至是外形改变。当激活"自动关键点"功能时，场景中的任何变换都会被记录成动画过程。

（5）制作环境特效。3ds Max 将环境中的特殊效果作为渲染效果提供，可将其理解为制作渲染图像的合成图层，用户可以变换颜色或使用贴图使场景背景更丰富。特效中的效果作为环境效果提供，包括为场景中加入雾、火焰、模糊等特殊效果。

（6）渲染是最后的工作流程，可以对场景进行真正的着色，并最终计算包括光线跟踪、图像抗锯齿、运动模糊、景深、环境效果等在内的各种前期设置，输出完成项目作品。

4. 3ds Max 工作界面

3ds Max 的操作界面主要由标题栏、菜单栏、主工具栏、命令面板、视图区域、视图控制区、动画控制区、提示栏、状态栏 9 个区域组成。如图 6-4 所示。

（1）标题栏，位于操作界面的最顶部。标题栏包括应用程序、快捷访问工具栏、版本信息与文件名称和信息中心。

（2）菜单栏，位于主窗口的标题栏下面。菜单中包含了 3ds Max 软件几乎所有的命令。3ds Max 菜单也具有子菜单或多级子菜单，每个菜单的标题表明该菜单上命令的用途。

3ds Max 菜单栏中的大多数命令可以在相应的命令面板、工具栏或快捷菜单中找到，

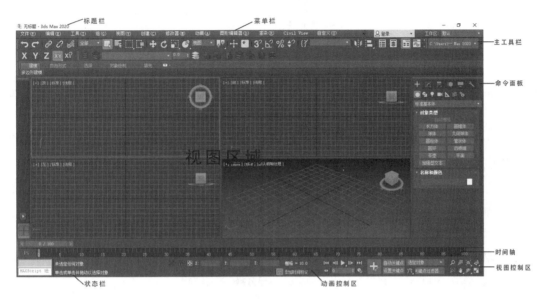

图 6-4　3ds Max 工作界面

相对于菜单栏中的命令，这些方式更加方便。

（3）主工具栏，位于菜单栏的下方，包括各种常用工具的快捷按钮，使用起来非常方便。在主工具栏中可以快速访问 3ds Max 中常见任务的工具和对话框。

（4）视图区域，是 3ds Max 操作界面中最大的区域，位于操作界面的中部，它是主要的工作区。在视图区域中，系统默认为 4 个基本视图，如图 6-5 所示。

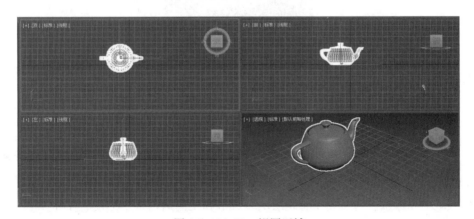

图 6-5　3ds Max 视图区域

- “顶”视图：从场景正上方向下垂直观察对象。

- "前"视图：从场景正前方观察对象。
- "左"视图：从场景正左方观察对象。
- "透视"视图：能从任何角度观察对象的整体效果，可以变换角度进行观察。

其中，顶视图、左视图和前视图为正交视图，它们能够准确地表现物体的尺寸以及各物体之间的相对关系。透视视图则符合近大远小的透视原理，并以三维立体方式对场景进行显示。

此外，还有底视图、后视图、右视图、摄影机视图、灯光视图、用户视图等。各种视图可根据操作的需要进行切换。

（5）视图控制区，位于 3ds Max 操作界面的右下角。该控制区内的功能按钮主要用于控制各视图的显示状态，通过平移、缩放、旋转等操作达到更改观察角度和方式的目的。

（6）命令面板，集成了 3ds Max 中大多数功能和参数控制项目，提供了丰富的工具，用于完成模型的建立与编辑、动画轨迹的设置、灯光和摄影机的控制等操作。命令面板中的 6 个面板依次为创建、修改、层次、运动、显示和实用程序。

命令面板位于操作界面的右侧，如图 6-6 所示。

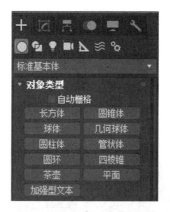

图 6-6　3ds Max 命令面板

- 创建命令面板：包含用于创建对象的控件，如几何体、摄影机、灯光等。
- 修改命令面板：用于调整场景中对象的参数，用于将修改器应用于对象，来调整场景对象的参数；编辑可编辑对象（如网格、多边形）的控件。
- 层级命令面板：包含用于管理层次、关节和反向运动学中链接的控件。
- 运动命令面板：包含动画控制器和轨迹的控件。
- 显示命令面板：包含用于隐藏和显示对象的控件，以及其他显示选项。
- 实用程序面板：包含其他工具程序，其中大多数是 3ds Max 的插件。

（7）动画控制区，位于工作界面的下方，包括动画控制区、时间滑块和轨迹条，主要用于在制作动画时，进行动画的记录、动画帧的选择、动画的播放，以及动画时间的控制等。

（8）信息提示区与状态栏，用于显示视图中物体的操作效果，如移动、旋转坐标及缩放比例等。

6.2.2　3ds Max 基本操作

1. 创建对象

在图 6-6 所示的"创建"命令面板中，提供了 7 种不同类型的对象按钮，分别为几何体、图形、灯光、摄影机、辅助对象、空间扭曲和系统。其中"几何体"的下拉菜单中又内置了多种命令选项，包括标准基本体、扩展基本体、复合对象、粒子系统、面片栅格、实体对象、门、NURBS 曲面、窗、AEC 扩展、动力学对象、楼梯、流体等，灵活使用它们，几乎可以制作出任意模型。

【例 6-1】创建对象操作。

在命令面板中，分别单击"创建"按钮■、"几何体"按钮◎，默认为"标准基本体"，在"对象类型"中单击"茶壶"物体名称按钮，在视图中单击鼠标左键并拖动创建茶壶。在创建物体时，选择的视图不同，出现的结果也不同，选择创建物体的视图时，应选择物体观察最直观、最全面的视图，如顶视图是比较常用的初始视图，透视视图主要用于观察创建物体后的整体效果。

掌握物体的参数，可以更快、更精确地创建物体，常用的物体参数有：

- 长度：指视图中 Y 轴方向尺寸，即垂直方向尺寸。
- 宽度：指视图中 X 轴方向尺寸，即水平方向尺寸。
- 高度：指视图中 Z 轴方向尺寸，即与当前 XY 平面垂直方向尺寸。
- 分段：也称段数，用于影响三维物体显示的圆滑程度。
- 半径：用于设置有半径参数的物体尺寸大小。如，球体、圆环和圆柱体。

如图 6-7 所示的是两个不同分段数的球体。

2. 选择对象

当需要在对象上执行某个操作或者操作场景中的对象之前，首先要选中对象，选择操作是建立模型和设置动画过程的基础。

在 3ds Max 的主工具栏中，用于选择对象的工具包括"选择过滤器"下拉列表框、

图 6-7　不同段数显示效果

"选择对象"工具、"按名称选择"工具、"矩形选择区域"工具和"窗口/交叉"工具等。

3. 对象的基本变换

对象的基本变换包括选择并移动、选择并旋转和选择并缩放，以及变换轴心和精确对齐。

（1）选择并移动。通过主工具栏上的"选择并移动"工具 ❖ 可以进行选择对象和移动对象的操作。将要进行移动的对象选中，单击"选择并移动"按钮，然后在对象上单击鼠标，选中对象后出现坐标轴图标，红色对应 X 轴，绿色对应 Y 轴，蓝色对应 Z 轴。当鼠标悬停在图标上时，可以通过悬停和坐标颜色来锁定要控制的轴向。如当鼠标移动到 X 轴并且 X 轴显示黄色时，表示锁定 X 轴，则物体只能在 X 轴方向移动；如果 X、Y 轴均是黄色，则表示可在任意方向移动。

（2）选择并旋转。通过"选择并旋转"工具 🔘 可以进行选择对象和旋转对象的操作。在旋转对象时，以锁定的轴向为旋转控制轴。在进行旋转时，可以通过上方数据的变化，确定当前操作轴向。

（3）选择并缩放。通过"选择并均匀缩放""选择并非均匀缩放""选择并挤压"工具可以将选择的对象进行等比例缩放、非等比例缩放和挤压等操作。

（4）精确对齐。对齐工具用于将选择对象放置到与目标对象相同的 X、Y、Z 位置或方向上，还包括相对局部坐标轴进行旋转对齐或与被对齐对象匹配大小等功能。

4. 复制对象

在三维建模中，有些对象可能会重复出现，但在重复出现时，其位置、角度或大小发生了一些改变，这些重复出现的对象互为副本，制作副本的过程就是复制。

（1）变换复制。配合使用 Shift 键和对象变换工具，是复制对象时最常用的方法。

【例 6-2】　变换复制。

首先单击命令面板"创建"按钮 ⬛，单击"几何体"按钮 ⬤，然后点击"球体"按钮，在顶视图中创建一个球体，选中创建的球体，单击工具栏中的"选择并移动"按钮，按住 Shift 键的同时移动球体，此时屏幕弹出"克隆选项"对话框，如图 6-8 所示，在"副本数"中输入需要复制的球体数目，然后单击"确定"按钮即可。

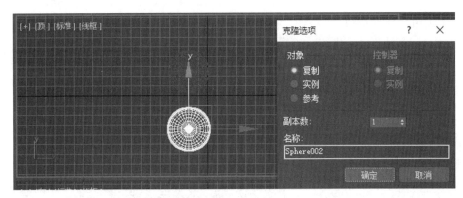

图 6-8　变换（直接）复制

克隆选项对话框参数说明：

- 复制：复制生成的物体是独立的，与原物体之间无任何关系。
- 实例：复制生成的物体与原物体之间相互影响。更改原物体将影响复制生成的物体，更改复制生成的物体将影响原物体。
- 参考：复制生成的物体与原物体之间的影响是单向的。更改原物体将影响复制生成的物体，但更改复制生成的物体不会影响原物体。
- 副本数：用于设置通过复制后生成的物体个数。
- 名称：用于设置复制后物体的名称。可实现经过复制后物体改名的操作。

（2）镜像复制。镜像复制操作可以将选择的某物体沿指定的轴向进行翻转或翻转复制，适用于制作轴对称的模型。进行镜像复制时可以选择不同的克隆方式，同时可以沿着指定的坐标轴进行偏移。

（3）阵列复制。3ds Max 中提供了专门用于克隆、精确变换和定位很多组对象的一个或多个空间维度的工具，这就是阵列复制。阵列复制可以精确设置复制后物体之间的位置、角度和大小等方面的关系，适用于精确建模。

（4）使用间隔工具进行复制。间隔工具也称为路径阵列，其最大的优点是可以将物体沿一条曲线路径或者在空间的两点间进行批量复制，实现物体在路径上的均匀分布，还可以设置对象的间距方式和轴心点是否与曲线切线对齐，这种技巧对于在分散的样条曲线上分布灯光很有帮助。

【例 6-3】使用间隔工具进行复制。

① 单击命令面板"创建"按钮■，然后单击"图形"按钮■，在图形命令选项中单击"圆"按钮，在前视图中创建一个"圆"作为路径。再单击"几何体"的"茶壶"按钮，在透视视图中创建一个茶壶。

② 单击"工具"菜单中的"对齐"→"间隔工具"命令，弹出"间隔工具对话框"，单击对话框中的"拾取路径"按钮，再单击视图中的圆，并且设置对话框中的计数为 17，如图 6-9 所示，单击"应用"按钮，效果如图 6-10 所示。阵列的路径也可以按需要绘制任意形状的曲线。

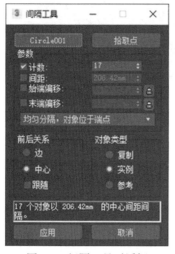

图 6-9　间隔工具对话框

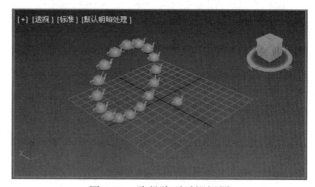

图 6-10　路径阵列透视视图

5. 视图区域常见操作

（1）激活视图。在视图区域内单击，即可激活该视图，被激活的视图边框会显示黄色。

（2）转换视图。各视图可根据操作的需要进行切换。

（3）视图快捷菜单。单击视图左上角的标识，如 [+] [换] [标准] [线框]，将打开对应的快捷菜单。这些菜单命令包含改变场景中对象的明暗类型，更改模型的显示方式，更改最大化视图、显示网格，转换当前视图等操作。

6.2.3　建模

建模是三维制作的基础，也是材质、动画及渲染的前提。在 3ds Max 中进行场景建模，首先要进行基本模型的创建，然后通过一些简单模型的拼凑，就可以制作一些比较复杂的三维模型。

3ds Max 基础建模方式有几何体建模、复合对象建模和二维图形建模等。

1. 几何体建模

3ds Max 内置了一些基本模型，提供了一整套标准的几何体造型以解决简单物体的构建。通过这一系列基础物体资源，用户可以容易地在场景中以拖曳的方式创建出简单的几何体。

（1）创建标准基本体。3ds Max 中包含 10 种标准基本体，分别是长方体、圆锥体、球体、几何球体、圆柱体、管状体、环形、四棱锥、茶壶和平面。

选择"创建"命令面板中的"几何体"，在下拉列表中选择"标准基本体"类型，在"对象类型"卷展栏下，以按钮方式列出了所有可用的工具，单击相应的工具按钮，就可以建立相应的对象。选择对象按钮后，出现对应对象的"创建方法""键盘输入""参数"等卷展栏。

大多数几何体既可以在视图中通过拖动鼠标创建，也可以通过在"创建"命令面板的"键盘输入"卷展栏的输入框中输入相应数值，并单击"创建"按钮来创建。

【例 6-4】创建长方体。

长方体是 3ds Max 建模中使用率较高的基本几何体，也是基础的标准几何对象。使用"创建"命令面板上的"长方体"按钮，可以制作出不同类型的长方体对象。

操作步骤如下：

① 设置单位。选择"自定义"→"单位设置"菜单命令，在弹出的"单位设置"对话框中，点击"公制"，并在其后的下拉列表中选择"毫米"，再点击"系统单位设置"，在新弹出的对话框中同样将单位更改为毫米。以毫米作为系统单位。

② 单击命令面板"创建"按钮■，单击"几何体"按钮■，选择"标准基本体"，如图 6-11 所示。在"对象类型"中单击"长方体"按钮，建立一个长方体造型。

③ 将鼠标指针移至命令面板左侧的视图区域，在顶视图中按下鼠标左键并沿对角线方向拖动鼠标，这时一个矩形出现在视图中。

④ 松开鼠标左键后向上拖曳拖出一个长方体的厚度，再次单击则完成长方体造型的创建，如图 6-12 所示。

图 6-11　标准基本体类型

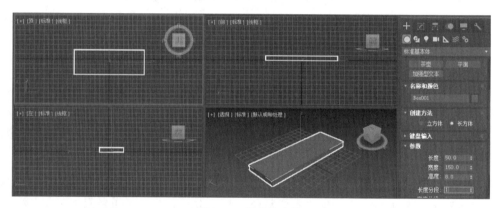

图 6-12　创建长方体

在"名称和颜色"卷展栏下，左框显示对象名称，一般在视图中创建一个物体，系统会自动赋予一个表示自身类型的名称，如"Box01"，同时，允许自定义对象名称。名称右侧的颜色块显示对象颜色。

"参数"卷展栏可以设置相关的参数，其中：

- 长度/宽度/高度数值框：分别用于设置长方体对象的长度/宽度/高度。
- 长度/宽度/高度分段数值框：设置沿着对象长度/宽度/高度轴的分段数量。
- 生成贴图坐标复选框：生成将贴图材质应用于长方体的坐标。
- 真实世界贴图大小复选框：控制应用于该对象的纹理贴图材质所使用的缩放方法。

所有的标准基本体都有"分段"属性，分段值的大小决定了模型是否能够弯曲以及弯曲的程度。分段值越大，模型弯曲就越平滑，但同时将增加模型的复杂程度，降低刷新速度。

在命令面板中，每一个创建工具都有自己的可调节参数，这些参数可以在第一次创建对象时在创建命令面板中直接进行修改，也可以在修改命令面板中进行修改。

⑤ 若要修改"分段"值，可以单击命令面板上的"修改"按钮 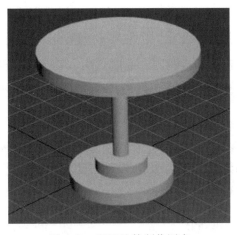，在"参数"卷展栏下进行修改，如设定长度分段为 5、宽度分段为 8、高度分段为 4。此项调整便于对该长方体物体进行弯曲、挤压等变形操作，也可利用它直接渲染生成网格物体。

【例 6-5】用圆柱体制作圆桌。

① 制作桌面。在"创建"命令面板中单击"圆柱体"按钮，在"键盘输入"卷展栏中输入"半径"为 600mm，"高度"为 60mm，在"参数"卷展栏中输入"边数"为 30，单击"创建"按钮，这样，具有精确尺寸的造型就呈现在设置的视图坐标点上。

② 选择"圆柱体"，按住 Shift 键，使用"选择并移动"工具在前视图中向下移动复制一个圆柱体，在弹出的"克隆选项"对话框中设置"对象"为复制，"副本数"为 1。

③ 选择复制的圆柱体，在"参数"卷展栏下设置"半径"为 60mm、"高度"为 760mm。

④ 切换到前视图，选择复制的圆柱体，在主工具栏中单击"对齐"按钮，然后单击最先创建的圆柱体（桌面），接着在弹出的对话框中设置"对齐位置（屏幕）"为 Y 位置、"当前对象"为最大、"目标对象"为最小。

⑤ 选择桌面对象，然后按住 Shift 键并使用"选择并移动"工具，在前视图中向下移动复制一个圆柱体，在弹出的"克隆选项"对话框中设置"对象"为复制，"副本数"为 2。

⑥ 选择中间的圆柱体，将"半径"修改为 200mm，接着将最下面的圆柱体的"半径"修改为 400mm。采用对齐工具在前视图中将圆柱体进行对齐，完成后的效果如图 6-13 所示。

图 6-13　用圆柱体制作圆桌

（2）修改器。在"创建"命令面板中创建的物体模型，在它们生成的同时，也拥有了自己的创建参数，这些参数独自存在于三维场景中。如果要对创建对象的参数进行修改，就需要在"修改"命令面板中完成。

"修改"命令面板提供对物体进行各种各样的改动，并将每次改动都记录下来，就像堆粮食一样堆积起来（修改器堆栈），其中创建参数位于最底层。

修改器堆栈是"修改"命令面板的下拉列表。它包含累积历史记录，其中有选定的对象，以及应用于该对象的所有修改器。用户可以进入堆栈的任何一层中调节参数，也可以在不同层之间拷贝粘贴，还可以无限制地加入各类修改器或删除修改器，最后构造出完美的造型。

3ds Max 包括了丰富的修改器。使用修改器，可以选择"修改器"菜单，也可以在"修改"命令面板中，单击展开"修改器列表"。

常用的修改器如弯曲修改器、扭曲修改器、晶格修改器等。

【例 6-6】创建长凳模型。

① 制作长凳面。在"创建"命令面板中单击"长方体"按钮，在顶视图中绘制一个矩形。选择"修改"命令面板，修改"长方体"的参数为长：1000mm，宽：300mm，高：50mm。

② 制作长凳腿。在"创建"命令面板中单击"圆柱体"按钮，用鼠标左键在顶视图的矩形中画一个圆，并向上推出高度。

选择"修改"命令面板，修改圆柱体的参数为半径：50mm，高：150mm。

③ 首先在顶视图中复制一个长凳腿，然后单击主工具栏中的"选择对象"按钮▧，选中复制的板凳腿，单击主工具栏的"对齐"按钮▤，移动鼠标，当鼠标靠近原始板凳腿呈现"十"字形状时，单击原始板凳腿，此时弹出"对齐当前选择"对话框，在此对话框中设置"对齐位置（屏幕）"为 Z 位置、"当前对象"为最小、"目标对象"为最小。如图 6-14 所示。

④ 设置对齐。选择板凳面，单击主工具栏的"对齐"按钮▤，然后单击原始长凳腿，接着在弹出的"对齐当前选择"中设置"对齐位置（屏幕）"为 Z 位置、"当前对象"为最小、"目标对象"为最大。完成的长凳模型，如图 6-15 所示。

（3）创建扩展基本体。扩展基本体是 3ds Max 中复杂基本体的集合，包括异面体、环形结、倒角长方体、倒角圆柱体、油罐、胶囊、纺锤、L 形挤出、球棱柱、C 形挤出、环形波、软管和棱柱等。

图 6-14　设置对齐

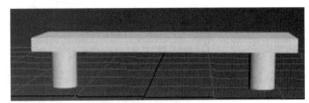

图 6-15　长凳

【**例 6-7**】使用切角长方体制作沙发。

使用切角长方体创建出来的对象可以制作出具有倒角效果或圆形边的长方体模型。

在"创建"命令面板中，单击"几何体"按钮○，再选择"扩展基本体"，在"对象类型"中单击"切角长方体"按钮，即创建出切角长方体的模型。

其中，参数说明如下：

- 圆角分段：设置长方体圆角边时的分段数，添加圆角分段将增加圆形边。
- 平滑：混合切角长方体的面，从而在渲染视图中创建平滑的外观。

① 做沙发坐垫。在扩展基本体中选择切角长方体，用鼠标左键在顶视图中拖出一个切角长方体；参数设置为长度 500mm，宽度 1500mm，高度 160mm，圆角 20mm，圆角分段 5。分段可以体现圆角的圆滑程度。

② 选择"选择并移动"工具，在前视图中按 Shift 键，沿 X 轴向右移动，复制一个沙发垫；参数设置为长度 500mm，宽度 500mm，高度 160mm，圆角 5mm，圆角分段 5。接着，在前视图中按 Shift 键，沿 X 轴向右移动，松开鼠标左键，输入副本数为 2。完成沙发坐垫的制作。

③ 做扶手。创建一个切角长方体模型。设置切角长方体的长度值为 500mm，宽度值为 160mm，高度值为 480mm，圆角值为 20mm，圆角分段为 5。在顶视图中选择扶手，按 Shift 并且拖动鼠标，再复制一个扶手。

④ 做靠背。在顶视图中拖出一个切角长方体，参数设置为长度 160mm，宽度

1820mm，高度 600mm，圆角 20mm，圆角分段 5。

⑤ 做靠垫。复制一个小坐垫，按 E 键，旋转该切角长方体的角度并调整其位置，制作出沙发的靠垫。

⑥ 在透视视图中观察模型，如图 6-16 所示，可以看到沙发的基本形态已经完成。

图 6-16　沙发模型

2. 二维图形建模

二维图形建模是以样条线为基础的建模。很多三维模型很难分解为简单的基本体，对于这样的模型，可以先绘制一个基本的二维图形，然后进行编辑，最后添加转换成三维模型命令即可生成三维模型。

（1）创建二维图形。选择"创建"命令面板中的"图形"命令，可以创建线、矩形、圆、椭圆、弧、圆环、多边形、星形、文本、螺旋线、卵形、截面等多种二维图形。如图 6-17 所示。

二维图形是由一条或多条样条线组成的对象。样条线是一系列点定义的曲线，由基本顶点和线段等元素组成。如图 6-18 所示。

图 6-17 中的"开始新图形"选项，用来控制所创建的一组二维图形是一体的或是独立的。二维图形可以包含一个或多个样条线。

（2）编辑二维图形。二维图形的修改加工主要通过"编辑样条线"修改器完成。创建二维图形后，通过编辑二维图形的"次物体"修整图形的形状。二维图形的次物体包括顶点、线段和样条线。

图 6-17 图形对象类型

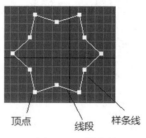

图 6-18 样条线

"线"在所有二维图形中是比较特殊的，它没有可以编辑的参数，创建的线对象要在它的次物体层次中进行编辑。

对于其他二维图形，有两种方法访问次物体：将其转换成"可编辑样条线"，或应用"编辑样条线"修改器。打开"修改"命令面板，选择修改器中的"编辑样条线"命令，在打开的卷展栏中对二维图形进行加工编辑。

（3）使用编辑修改器将二维对象转换成三维对象。许多编辑修改器可以将二维对象转换成三维对象，如挤出、车削、倒角等。

【例 6-8】使用"挤出"编辑修改器——制作台历。

"挤出"是沿着二维对象的局部坐标系的 Z 轴增加一个厚度，还可以沿着拉伸方向给它指定段数。如果二维图形是封闭的，还可以指定拉伸的对象是否有顶面和底面。

使用"挤出"修改器，可将创造的二维平面拉伸成一个三维物体。

① 单击"创建"命令面板的"图形"按钮⬚，选择"对象类型"中的"线"按钮，在左视图绘制如图 6-19 的样条线。

② 切换到"修改"命令面板，在"选择"卷展栏下单击"样条线"按钮，进入"样条线"级别，选择整条样条线。"选择"卷展栏用于设定编辑层次。设定了编辑层次后，则可用标准选择工具在视图中选择该层次的对象。

③ 展开"几何体"卷展栏，在"轮廓"按钮后面输入 2mm，然后单击"轮廓"按钮或按 Enter 键进行廓边操作。

④ 在"修改器列表"中选择"挤出"修改器，然后在"参数"卷展栏下设置"数

量"为 180mm，如图 6-20 所示。

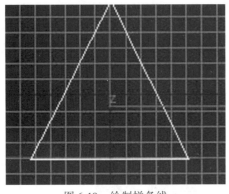
图 6-19　绘制样条线

图 6-20　挤出

⑤ 在左视图中绘制一个圆形，在"参数"卷展栏下设置"半径"为 5.5mm。

⑥ 选择圆形，切换到"修改"面板，然后在"渲染"卷展栏下勾选"在渲染中启用"和"在视口中启用"选项，设置"径向"的"厚度"为 0.5mm，如图 6-21 所示。

使用"选择并移动"工具+Shift 键，在前视图中移动复制一些圆扣。台历最终效果如图 6-22 所示。

图 6-21　参数设置

图 6-22　台历

【例 6-9】使用"车削"编辑修改器——制作高脚杯。

"车削"编辑修改器沿指定的轴向旋转二维图形，用来建立诸如高脚杯、盘子和花瓶等模型。旋转的角度可以是 0°~360°的任何数值。

① 单击"创建"命令面板的"图形"按钮，选择"对象类型"中的"线"按钮，在前视图绘制如图 6-23 所示的样条线。

② 打开"修改"命令面板，在"修改器列表"中选择"编辑样条线"选项，在"选择"卷展栏中选择"顶点"，进入顶点层级，可以对顶点进行微调。单击"几何体"卷展栏中"圆角"按钮，单击需要圆角处理的点，并移动鼠标，将图形调整为如图6-24 所示。

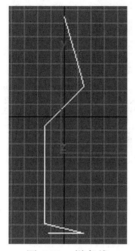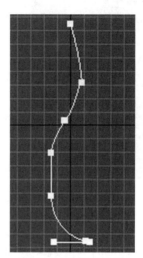

图 6-23　样条线　　　　　　图 6-24　编辑样条线

③ 在"选择"卷展栏中选择"样条线"，修改"几何体"卷展栏中的"轮廓"值为1。

④ 选择"线段"，进入线段层级，然后删除下面不需要的线段。

⑤ 选择"顶点"，对顶点进行微调，图形如图6-25 所示。

⑥ 在"修改器列表"中选择"车削"选项，添加车削修改器，使二维图形旋转产生成一个三维物体——高脚杯，如图6-26 所示。

⑦ 关闭车削左边的灯，选择"轴"，移动 X 轴，再开启车削左边的灯，查看效果。

3. 复合建模

选择"创建"命令面板的"几何体"，在下拉列表中选择"复合对象"，在"对象类型"卷展栏下是复合对象创建工具。复合对象建模是指通过对两个以上的对象执行特定的合成方法生成一个对象的建模方式。

3ds Max 中提供了多种复合建模方式，下面对布尔运算进行介绍。布尔运算是指通过对两个对象进行加运算、减运算、交运算等，而得到新的物体形态的运算。

在布尔运算中常用的三种操作：

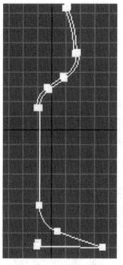

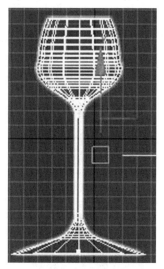

图 6-25　调整顶点　　　　　图 6-26　高脚杯

- 并集：生成代表两个几何体总体的对象。
- 交集：生成代表两个几何体相交部分的对象。
- 差集：从一个对象上删除与另一个对象相交的部分。这种方式对两个物体相减的顺序有要求，会得到两种不同的结果。

【例 6-10】了解布尔运算。

① 制作如图 6-27 所示的切角长方体和胶囊。

② 布尔运算需要两个原始的对象，对象 A 和对象 B。选中"切角长方体"作为对象 A，在"创建"命令面板中选择"复合对象"→"布尔"。

③ 展开"运算对象参数"，选择"差集"如图 6-28 所示。

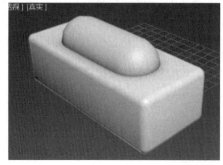

图 6-27　两个对象　　　　　图 6-28　差集（A-B）

④ 展开"布尔参数",选择"添加运算对象"按钮,并选中胶囊,即指定"胶囊"为对象 B,从而进行布尔运算。如图 6-29 所示,两个对象差集结果如图 6-30 所示。

图 6-29　布尔运算

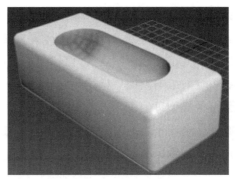

图 6-30　差集结果

4. 编辑网格建模

3ds Max 提供的可编辑 Mesh 网格功能细分物体,提供对物体的各个组成部分进行编辑修改,通过运用点与面的精细修改来进行物体的变形修改。通过推拉、删除、建立顶点和平面等操作,产生所需要的模型。这是 3ds Max 最具代表性的建模方法。

一个物体是由点、线、面、多边形等组成的。网格物体包括顶点、边、面、多边形和元素五种次物体选择等级。对次物体的编辑操作包括变换、结合分离、删除焊接、挤压倒角和细分塌陷等。

建模的一般过程是:将模型转换为可编辑网格或多边形形式,选择次物体,对次物体进行调整和增加编辑器,完善多边形模型。

5. 多边形建模

多边形建模是当今主流的建模方式,其应用十分广泛。

多边形建模的思路与 Mesh 网格建模的思路类似,其不同点是,网格建模只能编辑三脚面,而多边形建模对面数没有任何要求。多边形建模在编辑上更加灵活。多边形建模的建模方式是在原始简单的模型上,通过增减点、面数或调整点、面的位置等操作来产生所需要的模型。

将物体转换为可编辑多边形对象后,就可以对可编辑多边形对象的顶点、边、边界、多边形和元素分别进行编辑了。

6.2.4　材质与贴图

三维模型建立后，要考虑的就是如何通过对象表面的色彩、光泽以及环境的配合来表现画面内容，加强人们的视觉冲击力。在真实的世界中，物体都是由材料构成的，这些材料有颜色、纹理、光洁度和透明度等外观属性。在三维渲染中，材质作为物体表面属性，是对真实材料视觉效果的模拟。材质影响最终渲染效果的，甚至会影响成品对象的外部形态，能赋予呆板的模型以生机。

材质与贴图主要用于表现对象表面的物质状态，构造真实世界中自然物质表面的视觉效果。材质用于表现物体的颜色、反光度、透明度等表面特性。而贴图则是将图片信息投影到曲面上的方法，当材质中包含一个或多个图像时，称其为贴图材质。

1. 材质

（1）材质的构成。材质是对视觉效果的模拟，而视觉效果包括颜色、质感、反射、折射、表面粗糙程度以及纹理等诸多因素，这些视觉因素的变化和组合使得各种物质呈现出各不相同的视觉特性。而材质正是通过这些因素进行模拟，使场景对象具有某种材料特有的视觉特性。

材质模拟的是一种综合的视觉效果，它本身是一个综合体。材质由若干参数构成，每个参数负责模拟一种视觉因素，如颜色、反光、透明、纹理等。

① 颜色构成。颜色主要通过环境光、漫反射、高光反射三部分色彩来模拟材质的基本色。环境光影响对象阴影区域的颜色，漫反射决定了对象本身的颜色，高光反射则控制对象高光区域的颜色。

② 反射高光。反射高光区域决定了高光的强度和范围形状，不同的明暗器对应的高光控制有所不同。常见的反射高光参数包括高光级别、光泽度和柔化。"高光级别"决定了反射高光的强度，其值越大，高光越亮。"光泽度"影响反射高光的范围，值越大范围越小。"柔化"控制高光区域的模糊程度，使之与背景更融合，值越大柔化程度越强。

③ 自发光。自发光是模拟彩色灯泡从对象内部发光的效果。若采用自发光，实际就是使用漫反射颜色替换曲面上的阴影颜色。

④ 不透明度。用来设置对象的透明程度，其值越小越透明，0 为全透明。

（2）材质编辑器。在 3ds Max 中，单击主工具栏"材质编辑器"按钮，或者按 M 快捷键打开材质编辑器。

精简材质编辑器如图 6-31 所示。"材质编辑器"窗口分为两大部分：上半部分为固定不变区，包括显示材质的"示例窗"、材质效果和垂直工具栏和水平工具栏一系列功能按钮。名称栏中显示当前材质名称，垂直工具栏主要用于"示例窗"的显示设定，水平工具栏主要用于对材质球的操作。下半部分为可变区，包括基本参数卷展栏以及各种参数的卷展栏。

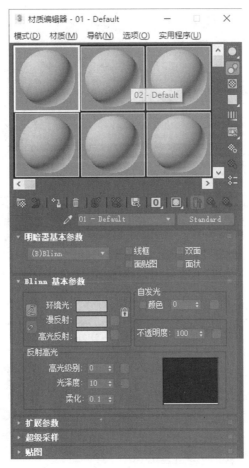

图 6-31 材质编辑器

（3）为物体指定材质。每个"示例窗"代表一种材质。可以使用材质编辑器的控制器改变材质，并将它赋予场景的物体。

【例 6-11】为物体指定材质。

① 在"创建"命令面板中单击"茶壶"按钮，创建一个茶壶。

② 打开材质编辑器，选择一个新的材质样本球。被选中的示例窗被一个白框包围。

③ 单击名称后的"Standard"按钮，在弹出的"材质/贴图浏览器"中选择"建筑"，单击"确定"按钮，如图 6-32 所示。

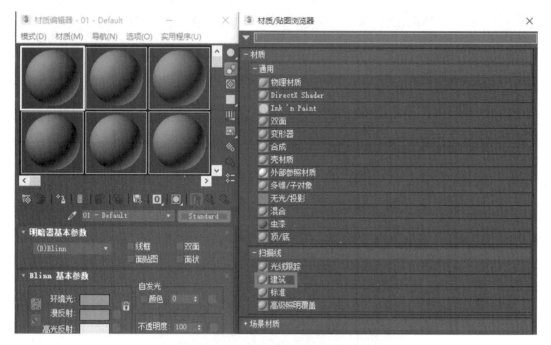

图 6-32　选择名称为"建筑"

④ 选择模板为"瓷砖，光滑的"，设置"漫反射颜色"为白色，如图 6-33 所示。

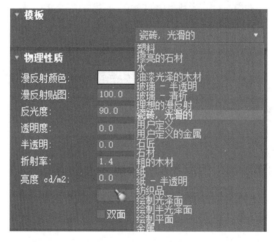

图 6-33　设置材质模板

⑤ 在场景中选中茶壶，并选择"将材质指定给选定对象"按钮，或者直接将材质

拖动到茶壶上，则为茶壶模型指定了设置的材质。

（4）多维/子对象材质。可以根据物体的 ID 编号，分别赋予一个物体多种不同的子材质，多维/子对象材质属于复合材质。

【例 6-12】使用多维/子对象材质制作三色圆柱体。

① 创建一个圆柱体，并设置"高度分段"数为 3。

② 在"修改器列表"下拉菜单里选择"编辑网格"，添加"编辑网格"修改器。在"选择"卷展栏中选择"多边形"次物体。单击主工具栏的"矩形选择区"按钮，在前视图中勾选圆柱最上面一圈的所有面，如图 6-34 所示。在"曲面属性"卷展栏的"材质"参数区设定 ID 号为 1。如图 6-35 所示。用同样的方法，依次将下面两个圈面的 ID 号分别设为 2、3。

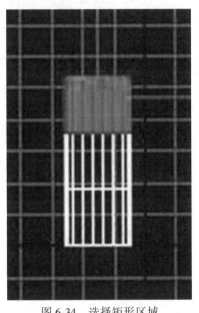

图 6-34　选择矩形区域　　　　　　图 6-35　设置 ID

③ 打开"材质编辑器"，选中一个样本材质球，然后单击文本框右边的"standard"按钮，在打开的对话框里双击"多维/子对象"选项，返回材质编辑器，在"多维/子对象"基本参数设置面板中"设置数量"对话框中，将材质个数设为 3 个。

④ 选择编号为 1 的第一个子材质，单击"子材质"项下的材质编辑按钮，在打开的对话框里双击"标准"选项，返回材质编辑器，单击"漫反射"右边按钮，设定其颜色为红色，单击"转到父对象"按钮，然后使用同样的方法设置第二个材质为黄色，设置第三个材质为蓝色。设置好的样本球如图 6-36 所示。注意：图中的 ID 显示当前材质的 ID 编

号，需要与"编辑多边形"中的 ID 号顺序保持一致。

⑤ 单击"将材质指定给选定对象"按钮，效果如图 6-37 所示。

图 6-36 样本球

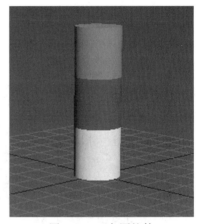

图 6-37 三色圆柱体

2. 贴图

（1）贴图类型。3ds Max 中材质是用来描述对象在光线照射下的反射和传播光线的方式。而材质中的贴图则是用来模拟材质表面的纹理、质地以及折射、反射等效果。

3ds Max 的所有贴图都可以在"材质/贴图浏览器"窗口中找到，贴图包含多种类型，如二维贴图、三维贴图、合成器贴图、反射和折射贴图等。

（2）二维贴图。二维贴图是二维平面图像，常用于几何对象的表面，或者用于环境贴图创建场景背景。最常用最基本的二维贴图是位图。其他二维贴图都是由程序生成的，如衰减贴图、棋盘格贴图、渐变贴图、平铺贴图等。

【例 6-13】位图贴图。

为例 6-7 的沙发模型贴图。在"材质编辑器"中，选择一个空白样本球，单击"漫反射"后面的"无"贴图按钮，如图 6-38 所示。在图 6-38 中双击"位图"，在弹出的对话框中选择所需要添加的贴图文件，然后单击"打开"按钮，为效果样本球指定材质。单击水平工具栏上的"将材质指定给选定对象"按钮，即可将材质赋给视图中选定的对象。在

"修改"面板中，选择"UVW 贴图"修改器，修改其中的参数，完成贴图。

图 6-38 选择贴图

衰减贴图可以产生从有到无的衰减过程。

【例 6-14】衰减贴图。

在"材质编辑器"中选定一个样本球，在"Blinn 基本参数"中设置：漫反射颜色，红 165、绿 138、蓝 28；在"自发光"选项组下勾选"颜色"，设置红 183、绿 129、蓝 48；单击"不透明度"后面的"无"按钮，在弹出的"材质/贴图浏览器"中双击"衰减"贴图，为贴图通道加载一张"衰减"程序贴图。完成后，将材质指定给茶壶对象。

棋盘格贴图可以产生两色方格交错的效果，也可以用两个贴图来进行交错。常用于产生一些格状纹理。在"材质编辑器"中选定一个样本球，单击漫反射后面的"无"贴图按钮，在弹出的"材质/贴图浏览器"中双击"棋盘格"贴图，在"棋盘格参数"中设置如图 6-39 所示的参数值，然后将材质球指定给一个长方体，则效果如图 6-40 所示。

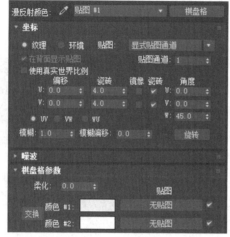

图 6-39　棋盘格参数　　　　　　　　图 6-40　棋盘格效果

（3）反射和折射贴图。用于具有反射或折射效果的对象，包括光线跟踪贴图、反射/折射贴图、平面镜贴图及薄壁折射贴图等。

6.2.5　灯光与摄影机

1. 灯光

灯光是 3ds Max 中模拟自然光照效果最重要的手段。灯光在表现场景、气氛等方面有着非常重要的作用。灯光的主要目的是对场景产生照明，烘托场景气氛和产生视觉冲击。产生照明是由灯光的亮度决定的，烘托气氛是由灯光的颜色、衰减和阴影决定的。产生视觉冲击效果是模型、材质加上灯光和摄像机等的综合运用。

3ds Max 中的灯光是模拟真实灯光的对象，不同种类的灯光对象用不同的方法投射灯光，模拟真实世界中不同种类的光源。

"灯光"对象用来模拟现实生活中不同类型的光源，在没有添加"灯光"对象的情况下，场景会使用默认的照明方式，这种照明方式根据设置，由一盏或两盏不可见的灯光对象构成。若在场景中创建了"灯光"对象，系统的默认照明方式将自动关闭。若删除场景中的全部灯光，则默认照明方式又会重新启动。在渲染图中，光源会被隐藏，只渲染出其发出的光线产生的效果。

3ds Max 中提供了标准灯光和光度学灯光。标准灯光简单、易用，光度学灯光则较复杂。

（1）标准灯光的类型，有如下几种：

① 聚光灯：聚光灯是最为常用的灯光类型，它的光线来自一点，沿着锥形延伸。聚光灯分为目标聚光灯和自由聚光灯。目标聚光灯创建后产生两个可调整对象：投射点和目标点。这种聚光灯可以方便地调整照明的方向，一般用于模拟路灯、顶灯等固定不动的光源。自由聚光灯创建后，仅产生投射点这一个可调整对象，一般用于模拟手电筒、车灯等动画灯光。

② 平行光：向光源投射的光线是平行的，它能产生圆柱形或矩形棱柱照射区域。平行光分为目标平行光和自由平行光。目标平行光与目标聚光灯相似，也包含投射点和目标点两个对象，常用来模拟太阳光。自由平行光则只包含了投射点，只能整体移动和旋转，一般用于对运动物体进行跟踪照射。

③ 泛光灯：泛光灯是一个点光源，它向全方位发射光线，没有明确的投射方向，它由一个点向各个方向均匀地发射出光线，可以照亮周围所有的物体。

④ 天光：天光是一种圆顶形的区域光。它可以作为场景中唯一的光源，也可以和其他光源共同模拟出高亮度和整齐的投影效果。天光可用来模拟日光效果。

⑤ 区域光：区域灯光是专门为 mental ray 渲染器设计的，支持全局光照、聚光等功能。

（2）创建灯光，具体见下例。

【例 6-15】创建灯光。

① 打开例 6-5 中的圆桌，再单击"创建"命令面板的"几何体"→"茶壶"按钮，创建一个茶壶。

② 创建灯光。单击"创建"命令面板的"灯光"按钮，选择"标准"灯光类型，单击"目标聚光灯"，在透视视图中拖动，创建一个目标聚光灯，并调整灯光位置，目标聚光灯有两个控制点，发光点和照射目标点都可以移动。

③ 查看灯光效果。在视图快捷菜单中选择"照明和阴影"→"用场景灯光照亮"，如图 6-41 所示。

④ 设置阴影效果，选择"修改"命令面板，在"常规参数"中勾选"阴影"下的"启用"。如图 6-42 所示。阴影效果如图 6-43 所示。

2. 摄影机

一幅好的效果图需要好的观察角度，让人一目了然，因此调节摄影机是基础工作。摄影机好比人的眼睛，创建场景对象、布置灯光、调整材质所创作的效果图都要通过这双眼睛来观察，通过调整摄影机，可以决定视图中物体的位置和尺寸，影响场景对象的数量以及创建方法。此外，利用 3ds Max 中的摄影机可模拟动画中的摄影机镜头效果，实现动画过程中的画面表现。

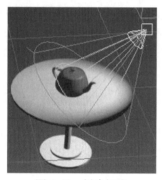　　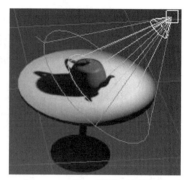

图 6-41　创建灯光　　　　图 6-42　设置阴影　　　　图 6-43　设置阴影后的效果

摄影机决定了效果图和动画中物体的位置、大小和角度。摄影机可以从不同的角度方向观察同一个场景，通过调节摄影机的角度、镜头景深等设置，可以得到一个场景的不同效果。3ds Max 摄影机是模拟真实的摄影机设计的，具有焦距、视角等光学特性，但也能实现一些真实摄影机无法实现的操作，如瞬间更换镜头等。

（1）摄影机的类型。3ds Max 主要提供了"目标"摄影机和"自由"摄影机两种摄影机类型。

在创建"目标"摄影机的时候就创建了两个对象：摄影机本身和摄影目标点。将目标点链接到动画对象上，就可以拍摄视线跟踪动画，即拍摄点固定而镜头跟随动画对象移动。所以"目标"摄影机通常用于跟踪拍摄、空中拍摄等。

在创建"自由"摄影机时仅创建了单独的摄影机。这种摄影机可以很方便地被操控，进行推拉、移动、倾斜等操作，摄影机指向的方向即为观察区域，"自由"摄影机比较适合绑定到运动对象上进行拍摄。

（2）创建摄影机。

① 单击"创建"命令面板，单击"摄影机"按钮▢，在"对象类型"中选择"目标"摄影机，在视图中单击并拖动，创建"目标摄影机"对象。

② 在透视视图中，按 C 快捷键，切换到摄影机视图。

③ 单击"选择并移动"按钮，调整摄影机或摄影机目标的位置。

（3）摄影机视图控制工具。选中摄影机视图时，工作界面右下方的视图控制区工具会转换成摄影机视图控制工具，如图 6-44 所示。有推拉摄影机、透视、侧滚（旋转）摄影机、所有视图最大化显示选定对象、视野、平移摄影机、环游摄影机、最大化视口切换等工具。利用这些工具，可以很方便地调整摄影机视图。

图 6-44 摄影机视图控制工具

6.2.6 综合实例

下面以创建一个画廊模型为例，综合应用建模、材质贴图和灯光等概念。

【例 6-16】创建画廊模型。

（1）墙面、天花板和画框制作。

① 墙面制作。选择"长方体"按钮，用鼠标左键在视图中画一个长 450、宽 8.665、高 50.287 的矩形，选择白色作背景墙。

② 按照相同的方法做另外两面墙，长方体的参数分别为：长：8.665，宽：80.287，高：60.287；以及长：8.665，宽：60.287，高：60.287。

③ 天花板制作。选择"长方体"按钮，用鼠标左键在顶视图中画一个矩形，做天花板，调整长方体参数：长：450，宽：157.88，高：5.136。

④ 单击"主工具栏"的"对齐"按钮，使墙面、天花板分别对齐。

⑤ 画框制作。在墙面上创建一个长方体，参数为：长：25，宽：1，高：25，然后复制 5 个同样的长方体，并将一个长方体的长度改为 35。应用"对齐"工具，先点击画框，然后选择墙面，"对齐位置"为 X 位置，"当前对象"为最小，"目标对象"为最小。

（2）合并文件。

① 选择"文件"→"导入"→"合并"命令，选择例 6-5 中制作的圆桌文件，打开后，在弹出的对话框中选择合并的对象，按"确定"按钮，将圆桌模型合并到当前文件中，放在合适的位置，并在"修改"面板中调整圆桌的参数。

② 同上，导入例 6-6 中制作的长凳文件和例 6-7 中制作的沙发文件，分别将长凳模型和沙发模型合并到当前文件中，放在合适的位置，并调整参数。

（3）材质与贴图。

① 打开"材质编辑器"，选择材质球，选择贴图，分别为墙面、沙发、桌子和凳子赋予不同的材质和贴图。

② 为画框贴图。打开"材质编辑器"，选择材质球，选择贴图，分别为 6 个画框进行贴画。

（4）设置灯光效果。

① 做灯槽。在天花板处选择长方体，在顶视图中绘制一个长：150，宽：3，高：1 的矩形。选择矩形，单击"主工具栏"的"对齐"按钮，再单击天花板，在弹出的对话框中设置"对其位置（屏幕）"为 Z 位置，"当前对象"为最大，"目标对象"为最小。

② 在"创建"命令面板选择"灯光"按钮 🔗，然后在下列列表中选择"VRay"，在对象类型中选择"VRayLight"，在顶视图的灯槽中创建 VRay 灯光。设置灯光的颜色等参数。

渲染后的效果如图 6-45 所示。

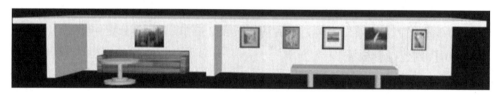

图 6-45　画廊模型

6.3　3ds Max 动画制作

随着计算机三维图形技术、三维影像技术的不断发展，三维动画比平面动画更直观，更能给观赏者以身临其境的感觉，已逐步渗入人们的生活中，并呈现出多元化的趋势，涉及的范围越来越广，从简单的几何体模型的一般产品展示，到复杂的人物模型；从静态、单个的模型展示，到动态、复杂场景的三维动画、三维漫游等，再到虚拟现实，广泛应用于多个领域。

3ds Max 提供了一套强大的动画系统，可以为各种应用创建 3D 计算机动画，为计算机游戏设置角色，为电影生成特殊的效果等。

6.3.1　3ds Max 基础动画

3ds Max 软件提供了多种创建动画的方法，以及大量用于管理和编辑动画的工具，可以用来创建简单的对象动画、修改器动画、复合对象动画、约束和控制器动画、材质贴图动画、粒子与空间扭曲动画、环境效果与视频后期处理动画、MassFX 动力学动画、连线参数与反应管理器动画、IK 与骨骼动画等。

1. 创建简单的对象动画

在 3ds Max 中，利用关键帧设置工具、控制播放器和时间配置对话框等一些常用工具，就可以制作出一些简单的动画。创建动画时，只需要创建记录每个动画序列的起始、结束和关键帧，在 3ds Max 中这些关键帧称作关键点。3ds Max 自动计算连接关键点之间的其他点位置，得到一个流畅的动画。

3ds Max 可将场景中对象的任意参数进行动画记录，当对象的参数被确定后，就可通过 3ds Max 的渲染器完成每一帧的渲染工作，生成高质量的动画。

（1）动画的帧和时间。

① 帧和关键帧。帧也是 3ds Max 动画中最基本的概念。对于 3ds Max，"关键帧"是指用于描述一个对象的位置情况、旋转方式、缩放比例、变形变换、灯光以及摄影机状态等信息的关键画面。3ds max 制作动画时，手动设置各个关键帧，系统在关键帧之间进行自动插补计算，得到关键帧之间的动画帧，从而形成完整的动画。

② 时间配置。3ds Max 是根据时间来定义动画的。默认的时间单位是帧，系统缺省的帧速率为每秒 30 帧。时间配置用于对动画的模式和速度等数据进行设置。

单击"时间配置"按钮，打开"时间配置"对话框。在"时间配置"对话框中，提供了帧速率、时间显示、播放和动画的设置。使用此对话框可以更改动画的长度、拉伸或重缩放，还可以设置活动时间段或动画的开始帧和结束帧。

（2）动画控制工具。动画控制区内的工具和时间滑块用于对动画的关键点进行编辑，以及对播放时间等参数进行控制，是制作三维动画最基本的工具，如图 6-46 所示。

图 6-46 动画控制工具

动画控制区主要包括关键帧工具和播放控制器。其功能在下面的例子中进行介绍。

（3）创建简单对象动画。

【例 6-17】使用"自动关键点"创建动画——小球弹跳。

要在 3ds max 中创建关键帧，就必须在打开动画按钮的情况下，在非第 0 帧改变某些对象。一旦进行了改变，原始数值被记录在第 0 帧，新的数值或者关键帧数值被记录在当前帧。

① 在顶视图中创建一个球体和一个长方体对象。打开"时间配置"对话框，将动画的"结束时间"改为 30。

② 单击"自动关键点"按钮 自动关键点，开启自动关键点模式，自动记录物体当前的运动轨迹。当开启自动关键点模式时，所有对运动、旋转和缩放的更改都将设置成关键帧。时间滑块和活动视图边框都变成红色，时间滑块在第 0 帧。单击球体对象，将鼠标光标放在 Z 轴上，向上拖动球对象到空中。注意：轨迹栏下面坐标显示 Z 值的变化。在执行该操作时，将创建位置关键点，关键点显示在轨迹栏上。如图 6-47 所示。

③ 将时间滑块移至第 15 帧。将球体沿着 Z 轴向下移动。如图 6-48 所示。

④ 通过复制的方法完成。使球在第 30 帧时上升到它的原始位置。鼠标右键单击时间滑块的帧指示器 15 / 30，弹出"创建关键点"对话框，如图 6-49 所示。在弹出的"创建关键点"对话框中，将"源时间"更改为 0，将"目标时间"更改为 30。这将复制从第 1 帧到第 30 帧的关键点。从而通过复制的方法使球在第 30 帧时上升到它的原始的位置。

图 6-47　小球在第 1 帧的位置

图 6-48　第 15 帧的位置

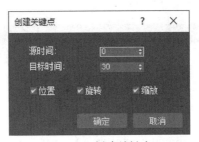
图 6-49　创建关键点

⑤ 取消选择"自动关键点"按钮，单击"播放动画"按钮 ▷，播放动画，查看动画效果。小球上下运动。因为第一帧和最后一帧相同，所以动画播放时看起来像是来回

循环。

【例 6-18】　使用"设置关键点"创建动画——旋转茶壶。

① 打开例 6-5 中的圆桌，再创建一个茶壶，放在圆桌桌面上。

② 单击 设置关键点 按钮，切换设置关键点模式。注意：单击该按钮，将进入关键点动画设置模式，此时在视图中进行的编辑，只有在单击"设置关键点"按钮 后，才在当前时间滑块位置创建关键帧。

将时间滑块拖曳到第 10 帧，单击"设置关键点"按钮，这时，在第 10 帧创建了关键帧。

③ 将时间滑块拖到第 90 帧，选择茶壶，单击主工具栏的"选择并旋转"按钮，使茶壶沿 Z 轴顺时针旋转 180°。再单击"设置关键点"按钮，在第 90 帧创建第 2 个关键帧。

④ 点击"播放"按钮，播放动画。

2. 设置和控制动画

3ds Max 中，几乎可以对场景中的任何对象进行动画设置。在例 6-17 中，使用"自动关键点"创建动画后，当需要对动画进行设置和修改时，可以使用轨迹视图。

（1）轨迹视图。轨迹视图可以管理场景和精确修改动画，用于对动画轨迹和关键帧进行设置和修改，完成手工设置无法完成的动画工作。

轨迹视图有"曲线编辑器"和"摄影表"两种模式。"曲线编辑器"模式是将动画显示为功能曲线，用于对动画进行精确的创建、修改和编辑。在曲线编辑器中，动画轨迹的关键帧信息会以功能曲线的形式来显示和操作，功能曲线既可以将动画的变化可视化，表示出动画随着时间而产生的各种变化，也可以编辑动画的时间。

① 打开轨迹视图。在主工具栏中单击"曲线编辑器"按钮，或在菜单栏中选择"图形编辑器"→"轨迹视图-曲线编辑器"命令，即可打开"轨迹视图-曲线编辑器"窗口，如图 6-50 所示。

② 轨迹视图的作用。轨迹视图可以执行多种场景管理和动画控制任务，包括：显示场景中对象及其参数的列表，更改关键点的值，更改关键点的时间，更改控制器范围，更改关键点间的插值，编辑多个关键点的范围，编辑时间块，向场景中加入声音，创建并管理场景的注释，更改动画参数的控制器，以及选择对象，顶点和层次等。

③ 轨迹视图界面。轨迹视图界面由菜单栏、工具栏、层级清单/控制器窗口和编辑窗口/关键点窗口组成。在界面的底部还有时间标尺、导航工具和状态工具。

在图 6-50 中，轨迹视图的控制器窗口中查看长方体和球体对象。注意：高亮显示它们的图标以及球体的 X、Y、Z 位置轨迹。但未高亮显示长方体的轨迹，因为长方体的轨迹不包含任何动画。

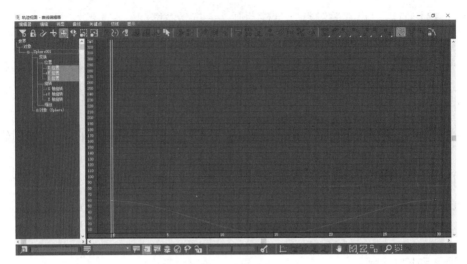

图 6-50　曲线编辑器

（2）使用曲线编辑器。为物体设置动画属性以后，在"轨迹视图-曲线编辑器"窗口中就会有与之相对应的曲线。其中，X 轴默认使用红色曲线来表示，Y 轴默认使用绿色曲线来表示，Z 轴默认使用蓝色曲线来表示。

【例 6-19】使用曲线编辑器控制小球的弹跳效果。

在例 6-17 中，球体是上下均匀移动的，没有"反弹"，好像没有重量一样地浮动。因为它们是均匀分布的，既不加速，也不减速。若要使球反弹得更真实，可以打开"曲线编辑器"调整功能曲线。

① 控制中间帧。若要控制中间帧，在视图中右键单击球体并选择"曲线编辑器"。在左侧控制器窗口中，单击仅选择 Z 位置轨迹。此时，右侧的"关键点窗口"中显示的唯一曲线就是要操作的曲线。

围绕第 15 帧的位置关键点拖动，以选择它。选定的关键点在曲线上变成白色。

使用切线控制柄操纵曲线。要访问控制柄，必须更改切线类型。在"轨迹视图"工具栏中单击"将切线设置为自动"，出现了一对切线控制柄。

按住 Shift 键，并在"关键点窗口"中将左侧的控制柄向上拖动。使用 Shift 键可以独立于"右控制柄"操纵"左控制柄"。通过操纵该控制柄，获得不同效果。如图 6-51所示。

② 添加参数曲线超出范围类型。可以使用多种方法不断重复一连串的关键点，来重复关键帧运动，而无须制作它们的副本，并将它们沿时间线放置。使用"参数曲线超出范围类型"可以选择在当前关键点范围之外重复动画的方式。其优点是，当对一组关键点进

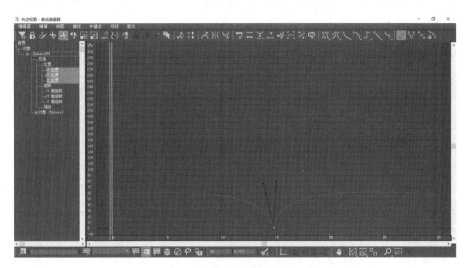

图 6-51 调整切线控制柄

行更改时，更改会反映到整个动画中。

单击"时间配置"，将"动画结束时间"更改为 120。这会在现有的 30 帧基础上添加 90 个空白帧。此操作不会将 30 帧扩展超过 120 帧。这样球仍然是在第 1 帧到第 30 帧之间反弹一次。

返回到"轨迹视图"，单击"编辑"→"控制器"→"超出范围类型"，弹出"参数曲线超出范围类型"对话框，如图 6-52 所示。

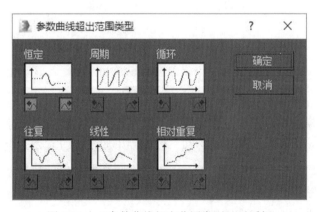

图 6-52 "参数曲线超出范围类型"对话框

单击"周期"图下面的两个框，为"输入"和"输出"选择"周期"方式。这样，小球在第 1 帧到第 120 帧之间重复运动。注意：第 30 帧后无关键点，任何对原始关键点的更改都将会在循环中反映出来。

3. "运动"命令面板

"运动"命令面板用于控制选中对象的运动路径，指定动画控制器，还可以对单个关键点信息进行编辑。"运动"命令面板由"参数"和"运动路径"两部分组成。

（1）"运动路径"，用于控制显示对象随时间变化而移动的路径。

（2）"参数"。在"选择级别"下选择"参数"，可以指定动画控制器。打开"指定控制器"卷展栏，如图 6-53 所示，可以为选择的对象指定各种动画控制器，以完成不同类型的运动控制。单击"指定控制器"按钮，可以在动画控制器列表框中选择一个动画控制器。

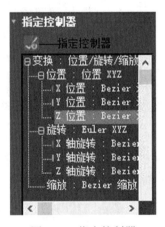

图 6-53　指定控制器

本 章 小 结

三维计算机建模也称为三维数字化设计，是指在三维空间中对场景表面以及地表以上的各种自然与人工对象进行三维模拟表现，以便产生能给人以真实场景体验、感知与印象的数字景观。建立三维数字模型的任务是：根据不同类型对象的特征，建立其三维数字模型，并通过材质、贴图和光照效果构建出在外形、光照、质感等各方面都与真实对象相似的模型，以尽可能真实地表现真实景观。

本章重点讲解了使用 3ds Max 进行三维数字建模的概念、方法和基本操作。讲述了3ds Max 建模、基本材质贴图的使用，以及灯光和摄影机等。

随着相关技术难题不断被突破，三维数字化产品在军事航天、娱乐休闲、教育培训等领域有更深入和广泛的应用。三维建模技术也是虚拟现实的基础。

习　题

一、单选题

1. 3ds Max 中，使用"创建"→"几何体"→"标准基本体"命令，不可以创建的对象是(　　)。

    A. 圆柱体　　　　　B. 平面　　　　　　C. 茶壶　　　　　　D. 螺旋线

2. 3ds Max 中，复制对象时，(　　)克隆方式生成的新对象与原始对象相互独立，互不影响，而(　　)克隆方式生成的新对象与原始对象会相互影响。

    A. 复制　实例　　B. 参考　实例　　C. 实例　复制　　D. 复制　参考

3. 各个视图左下角有一个坐标轴，这个坐标系是 (　　)，其坐标原点位于视图中心。该坐标系永远不会变化。

    A. 视图坐标系　　B. 局部坐标系　　C. 世界坐标系　　D. 拾取坐标系

4. 3ds Max 的镜像命令，对应的是 (　　) 坐标系。

    A. 万向　　　　　B. 栅格　　　　　　C. 世界　　　　　　D. 拾取

5. 下列(　　)不属于 3ds Max 的扩展基本体。

    A. 异面体扩展基本体　　　　　　B. 环形结扩展基本体

    C. L 形挤出扩展基本体　　　　　D. 长方形基本体

6. 3ds Max 的命令面板中，用于编辑可编辑对象（如网格、面片）控件的面板是(　　)。

    A. 创建面板　　　B. 修改面板　　　C. 显示面板　　　D. 运动面板

7. 3ds Max 中，添加或编辑修改器在(　　)面板中完成。

    A. 创建　　　　　B. 修改　　　　　　C. 显示　　　　　　D. 实用程序

8. 3ds Max 中，下列不包含在编辑修改器列表中的是(　　)。

    A. 倒角　　　　　B. 编辑网格　　　　C. 车削　　　　　　D. 放样

9. 在 3ds Max 中，当选择一个对象时，坐标系定位在对象的(　　)。

    A. 横轴上　　　　B. 竖轴上　　　　　C. 箭头上　　　　　D. 轴点上

10. 制作一个"被咬了一口的苹果"，可以使用的复合建模方法是(　　)。

    A. 布尔　　　　　B. 倒角　　　　　　C. 图形合并　　　　D. 挤出

11. 车削修改器制作的模型中间有黑色发射状区域，取消这个区域可使用的参数是(　　)。

    A. 光滑　　　　　B. 焊接内核　　　　C. 翻转法线　　　　D. 调整轴线

12. 制作不含盖子的牙膏体模型主要使用的是(　　)。

  A. 放样　　　　　B. 布尔　　　　　C. 挤出　　　　　D. 散布

13. 打开材质编辑器的快捷键是(　　)。

  A. M　　　　　　B. V　　　　　　C. S　　　　　　D. T

14. 标准灯光中不包括以下(　　)灯光。

  A. 聚光灯　　　　B. 光度学灯光　　C. 平行光　　　　D. 泛光灯

15. 关键帧动画的设置方式有自动关键点和(　　)。

  A. 约束动画　　　B. 路径动画　　　C. 位置动画　　　D. 手动设置关键点

16. 下列(　　)不属于动画控制器。

  A. 浮动控制器　　B. 点控制器　　　C. 位置控制器　　D. 坐标控制器

17. 下列(　　)不是动画约束的类型。

  A. 路线约束　　　B. 注视约束　　　C. 方向约束　　　D. 位置约束

18. 云、雨、风、火、烟雾、暴风雪以及爆炸等动画效果通常用 3ds Max 的(　　)。

  A. 粒子系统　　　B. 空间扭曲　　　C. 动力学系统　　D. 三维渲染

19. 3ds Max 可以制作出物体与物体之间的物理作用效果的是(　　)系统。

  A. 物理学　　　　B. 物体作用　　　C. 物力学　　　　D. 动力学

20. 3ds Max 提供了四种环境特效，以下不正确的有(　　)。

  A. 爆炸特效　　　B. 喷洒特效　　　C. 燃烧特效　　　D. 雾特效

二、填空题

1. 3ds Max 基础建模方式有_____、复合对象建模和二维图形建模等。

2. 3ds Max 中默认的四个视图标签是_____、_____、_____和_____。

3. 3ds Max 中，使用选择并旋转按钮时，红色代表_____轴，绿色代表_____轴，蓝色代表_____轴。当对某一轴进行操作时，此轴会变化成_____色。

4. 圆柱体的_____属性值决定了弯曲曲面边的个数，其值越大，侧面越接近圆形。

5. 要使物体产生弯曲效果，可以使用_____修改器；要使物体产生扭曲效果，可以使用_____修改器。

6. 3ds Max 中，材质的构成有颜色构成、反射高光、自发光和_____。而材质_____的色彩决定了对象本身的颜色。

7. 3ds Max 中，灯光的类型有_____和_____。

8. 烘托场景气氛、产生视觉冲击的主要是由_____来控制的。

9. 如果想要用 3ds Max 制作雪花飘落的动画效果，可以使用_____。

10. 3ds Max 默认的渲染器是_____。

三、简答题

1. 简述三维建模的主要方法。

2. 请列出几种常用的三维物体修改器及其各自的功能。

3. 简述标准灯光中，聚光灯的种类与区别。

4. 简述制作关键帧动画的步骤和方法。

5. 简述 3ds Max 动画控制器的种类及其作用。如何为动画对象指定动画控制器？

四、操作题

1. 使用 3ds Max 的标准基本体创建三维模型。

2. 使用 3ds Max 的扩展基本体创建三维模型。

3. 使用 3ds Max 的布尔运算制作三维模型。

4. 使用 3ds Max 的挤出、车削、弯曲等修改器将二维对象转换成三维模型，如碗、酒杯、花瓶等。

5. 使用可编辑网格建模方法，制作三维模型，如杯子等。

6. 使用多边形建模方法，制作三维模型，如苹果、足球等。

7. 为三维模型设置材质和贴图。

8. 使用 3ds Max 制作关键帧动画。

9. 创建路径约束动画。创建一个球体，再创建一条曲线作为路径，让球体沿着路径移动。

10. 制作一个三维画廊模型，为模型添加材质和贴图，并加上灯光，添加光影效果。

五、思考题

1. 如何进行三维建模，并使用 3D 打印机进行打印？

2. 什么是基于图像的三维建模技术？与传统的三维建模方法相比，有什么特点？

3. 二维动画和三维动画的概念与区别。

第7章
初识虚拟现实

本 章 导 学

☞ **学习内容**

虚拟现实（Virtual Reality，VR）技术产生于20世纪60年代，作为一项综合性的信息技术和一门极具挑战性的时尚前沿交叉学科，虚拟现实融合了计算机图形学、多媒体技术、计算机仿真技术、传感器技术、显示技术、网络并行处理、人工智能及社会心理学等多个信息技术分支和研究领域，是多媒体和三维技术发展的更高境界。

本章首先介绍虚拟现实的基本概念和基本特征，接着介绍虚拟现实的发展历程、虚拟现实系统的分类和虚拟现实的研究现状，介绍虚拟现实的应用VR+，以及虚拟现实的硬件设备，最后介绍虚拟现实的发展机遇和遇到的问题。

☞ **学习目标**

（1）掌握虚拟现实的概念和特征。

（2）了解虚拟现实的发展历程和研究现状。

（3）了解虚拟现实系统的组成和分类。

（4）了解虚拟现实技术的应用领域。

（5）了解虚拟现实的主要硬件设备。

（6）了解虚拟现实的发展机遇、虚拟现实技术存在的局限性及其产业所面临的技术屏障。

（7）了解虚拟现实技术的研究方向、发展趋势及面临的问题。

☞ **学习要求**

（1）掌握虚拟现实的概念和三个基本特征，认识虚拟现实。

（2）了解虚拟现实发展的历程和国内外虚拟现实的研究现状，以及国内相关产业链布局。

（3）了解虚拟现实系统的组成，了解桌面式 VR 系统、沉浸式 VR 系统和分布式 VR 系统。

（4）了解虚拟现实的应用，掌握虚拟现实技术在所学专业中的应用。

（5）了解虚拟现实的硬件设备和典型产品，能够使用 VR 头戴设备+手机体验 VR 应用。

（6）知晓虚拟现实的发展趋势和瓶颈问题。

7.1　什么是虚拟现实

7.1.1　基本概念

虚拟现实是利用计算机模拟产生一个多维信息空间的虚拟世界，提供参与者视觉、听觉、触觉、嗅觉、味觉等感官的模拟，让人身临其境，实时、自由地感知三维空间内的一切事物。其技术目的是由计算机模拟生成一个三维虚拟环境，参与者可以通过一些专业传感设备，感触和融入该虚拟环境，在虚拟现实环境中，参与者看到的是全彩色主体景象，听到的是虚拟环境中的音响，手（或脚）可以感受到虚拟环境反馈给他的作用力，以自然的方式与虚拟环境进行交互作用、相互影响，从而产生身临其境的感受和体验。

虚拟现实的概念包括以下含义：

（1）模拟环境：由计算机生成的实时动态的三维立体逼真图像。"逼真"就是要达到三维视觉，甚至三维听觉、触觉及嗅觉等的逼真。模拟环境可以是某一特定现实世界的真实再现，也可以是虚拟构想的世界。

（2）多感性：虚拟现实具有人所具有的感知，除了计算机图形技术所生成的视觉感知以外，还有听觉、触觉、力觉、运动等感知，甚至还包括嗅觉和味觉等感知。

（3）自然技能：沉浸在虚拟环境中的自然技能是指人的头部转动、眼睛转动、打手势或其他人体的行为动作。

（4）虚拟现实借助于立体头盔显示器、数据手套等三维交互设备和传感设备来完成交互操作。

虚拟现实的原理如图 7-1 所示。

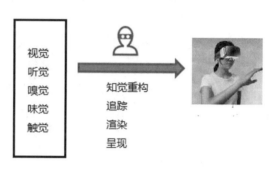

图 7-1　虚拟现实的原理

7.1.2　虚拟现实的基本特征

虚拟现实是计算机与用户之间的一种更为理想化的人机界面形式。与传统计算机接口相比，虚拟现实系统具有三个重要特征：沉浸感（Immersion）、交互性（Interaction）和想象力（Imagination）。任何虚拟现实系统都可以用这 3 个"I"来描述其特征，其中沉浸感与交互性是决定一个系统是否属于虚拟现实系统的关键特征。

1. 沉浸感（存在性）

沉浸感又称临场感。虚拟现实技术是根据人类的视觉、听觉的生理心理特点，由计算机产生逼真的三维立体图像，使用者通过头盔显示器、数据手套等交互设备，将自己置身于虚拟环境中，成为虚拟环境中的一员。使用者与虚拟环境中各种对象的相互作用，就如同在现实世界中的一样，当使用者转动头部时，虚拟环境中的图像也实时地跟随变化，物体可以随着手势移动而运动，使用者还可听到三维仿真声音，仿佛身临其境地感受非常逼真的虚拟环境。沉浸感是虚拟现实最终实现的目标。

2. 交互性

虚拟现实系统中的人机交互是一种近乎自然的交互，人们不仅可以利用计算机键盘、鼠标进行交互，而且能够通过特殊头戴设备、数据手套等传感设备进行交互。计算机能根据使用者的头、手、眼、语言及身体的运动，来调整系统呈现的图像及声音，使用者可通过语言、身体运动或动作等自然技能，来观察或操作虚拟环境中的对象。

3. 想象力

想象力是指使用者在虚拟环境中根据所获取的多种信息和自身在系统中的行为，通过逻辑判断、推理和联想等思维过程，随着系统的运行状态变化而对其未来进展进行想象的能力。

此外，多感知性也是虚拟现实的一个重要特性。正是由于虚拟现实系统中装有视、听、触、动觉的传感及反应装置，使得使用者在虚拟环境中可以获得视觉、听觉、触觉、动觉等多种感知，从而达到身临其境的感受。

7.2　虚拟现实的发展历程

计算机技术的发展促进了多种技术的发展。虚拟现实技术在经历了漫长的技术积累后，逐步成长起来，并且日益强大。虚拟现实的发展经历了从萌芽探索阶段到走向实用阶段，再到理论完善和应用阶段，直至进入产业化发展阶段。

7.2.1　探索阶段

20 世纪 50—70 年代，是虚拟现实技术的概念萌芽期和探索阶段。1956 年，在全息电影技术的启发下，美国电影摄影师 Morton Heiling 开发了一个多通道体验的显示系统 Sensorama Simulator，用户可以感知到事先录制好的体验，包括景观、声音和气味等。1960 年，Morton Heiling 研制的 Sensorama 立体电影系统获得了美国专利，此设备与 20 世纪 90 年代的头盔显示器非常相似，是具有多种感官刺激的立体显示设备，如图 7-2 所示。

1965 年，计算机图形学的奠基者美国科学家 Ivan Sutherland 博士在国际信息处理联合会大会上提出了 "the ultimate display" 概念。首次提出了全新的、富有挑战性的图形显示技术，即不是通过计算机屏幕这个窗口来观看计算机生成的虚拟世界，而是使用户直接沉浸在计算机生成的虚拟世界中，就像生活在客观世界中。随着使用者随意转动头部与身体，其所看到的场景就会随之发生变化，也可以通过手、脚或眼睛，以自然的方式与虚拟世界进行交互，虚拟世界会产生相应的反应，使用者会有一种身临其境的感觉。

1968 年，Ivan Sutherland 使用两个可以戴在眼睛上的阴极射线管研制出了第一个头盔式显示器，如图 7-3 所示。

图 7-2　Sensorama 系统

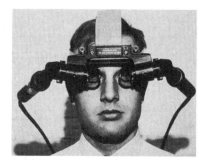

图 7-3　头盔式显示器

20 世纪 70 年代，Ivan Sutherland 在原来研究的基础上，把模拟力量和触觉的力反馈装置加入系统中，研制出一个功能较齐全的头盔式显示器系统。

7.2.2　走向实用阶段

20 世纪 80 年代，虚拟现实技术系统化，从实验室走向实用阶段。美国的 VPL 公司创始人 Jaron Lanier 正式提出了 "virtual reality" 一词。当时研究此项技术的目的是提供一种比传统计算机模拟更好的方法。

1984 年，美国宇航局（NASA）研究中心虚拟行星探测实验室开发了用于火星探测的虚拟世界视觉显示器，将火星探测器发回的数据输入到计算机中，用于地面研究人员构造火星表面的三维虚拟世界。

1986 年，NASA 成功研制出第一套基于头盔显示器和数据手套的 VR 系统 VIEW（Virtual Interactive Environment Workstation，虚拟交互环境工作站）。这是世界上第一个较为完整的多用途、多感知的 VR 系统，使用了头盔显示器、数据手套、语言识别与跟踪技术等，并应用于空间技术、科学数据可视化、远程操作等领域。

7.2.3　理论完善和应用阶段

20 世纪 90 年代至 2010 年，是虚拟现实技术理论的完善和应用阶段。

在 1990 年第 17 届国际图形学会议上，与会专家们报道了近年来输入输出设备技术以及声、像等多媒体技术的进展，使得交互技术从二维输入向三维甚至多维的方向过渡，使三维交互取得了突破性的进展。随着新的输入设备的研制成功和微型视频设备的投入使用，以及工作站提供的更强有力的图形处理能力，都为构成"虚拟现实"的交互环境提供了技术条件。

1992 年，大型洞穴式虚拟现实展示系统在国际图形学会议上以独特的风貌展现在人们面前，标志着这一技术已经登上了高新技术的舞台。

1996 年 10 月，世界上第一个虚拟现实技术博览会在伦敦开幕。全世界的人们可以通过互联网参观这个没有场地、没有工作人员、没有真实展品的虚拟博览会。

进入 20 世纪 90 年代以后，迅速发展的计算机硬件技术、计算机软件系统和互联网技术，极大地推动了虚拟现实技术的发展，使基于大型数据集合的声音和图像的实时动画制作成为可能，人机交互系统的设计不断创新，很多新颖、实用的输入输出设备不断出现在市场上，为虚拟现实技术的发展奠定了良好的基础。

7.2.4 产业化发展阶段

2012 年至今，虚拟现实技术进入产业化的快速发展阶段。在这期间，互联网普及、计算能力和 3D 建模等技术的进步大幅提升了 VR 体验，虚拟现实商业化、平民化有望得以实现。

2012 年，随着 Oculus Rift 开发项目开始众筹，虚拟现实迎来一个新阶段，即 2C 端的 VR 消费电子设备将登上历史舞台。显示器分辨率提升、显卡渲染效果和 3D 实时建模能力等技术的提升，带来了 VR 设备的轻量化、便捷化和精细化，从而大幅度地提升了 VR 设备的体验质量。

2014 年 Facebook 耗资 20 亿美元收购 Oculus 成为行业内轰动性的事件，标志着互联网巨头开始抢占 VR 市场，如三星、谷歌、索尼、HTC 等国际消费电子巨头均宣布了自己的 VR 设备计划。2014 年 Google 发布了 Google Cardboard，三星发布了 Gear VR。

2016 年苹果发布了名为 View-Master 的 VR 头盔。HTC 的 HTC Vive、索尼的 PlayStation VR 也相继出现。微软推出 HoloLens 全息眼镜，VR 进入产品成型爆发期。

2016 年被称为虚拟现实应用爆发元年，虚拟现实最大产品规模的诞生，意味着虚拟现实时代的来临，而伴随着虚拟现实时代的来临，人类未来科技产业也必然发生重大变化。

随后，虚拟现实在硬件、软件、内容等方面都有了进一步的发展，正在逐步形成健全的 VR 产业生态链。虚拟现实发展中的重要事件如表 7-1 所示。

表 7-1   虚拟现实发展中的重要事件

年份	重 要 事 件
1956	电影摄影师 Morton Heiling 开发了多通道仿真体验系统 Sensorama，这是第一个 VR 视频系统。
1960	Morton Heiling 提交 VR 设备的专利申请文件。
1965	Ivan Sutherland 发表论文《Ultimate Display》。
1967	Morton Heiling 构造了一个多感知仿真环境的虚拟现实系统 Sensorama Simulator（首套 VR 系统）。
1968	Ivan Sutherland 组织开发了首个计算机图形驱动的头盔显示器 HMD 及头部位置跟踪系统。
1984	NASA Ames 研究中心开发出用于火星探测的虚拟环境视觉显示器。
1986	NASA 设计了双目全方位监视器（BOOM）的最早原型。VR 相关技术在飞行、航天等领域得到比较广泛的应用。
1989	Jaron Lanier 首次提出"Virtual Reality"的概念。
1991	首款消费级 VR：Virtuality 1000CS 问世，掀起了 VR 商业化的浪潮。
1993	宇航员利用虚拟现实系统成功地完成了从航天飞机的运输舱内取出新的望远镜面板的工作。 用虚拟现实技术设计波音 777 获得成功。世嘉推出 Sega VR。
1995	任天堂推出 Virtual Boy。
1996	世界上第一个虚拟现实环球网在英国投入运行。用户可以在一个由立体虚拟现实世界组成的网络中遨游，身临其境般地欣赏各地风光、参观博览会和在大学课堂听讲座。
2010	索尼 HMZ 系列头盔显示器推出。
2011	人脑工程和脑计划启动。
2014	Facebook 20 亿美元收购 Oculus，VR 商业化进程在全球范围内得到加速。
2015	HTC 联合 Valve 推出 Vive。谷歌推出 VR 全景摄像机 JUMP。Oculus 发布消费版 Rift。三星 Gear VR 正式开卖。微软、三星、HTC、索尼、雷蛇、佳能等科技巨头组团加入 VR。 百度、腾讯等巨头纷纷试水 VR。国内出现数百家 VR 创业公司。
2016	谷歌推出虚拟现实平台 Daydream，用于基于安卓系统的 VR 头戴设备、控制器和智能机的开发。 里约奥运会首次进行 VR 转播。迪士尼推出 VR 体验 APP。 微软推出 HoloLens 全息眼镜，开放了增强现实平台 Windows Holographic。阿里巴巴启动"buy+"计划。

续表

年份	重 要 事 件
2017	Facebook 发布了 AR 平台 Camera Effects，允许将 2D 图片转换为 3D 效果。苹果发布了 AR 开发平台 ARKit。微软推出 MR 平台下的 VR 设备 Odyssey。Facebook 首个 VR 社交产品亮相。VR 医疗应用取得重大进步。 中国首个自主制定的 VR 标准发布。 触觉、眼球追踪等技术取得重大发展，科技巨头纷纷布局。
2018	Magic Leap 公布了首款 AR 眼镜 Magic Leap One。Magic Leap 的 Avatar Chat 发行，该通信工具允许 Magic Leap 用户通过简单的数字角色进行实时交流。 Valve 为 SteamVR 推出了一项名为 Motion Smoothing 的新功能，能够支持更多用户进行高保真度的 VR 游戏与体验。基于云端的 VR 视频公司 Pixvana 宣布推出其全新的"overlay" VR 视频播放技术。 美国开发了名为"Tactical Augmented Reality（TAR）"的 AR 作战辅助系统，该系统能实现精确定位以及 360° 无死角掌控全局。 我国国内打造了综合性军事演示平台——军事沙盘演示 AR 系统。 加州理工学院科学家成功使用 AR 技术帮助盲人导航。药物发现公司 C4X Discovery 开发的 VR 工具 4Sight 能帮助化学家将复杂分子的结构可视化，用以研发与癌症、慢性成瘾等疾病相关的新药。
2019	头显制造商 Shadow Technologies 重新推出 Shadow Air，这是一款经过精心打造的轻量级消费级智能眼镜，用于下一代 AR 可穿戴设备。 美国国立卫生研究院推出新技术，可通过 VR 原型来探索基因环境交互。 硬件制造商 Orqa 在 CES 2019 上正式推出可远程操控车辆的 FPV. One 头显。 Pimax 宣布推出一款以商业为主的加固型"8K"系列虚拟现实头显系列。 5G 助推 VR 应用落地。

7.3 虚拟现实系统的分类

基于虚拟现实技术构建的、由处理虚拟现实的软件和硬件组成的系统，称为虚拟现实系统（Virtual Reality System，VRS）。虚拟现实系统的目标就是要达到真实体验和自然的人机交互。因此，能够达到或部分达到这样目标的系统就可以被认为是虚拟现实系统。根据交互性和沉浸感的程度以及体验环境范围的大小，虚拟现实系统可分为四大类，即桌面式虚拟现实系统、沉浸式虚拟现实系统、增强现实系统和分布式虚拟现实系统。

7.3.1　桌面式虚拟现实系统

桌面式虚拟现实系统（Desktop Virtual Reality System）是一套基于普通计算机或初级工作站的虚拟现实系统。参与者通过位置跟踪器、3D 控制器、立体眼镜等设备在计算机的屏幕上观察并操纵虚拟环境中的事物。其带来的立体视觉能使参与者产生一定程度的沉浸感。

桌面式虚拟现实系统的主要特点有：

（1）操作者处于部分沉浸的环境。即使戴上立体眼镜，但仍会受到周围现实环境的干扰，缺乏完全身临其境的感觉。

（2）结构简单，对硬件设备配置要求低，易于普及和推广。

（3）功能比较单一。主要用于计算机辅助设计和制造、建筑设计、桌面游戏等领域。

7.3.2　沉浸式虚拟现实系统

沉浸式虚拟现实系统（Immersive Virtual Reality System），是一种比较复杂的、较理想的虚拟现实系统，它提供了一种完全沉浸的体验。沉浸式虚拟现实系统利用头盔式显示器等设备，将参与者的视觉、听觉和其他感觉封闭在设计好的虚拟现实空间中，利用声音、位置跟踪器、数据手套和其他输入设备，使参与者全身心投入到虚拟环境中，有身临其境的感觉。

常见的沉浸式系统有基于头盔式显示器的系统、投影式虚拟现实系统和遥在系统等。

基于头盔式显示器的系统是采用头盔式显示器实现完全投入的，使操作者从听觉到视觉都能投入到虚拟环境中。

洞穴式虚拟现实系统是一种基于投影的虚拟现实系统。它将高分辨率的立体投影技术、三维计算机图形技术和音响技术等有机地结合在一起，产生一个完全沉浸式的虚拟环境。借助于虚拟现实交互设备，多名参与者可以获得身临其境和 6 个自由度的交互感受。

"遥在"技术是一种新兴的综合利用计算机、网络、三维成像、全息等技术，把远处的现实环境移动到近前，并对这种移近环境进行干预的技术。遥在系统常用于 VR 技术与机器人技术相结合的系统。通过这样的系统，当某处的操作者操纵一个虚拟现实系统时，其结果却在另一个地方发生，操作者通过立体显示器获得深度感，显示器与远地的摄像机相连。通过运动跟踪与反馈装置跟踪操作员的运动，反馈远地的运动过程，并把动作传送到远地完成。

沉浸式虚拟现实系统的主要特点有：

（1）高度沉浸感。沉浸式虚拟现实系统依靠多种输入与输出设备来营造一个虚拟的世界，使参与者完全沉浸在虚拟环境里。

（2）具有高度的实时性，具有强大的软硬件支持功能和良好的系统整合性。

（3）硬件设备的价格相对较高，目前难以普及。

7.3.3　增强现实系统

传统的虚拟现实技术常常把参与者与真实世界隔离开来，这样则存在建模工作量大、模拟成本高、与现实世界匹配程度不够以及可信度低等问题。而虚拟现实增强技术，将虚拟环境与现实环境进行匹配合成以实现增强，其中，将三维虚拟对象叠加到真实世界显示的技术称为增强现实，将真实对象的信息叠加到虚拟环境绘制的技术称为增强虚拟环境，这两类技术可以形象化地描述为"实中有虚"和"虚中有实"。虚拟现实增强技术通过真实世界和虚拟环境的合成降低了三维建模的工作量，借助真实场景及实物提高了参与者的体验感和可信度，促进了虚拟现实技术的进一步发展。

增强现实系统（Augmented Reality System）是将参与者看到的真实环境和计算机所创造出来的虚拟景象融合为一体的一种系统，具有虚实结合、实时交互的特点。如图 7-4 所示是一个典型的增强现实系统，该系统由头戴式显示器、位置跟踪系统与交互设备以及计算设备组成。

图 7-4　一个典型的增强现实系统

增强现实系统具有虚实互补、真实感强、互动效果好等特点，成为近年来国内外众多知名高校和研究机构开发、研究的一大热点，并广泛地应用在人们社会生活的各个方面。

本书在第 9 章对增强现实技术进行了介绍。

7.3.4　分布式虚拟现实系统

分布式虚拟现实系统（Distributed Virtual Reality System）是一个基于网络的可供异地多用户同时参与的分布式虚拟环境。在这个环境中，位于不同物理位置的多个用户或多个虚拟环境通过网络相连，或者多个用户同时参加一个虚拟现实环境，通过计算机与其他用户进行交互，并共享信息。在分布式虚拟现实系统中，多个参与者可通过网络对同一虚拟世界进行观察和操作，以达到协同工作的目的。分布式虚拟现实系统主要应用于远程虚拟会议、虚拟医学会诊、多人网络游戏、虚拟战争演习，以及制造业中的分布式设计等领域。

7.4　虚拟现实的研究现状

虚拟现实的诸多技术和应用的快速发展，向人们展示了诱人的美好前景，我国以及世界上很多国家纷纷投入人力、物力进行了广泛有效的深度研究。同时，计算机性能的提高、价格的降低，以及多媒体技术、网络技术等信息技术的发展都为虚拟现实技术奠定了基础。

7.4.1　国外虚拟现实技术研究现状

美国是虚拟现实技术研究的发源地。最初的研究应用主要集中在美国军方对飞行驾驶员与宇航员的模拟训练中。目前，美国在该领域的基础研究主要集中在感知、用户界面、后台软件和 VR 硬件等方面。

20 世纪 80 年代，美国宇航局及美国国防部组织了一系列有关虚拟现实技术的研究，并取得了令人瞩目的成果，美国宇航局 Ames 实验室致力于"虚拟行星探索"的实验计划。NASA 已经建立了航空、卫星维护 VR 训练系统、空间站 VR 训练系统，并建立了可供全国使用的 VR 教育系统。

此外，美国的大学和公司也开展了虚拟现实技术的研究和应用。北卡罗来纳大学是最早开展 VR 研究的大学，其研究重点在分子建模、航空驾驶、外科手术仿真、建筑仿真等方面。乔治梅森大学研制出一套在动态虚拟环境中的流体实时仿真系统。麻省理工学院成立了媒体实验室，并进行了虚拟环境的研究。美国波音公司将虚拟现实技术应用于设计制造中。在波音 777 运输机的设计制造中,利用所开发的虚拟现实系统,将虚拟环境叠加于真实环境之上,把虚拟的模板显示在正在加工的工件上,工人根据此模板控制待加工工件尺寸,从而简化了加工过程。

英国在 VR 开发,特别是分布并行处理、辅助设备(包括触觉反馈)设计和应用研究方面领先。欧洲其他一些国家,如荷兰、德国、瑞典等国也积极开展了 VR 的研究与应用。

日本主要致力于建立大规模 VR 知识库和虚拟现实游戏方面的研究。东京技术学院精密和智能实验室研究了一个用于建立三维模型的人性化界面 SPINAR。日本国际工业和商业部产品科学研究院开发了一种采用 XY 记录器的受力反馈装置,应用在一个虚拟现实的"游戏棒"中。东京大学高级科学研究中心的研究重点主要集中在远程控制方面,其中一个研究项目是可以使用户控制远程摄像系统和一个模拟人手的随动机械人手臂的主从系统。东京大学重点研究虚拟现实的可视化问题,他们开发的一套虚拟全息系统,用于克服当前显示和交互作用技术的局限性。日本奈良尖端技术研究生院于 2004 年开发出一种嗅觉模拟器,只要把虚拟空间里的水果放到鼻尖上闻,装置就会在鼻尖处散发出水果的香味,这是虚拟现实技术在嗅觉研究领域的一项突破。

7.4.2 国内虚拟现实技术研究现状

与一些发达国家相比,我国虚拟现实技术还存在一定的差距。但已引起政府部门以及专家学者、企业家、行业用户、投资机构人士的广泛关注、研究和应用。特别是在 2016 年,虚拟现实技术被正式列入我国《战略性新兴产业重点产品和服务指导目录(2016 版)》。在国家《"十三五"规划纲要》中也明确提出,将大力推进虚拟现实等新兴前沿领域创新和产业化,形成一批新增长点。随后,虚拟现实设计与制作的相关行业和企业如雨后春笋般不断涌现,逐步形成了完善的生态链。

北京航空航天大学是国内最早进行 VR 研究、最有权威的单位之一,他们首先进行了一些基础知识方面的研究,并着重研究了虚拟环境中物体物理特性的表示与处理;在虚拟现实中的视觉接口方面开发出部分硬件,并提出有关算法及实现方法。实现了分布式虚拟环境网络设计,建立网上虚拟现实研究论坛,可以提供实时三维动态数据库,提供虚拟现实演示环境,提供用于飞行员训练的虚拟现实系统,提供开发虚拟现实应用系统的开发平台。

清华大学在虚拟现实和临场感方面进行了研究,如在球面屏幕显示和图像随动、克服立体图闪烁的措施和深度感实验等方面都具有不少独特的方法。

浙江大学 CAD&CG 国家重点实验室开发出一套桌面型虚拟建筑环境实时漫游系统。

2003 年，由浙江大学、中科院软件研究所、清华大学、北京航空航天大学等联合承担 2002 年度"国家重点基础研究发展规划"（即"973"计划）中的"虚拟现实的基础理论、算法及其实现"项目，旨在对虚拟环境的建立、自然人机交互、增强式 VR、分布式 VR、VR 在产品创新中的应用等技术进行联合攻关。

此外，国内许多高校和科研院所都开展了虚拟现实相关技术的研究，并开设了相关课程。

7.5　虚拟现实的应用：VR+

人们最早知道虚拟现实，一般都是从游戏或电影中获知的科幻镜头，然而，这个仿佛只出现在院线最热门的科幻电影里的科学技术已经慢慢渗透到我们的生活里了。一副眼镜，一只手柄，便能带人们进入到任何程序设定的世界，足不出户就能身处原野山林，甚至宇宙苍穹。

虚拟现实技术给人们提供了一种特殊的自然交互环境，它几乎可以支持人类的任何社会活动，适用于任何领域。由于虚拟现实技术具有成本低、安全性能高、形象逼真、可重复使用等特点，而使其在人类社会活动方面迅速普及，目前已广泛深入到航空航天、军事训练、指挥系统、机器人、医疗卫生、教育培训、文化娱乐、城市建筑、商业展示、广告宣传、可视化计算、制造业等多个领域，并且将进入家庭，直接与人们的生活、学习和工作密切相关。

7.5.1　航空航天领域

在航空航天领域，虚拟现实技术发挥着决定性作用。仅从航天员的培养方面看，由于太空环境极为复杂，宇航员需要在地面上进行适应性训练，模拟失重过程下操控宇宙飞船的方法，以及宇宙飞船与太空站的对接，宇航员乘坐太空车登陆月球等。由于这些操作训练具有极大的风险，并且又无法直接在太空中进行训练，所以只能在地面上依靠虚拟现实技术来模拟。美国航空航天局将虚拟现实系统用于国际空间站组装、训练等工作，欧洲航天局利用虚拟现实系统开展虚拟现实训练，英国空军将其应用于虚拟座舱。

7.5.2　军事领域

军事领域研究是推动虚拟现实技术发展的原动力，目前依然是主要的应用领域。虚拟现实技术主要应用在辅助军事指挥决策、军事训练和演习、军事武器的研究开发等方面。

采用虚拟现实系统不仅提高了作战能力和指挥效能，而且大大减少了军费开支，节省了大量人力、物力，同时公共安全等也可以得到保证。虚拟现实技术不仅可以非常清晰地表现战场的地形地貌，还可以有精确的经纬坐标显示，甚至可以和计算机的军事辅助决策系统相连，提供多种方案建议，用于军事指挥决策。虚拟军事训练和演习不仅不需要动用实际装备而使受训人员具有身临其境之感，而且还可以任意设置战斗环境背景，对作战人员进行不同作战环境、不同作战预案的多次重复训练，使作战人员迅速积累丰富的作战经验，极大地提高了部队训练效率。其中，SIMNET 是一个典型的虚拟战场系统，以提供坦克协同训练，该系统可联结 200 多台模拟器。

武器设计研制的成本高，而虚拟现实技术则可提供具有先进设计思想的设计方案，并使用计算机仿真武器来进行性能评价。得到最佳性价比的仿真武器后，再投入武器的大批量生产。此过程缩短了武器研制的制作周期，降低了成本，提高了武器的性价比。

7.5.3 医学领域

VR 技术在医学领域的应用具有十分重要的现实意义。其应用范围包括从建立合成药物的分子结构模型到各种医学模拟，以及进行解剖和外科手术教育等。

虚拟环境中可以建立虚拟的人体模型，借助跟踪球、数据手套等设备，医生和学生更容易了解人体的生理构造和功能，这比现行的教科书教学方式要有效得多。

由于虚拟人可逼真地重现人体解剖画面，并可选择任意器官结构，将其从虚拟人体中独立出来，进行更细致的观察和分析，更关键的是可以任意使用，不用担心医学经济和伦理方面的问题，所以各国对虚拟人的研究都非常重视。德国汉堡 Eppendorf 大学医学院医用数学和计算机研究所就建立了一个名为 VOXEL-MAN 的虚拟人体系统，它包括人体每一种解剖结构的三维模型，肌肉、骨骼、血管及神经等任一部分都是三维可视的，使用者戴上头盔显示器就可以模拟解剖过程。在国家高技术研究发展计划（"863"计划）支持下，2001 年，由国内 4 家单位协作攻关，共同承担了中国数字化虚拟人体中的"数字化虚拟人体若干关键技术"和"数字化虚拟中国人的数据结构与海量数据库系统"项目，旨在建立中国人种的"数字化虚拟人"，其原理是通过先进的信息技术与人体生物技术相结合的方式，建立起可以在计算机上操作的可视的模型，包括人体的各器官和细胞等。

基于虚拟人体模型的虚拟手术系统，可用于验证手术方案、训练手术操作等。有研究者在 20 世纪 90 年代初基于两个 SGI 工作站建立了两个虚拟外科手术训练器，用于腿部及腹部外科手术模拟。这个虚拟环境包括虚拟手术台、虚拟的外科工具、虚拟的人体模型与器官等。

　　VR 技术在医学培训方面具有非常大的优越性，对传统的教学模式、教学手段和教学方法都产生了深刻的影响。虚拟医学实验室的建立彻底打破了空间、时间的限制，提供了生动、逼真的试验学习环境，学生成为虚拟环境的一名参与者，极大地提高学习积极性，VR 技术对突破试验教学的重点、难点，在提高实际操作技能方面发挥了积极的作用。图 7-5 所示为一个虚拟医学实验室示意图。

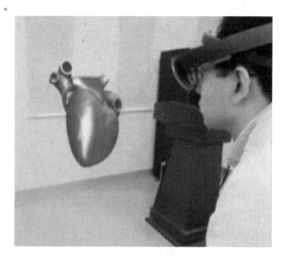

图 7-5　虚拟医学实验室

　　VR 技术也可以应用于康复训练方面。身体康复训练是指患者通过输入设备（如数据手套、动作捕捉仪）将自己的动作传入计算机，并从输出反馈设备得到视觉、听觉或触觉等多种感官反馈，最终达到大限度地恢复患者的部分或全部机体功能的训练目的。这种训练省时省力，能提高治疗的趣味性和体验性，激发被训者的积极性，最终达到提高治疗效果的目的。

　　虚拟心理康复训练是指利用搭建的三维虚拟环境治疗诸如恐高症之类的心理疾病。如 Oxford VR 公司开发了一套治疗性的虚拟现实程序，在这个程序中，人们完成诸如采摘水果或从高处救出一只猫等挑战，以克服对高处的恐惧，如图 7-6 所示。

7.5.4　城市规划、工程设计

　　城市规划和工程设计一直是对全新的可视化技术需求最为迫切的领域之一。VR 技术可以广泛地应用在城市规划的各个方面，并带来切实且可观的利益。采用 VR 系统展现城市的规划方案，利用 VR 系统的沉浸感和互动性，不但能够给用户带来强烈、逼真的感官

图 7-6 虚拟心理康复训练

冲击，获得身临其境的体验，还可以通过数据接口随时获取项目的数据资料，方便大型复杂工程项目的规划、设计、管理，有利于设计与管理人员对各种规划设计方案进行修正、补充设计以及对多方案评审，规避设计风险。

VR 技术所建立的虚拟环境是由基于真实数据建立的数字模型组合而成的，严格遵循工程项目设计的标准，要求建立逼真的三维场景，对规划项目进行真实的"再现"。用户在三维场景中任意漫游，进行人机交互，这样很多不易察觉的设计缺陷能够轻易地被发现，从而减少由于事先规划设计不周全而造成的无可挽回的损失与遗憾，大大加快了设计的速度，提高了效率和质量，节省了资金。

VR 技术使政府规划部门、设计开发人员及公众在项目实施前就能够从任意角度实时互动、真实地看到规划效果，这是传统的平面效果图、沙盘乃至动画都不能达到的。一个典型的例子是在美国佛罗里达州但尼丁镇的两座拥有 50 年历史的堤道大桥建设规划，社区对建设高层固定桥始终持反对态度，建设规划每一步都必须谨慎而细致。为了解释新大桥的设计方案，技术人员创作了 360 度的立体图像，配合三星头戴式设备，从上、下、前、后、左、右六个角度，将三种桥梁方案的全景图像通过虚拟现实成像技术呈现，这样，当地居民可以在任意时间，站在大桥的附近或者桥底下，甚至在自己家里，从任意角度、以任意视角身临其境地探索新大桥的方案，感受空间、尺度、材料、质感甚至声音，沉浸式地体验这些方案可能对该区域造成的影响。这样，很多人第一次真实地了解了建设方案，人们通过身临其境地感受，发现这一方案并不像当初想象的那么突兀，并且价格相对较低，社区的反对意见随之消失。

VR 技术也可以应用在水利工程中。水利工程是对自然界的水资源进行合理调节和分配，以达到防洪防涝及满足居民用水所需的巨大工程。其建设过程涉及修建坝、堤、溢洪道、水闸、进水口、渠道等不同建筑的施工技术，工程庞大，具有很强的系统性、综合性、经济性。对自然环境的巨大影响也使施工单位必须面对十分复杂的地质问题。地质真实情况的还原，成为规划建设中至关重要的内容。传统的二维、静态处理方式在复杂的水利工程地质分析中举步维艰，而 VR 技术则给传统水利工程建设带来福音。VR 技术能根据现实地质形态，对实景进行最大程度的还原拟真，建立高精度的水利工程虚拟现实模型。水工建筑物与地质构造真正实现三维统一的可视化、动态、仿真的施工环境，让环境观察、信息采集和科学研究回归实际。决策者能获得更可靠、更准确的研究数据，方便未来对水利工程进行更合理的规划、方案比对、整体布局设计和环境协调等。

7.5.5　文化、艺术、娱乐领域

虚拟现实是一种以最逼真的效果传播艺术家思想的新媒介，其沉浸与交互功能可以将静态的艺术转变为观察者可以探索的动态艺术，在文化艺术领域中扮演着重要角色。虚拟图书馆、虚拟博物馆、虚拟文化遗产、虚拟画廊和虚拟电影等，都是当前的虚拟现实成果。

1. 虚拟图书馆

VR 技术的发展给图书馆服务注入了新动力。在文献检索服务中应用 VR 技术，可引导、实现读者随意的检索行为，既方便快捷，也大大降低了检索技术对读者的专业知识的要求。相对于原来的图书情报平面图形和文本的二维表现形式，VR 技术可以将这些信息准确地在三维环境中显示出来，读者使用 VR 设备，不用进图书馆，就可方便及时地了解图书情报资源信息。

VR 技术的发展还能够让空间导航与漫游服务技术延伸到图书馆的对外宣传、校园导航、新生入馆教育等领域。

2. 名胜古迹

名胜古迹在保护、修缮、对外教育、开放旅游及文化延续方面具有较大技术难度和要求。因为名胜古迹具有稀缺性，同时又有非常强的文化历史教育意义，既要保护它的完整性，又要对外展示宣传，而采用 VR 技术就可以解决这一难题。通过虚拟的古迹模型展现名胜古迹的景观，不仅形象逼真，还可以结合网络技术，将艺术创作、文物展示和保护提高到一个崭新的高度，使得人们不必长途跋涉，就可以在家中舒适地选择任意路径遨游各个景点，其乐无穷。譬如，人们可以通过网络浏览故宫、长城及其他名胜古迹，加深对历史文化的了解。如图 7-7 所示为虚拟故宫示意图。

图 7-7　虚拟故宫

2010 年上海世博会的亮点之一就是网上世博会。它运用 VR 技术设计世博会的虚拟平台，将上海世博会园区以及园区内的展馆空间数字化，用三维方式再现到互联网上，全球网民足不出户就可以获得前所未有的 360 度空间游览和 3D 互动体验。这不仅向全世界的观众展示了各国的生活与文化，也展现了上海世博会的创新理念。上海世博会被称为"永不落幕"的世博会。

3. 环境艺术设计

VR 技术可以使设计环境更加逼真，并且可以突破很多现实的局限，而将设计师想象的方案场景都尽可能地虚拟营造出来，使设计创作更具艺术性。运用 VR 技术能够在各类虚拟场景里展现不同主题的场景、人物形象等，构建相对人性化的设计环境，从而丰富用户的直观感受，增强环境艺术设计作品的展示效果。

4. 影视

三维立体电影是 VR 技术的应用之一，是结合虚拟现实技术拍摄的电影。三维立体电影对人的视觉产生巨大冲击，是电影界划时代的进步。2010 年上映的电影《阿凡达》，场景气势恢宏，波澜壮阔，展现了一个原始生态星球上的美妙仙境，到处是绿树、鲜花、流水潺潺，让观众久久难以忘怀。它充分展现了电影大片中创新使用的 VR 技术，不仅完美地表现了自然界的生态美，还将电影艺术再一次从平面推向了立体，整个拍摄过程使用新一代 3D 摄影机，拍出了立体感。

5. VR 游戏

VR 游戏既是 VR 技术最先应用的领域，也是重要的发展方向之一，为 VR 技术的快速发展起到了巨大的需求牵引作用。计算机游戏从最初的文字 MUD 游戏，到二维游戏、三维游戏，再到网络三维游戏，在保持实时性和交互性的同时，逼真度和沉浸感正逐步提高和加强。例如，火爆的网络三维游戏《魔兽世界》是一款大型多人在线角色扮演游戏。它具有上百个场景、豪华的大场面制作、写实风格的地形地貌。玩家可以在不同的时间欣赏到不同的景色。除了精致的画面外，《魔兽世界》也注重丰富的感觉能力与三维显示。同时，在 VR 游戏系统中配备头戴设备，极大地增强了真实感。

目前很多游戏开发商都将 VR 游戏作为主要的发展方向，纷纷投入大量资金，力求在未来的计算机游戏项目中获得丰厚的回报。如图 7-8 所示为一个 VR 游戏示意图。

图 7-8 VR 游戏示意图

7.5.6 教育和培训领域

VR 技术应用于教育，是教育技术发展的一个飞跃。它实现了建构主义、情景学习的思想，营造了"自主学习"的环境，促进了由传统的"以教促学"的学习方式向学习者通过自身与信息环境的相互作用来得到知识、技能的新型学习方式的转变。

真实、互动的特点是 VR 技术独特的魅力。VR 技术可提供基于教学、教务、校园生活的三维可视化的生动以及逼真的学习环境，增强学生的学习动力。

在诸多课程中，实验是最重要的一个环节。利用 VR 技术，可以按照课程需要，建立不同的虚拟实验室，无需昂贵的实验设备器材，也无须专门的实验室建筑和实验管理人员，就可以低成本地引导学生参观、模仿，自己进行实验。

学习法学专业的学生，可以通过虚拟漫游参观法院的工作环境，模拟开庭过程。过去学习法医学课程，学生学习犯罪现场勘验时，往往不能做到现场实习，而借助 VR 技术，就能体验各种逼真的现场环境，针对虚拟受害者的不同情况分析犯罪发生的时间、犯罪分子所用的犯罪工具等，通过亲身感受提高学习效果。

学习电力工程的学生学习核心专业课难度大的重要原因是脱离现实，同学们在书本上很难想象一些设备的具体结构以及运行原理，VR 技术在此有了用武之地。

随着 VR 技术被引入到电力系统运行检修人员的培训中，打破了传统低效的培训方式，让电力员工的培训更加高效率和高质量。VR 技术能够对所有工作场景进行仿真模拟，逼真还原一线员工工作的场景。另外，在虚拟作业场景中，员工还能进行仿真操作训练，真正做到将知识运用到实践中去。如图 7-9 所示为电站监控操作培训系统的应用。

VR 技术可用于对地球构造、地质构造、火山构造、地貌构造、地壳运动、地震发生机制与过程、火山爆发过程等进行虚拟模拟。如图 7-10 所示是一个使用 VR 认识地貌的例子。

图 7-9　电站监控操作的培训系统应用　　　　图 7-10　用 VR 认识地貌

随着网络的发展和远程教学的兴起，VR 技术与网络技术相结合，可提供给远方学生一种更自然的体验方式，包括交互性、动态效果、连续感以及参与探索性等。通过远程网络虚拟教学环境可以实现虚拟远程学习，完成虚拟实验，既可以满足不同层次学生的需求，也可以使缺少专业教师以及昂贵实验仪器的偏远地区学生获得好的学习效果。

7.5.7　商务领域

利用 VR 技术可构建具有逼真效果的虚拟商场，使用户在购物过程中拥有逛实体商场一样的感觉，而且在这里没有实体商场的喧嚣、众人的拥挤，可以尽情浏览各种商品。

采用 VR 技术构建的三维商品模型，具有逼真度高的特点，人们可以全方位地观看商品，不仅是商品的外观，还有商品的内部结构。同时还可以通过动画效果表现商品的性能、功能和质量情况。

网上试衣就是一个 VR 技术应用的例子。用户只要输入自己的身高、肩宽、胸围、腰围等数据，就可以找到一个身材完全和自己一样的虚拟模特，在网上代替自己试穿新时装。模特的身材可以在网上交互式修改，在挑选到色泽和式样满意的时装之后，不仅可以让虚拟模特一件件地试穿，还可以让虚拟模特前后左右转动身体，行走一段距离，仔细地从多个侧面审视，便于更好地选择称心如意的时装。

7.5.8　设计制造领域

目前，VR 技术已经广泛应用于工业设计与制造中，模拟产品的设计、加工和装配过程，并由此产生了一些新技术，如虚拟样机技术。虚拟样机技术以虚拟现实和仿真技术为基础，结合领域产品的设计制造理论与技术，对产品的设计、生产过程进行统一建模，用计算机实现产品从设计、加工和装配、检测与评估、产品使用等整个生命周期的活动过程进行模拟和仿真的综合技术。我国已经建立歼击机产品的完全数字样机技术平台。

美国波音公司基于虚拟样机技术环境实现波音 777 飞机的完全无纸化开发。这个环境是一个由数百台工作站组成的虚拟环境系统。设计师带上头盔显示器后，可穿行于这个虚拟的"飞机"中，去审视"飞机"的各项设计是否合乎理想。VR 技术不仅节约了经费，而且节省了研发时间。目前高端的装备制造在国外已经广泛采用了 VR 技术。在我国的"运-20"飞机制造过程中，也首次采用了 VR 技术。今后在研发各种高端设备中，会更多地采用 VR 技术。

德国所有的汽车制造企业都建成了自己的虚拟现实开发中心。以"数字汽车"模型来代替木制或铁皮制的汽车模型，可将新车型开发时间从 1 年以上缩短到 2 个月左右，开发成本多可降低到原先的 1/10。VR 技术的应用大幅度提高了德国汽车产业的竞争力。

在我国，国家超级计算深圳中心基于虚拟现实技术开发出一款机电产品虚拟样机技术云平台，该平台在企业中示范应用，获得了令人满意的效果。

7.6　虚拟现实硬件设备与虚拟现实 App

为了达到 VR 系统的价值目标，人们开发了许多环境生成、感知、跟踪和人机交互等虚拟现实设备。由于这些特殊设备投入使用，使得使用者能够很好地体验虚拟现实的沉浸感、交互性和想象力，带给人们身临其境的感受体验。

统计表明，人类的感知系统有 60% 以上的信息通过视觉获得，20% 左右通过听觉获得，还有 20% 是通过触觉、嗅觉、味觉、手势以及面部表情获得，而虚拟现实硬件设备系统就是要实现和满足人们各种获取信息的渠道需求，实现自然交互模式的全覆盖。也就是说，当人们通过某种行为发出信息时，虚拟现实动态感知设备系统能够识别并转换信息数据的表示方式，交给计算机处理后，以某种恰当的方式反馈给使用者，从而完成人机之间的自然交互。

7.6.1 虚拟现实硬件设备

虚拟现实系统的硬件设备主要包括虚拟现实环境生成设备、感知设备、跟踪设备和人机交互设备。

环境生成设备是由一台或多台带有图形加速器和多条图形输出流水线的高性能图形计算机所主导的系统。

感知设备是将虚拟世界的各类感知模型转变为人能接受的信号的设备。目前相对成熟的感知设备有视觉感知、听觉感知和力觉感知（重力感应）等。

跟踪定位设备的主要作用是及时、准确地获取人的动态位置和方向信息，并将该位置和方向信息发送到虚拟现实的计算机控制系统中。

目前用于跟踪用户的方式一般有两种：一种方式是跟踪人的头部位置与方向，来确定参与者的视点与视线方向。因为视点与视线方向是判定虚拟现实场景显示的关键信息之一；另一种方式则是跟踪参与者手的位置与方向，跟踪手的方法一般是通过带有跟踪系统的数据手套进行的，数据手套上装有多个传感器，能够及时地将手指手掌伸屈时的各种姿势信息转换为数字信号传送给计算机，然后被计算机所识别，并发出执行命令。

人机交互设备辅助人类自然地与虚拟现实系统中的各种对象进行人机交互操作。

7.6.2 立体显示设备

眼睛是人类接收外部信息最直接、最重要的感觉器官，特别是对周围环境的感知。人在虚拟世界中获得的沉浸感主要依赖于人类的视觉效应，而要产生和模拟现实世界的环境，专业的立体图像显示设备无疑可以直接增强参与者在虚拟环境中视觉沉浸感的逼真程度。

为了构建视觉三维环境，虚拟现实硬件系统需要采用立体图像显示设备。作为立体显示设备，目前有固定式、头盔式和手持式三大类。此外，随着科技创新，全息投影技术也快速崭露头角，更是给人耳目一新的感觉。

1. 固定式立体显示设备

固定式立体显示设备通常会被安装在某一位置，具有不可移动性或不必要移动的特点。

（1）台式 VR 显示设备。台式 VR 显示设备一般使用标准的计算机监视器，配合双目立体眼镜组成。这种立体显示器+辅助眼镜的组合模式属于一种低成本、单用户、非沉浸式的立体显示形式，一般不适合多用户的协同工作模式。根据监视器的数量多少，台式 VR 显示设备可以分为单屏式和多屏式两类，如图 7-11 所示。工作时，监视器屏幕以 2 倍于正常扫描的速度刷新频率，计算机交替显示左、右眼两幅视图，计算机传送的左、右眼两幅视图之间存有轻微偏差，如果用户裸眼观看，会有重影的感觉，而佩戴立体眼镜之后，左、右眼只能看到屏幕上显示的对应视图，最终在人眼视觉系统中形成立体图像。此外，还可以使用放置在监视器上的视频摄像机或直接嵌入眼镜中的跟踪设备来跟踪用户的头部，通过图像处理确定其方位，由此改变绘制的场景进行显示。

图 7-11　台式 VR 显示设备

台式 VR 显示设备是最简单、最便宜的 VR 视觉显示模式，是一种早期的技术。用户只有面向视屏时才能看见三维世界，而周围的真实环境会不断影响用户的观察效果，因此缺乏沉浸感。另外，如果长时间观看，容易使人眼产生疲劳。

（2）投影式 VR 显示设备。投影式 VR 显示设备使用的屏幕比台式 VR 显示设备大得多，一般可以通过并排放置多个显示器创建大型显示墙，或通过多台投影仪以背投的形式投影在环幕上，各屏幕同时显示从某一固定观察点看到的所有视像，由此提供一种全景式的环境。

典型的投影式 VR 显示设备包括墙式、响应工作台式和洞穴式 3 种。

① 墙式投影显示设备。墙为投影面的墙式投影显示设备在工作形式上类似于背投式的放映电影模式，可以多人共享虚拟环境。墙式投影显示设备可分为单通道立体投影系统

和多通道立体投影系统。

单通道立体投影系统一般以一台图形工作站为实时驱动平台，两台叠加的立体专业 LCD 投影仪作为投影主体，在显示屏上显示一幅高分辨率的立体投影影像。系统是一种具有极好性价比的小型虚拟三维投影显示系统，被广泛应用于高等院校和科研院所的虚拟现实实验室中。

多通道立体投影系统用巨幅平面投影结构来增强沉浸感，配备了完善的多通道声响及多维感知性交互系统，充分满足虚拟现实技术的视、听、触等多感知应用需求，是理想的设计、协同和展示平台。在多通道立体投影技术支撑下，目前墙式投影拥有平面、柱面和球面的屏幕形式。

② 响应工作台式显示设备。响应工作台一般由投影仪、反射镜和显示屏组成。投影仪将立体图像投射到反射镜面上，再由反射镜将图像反射到显示屏上。显示屏同时也用作桌面，可以将虚拟对象或各种控制工具成像在上面，用户通过佩戴立体眼镜和其他交互设备即可观看和控制立体的虚拟对象。

从技术特点看，该系统由计算机通过多传感器交互通道向用户提供视觉、听觉、触觉等多模态信息，站在显示器周围的多个用户佩戴立体眼镜，可以同时在立体显示屏中看到三维对象悬浮在工作台上面，虚拟景象具有较强的立体感。适合于辅助教学、产品演示等场景。

③ 洞穴式投影显示设备。洞穴式虚拟现实展示系统简称 CAVE（Cave Automatic Virtual Environment），最早在美国的伊利诺伊大学芝加哥分校的一项研究课题中提出，其后逐渐发展成沉浸式 VR 系统中一种典型的立体显示技术，CAVE 作为一种先进的可视化系统，具有清晰度高、沉浸感强、立体感强等特点。如图 7-12 所示为洞穴式投影显示设备。

从技术上看，CAVE 就是由投影显示屏包围而成的一个立体空间（洞穴）。由于 CAVE 投影面几乎覆盖了用户的所有视野，CAVE 能提供给用户一种前所未有的极具震撼效果的、身临其境的沉浸感受。用户在洞穴空间中不仅感受到周围环境的影响，还可以获得高仿真的三维立体视听的声音，同时，更可以利用相应的跟踪器和交互设备实现 6 个自由度的交互感受。

总体来说，投影式 VR 系统价格较昂贵，安装和维护成本较高，对跟踪器的跟踪范围要求较高，且屏幕的无缝拼接技术也是一个关键问题，也需要佩戴特制眼镜辅助观看。但是它非常适合各种模拟与仿真、游戏等，更可满足科研方面的 VR 实现。

（3）三维立体眼镜。即 3D 眼镜，采用了先进的"时分法"，通过 3D 眼镜与显示器同步的信号来实现。当显示器输出左眼图像时，左眼镜片为透光状态，而右眼为不透光状态，而输出右眼图像时，右眼镜片透光而左眼不透光，这样两只眼睛就看到了不同的画

图 7-12　洞穴式投影显示设备（CAVE）

面，从而可以实现三维模拟场景 VR 效果的观察，增加沉浸感。

（4）三维显示器。三维显示器指的是直接显示虚拟三维影像的显示设备，用户无须佩戴立体眼镜等装置就可以看到立体影像，因此它又有"裸眼立体显示"或真 3D 技术的名称，如图 7-13 所示。实质上，它是建立人眼立体视觉机制上的新一代自由立体显示设备。它能够出色地利用多通道自动立体实现技术，不需要借助任何助视设备（如 3D 眼镜、头盔显示器等），即可获得具有较完整深度信息的图像。

图 7-13　三维显示器示意图

人类天生的平行双眼观察世界时提供了两幅具有位差的图像，映入双眼后即形成了立体视觉所需的视差，这样经视神经中枢的融合反射以及视觉心理认同，便产生了三维立体感觉。利用这个原理，如果显示器将两幅具有位差的左图像和右图像分别呈现给左眼和右眼，就能获是 3D 的感觉。

为了突破早期的佩戴补色眼镜的传统模式，自由立体显示已经成为现代显示技术的发展方向。

2. 头盔显示器

头盔显示器（Head Mounted Display，HMD）简称头显，是沉浸式虚拟现实系统中最主要的硬件设备之一。通过头盔设备，用户可以很好地体验到三维视觉场景效果。HMD通常是固定于用户的头部，随头部的运动而运动，并装有位置跟踪器，能够实时检测出头部的位置和朝向，并输入到计算机中。计算机根据这些数据的反馈控制用两个 LCD 或CRT 显示，分别向左右眼睛传递虚拟现实中的场景图像。因屏幕上的两幅图像存在差异，类似人类的双眼视差，大脑最终合成这两幅图像后获得三维立体效果。

头盔显示器主要分为外接式 VR 头显、一体式 VR 头显和移动端头显设备。外接式 VR头显依靠外接电脑、主机等设备为运行系统的 VR 显示头盔。平台内容的技术含量高。产品有 Oculus Rift，HTC Vive 等。如图 7-14 所示为 HTC Vive 和 Oculus Rift 两款头盔显示器。一体式 VR 头显即 VR 一体机，是将内容平台与显示设备融合制作在一起的 VR 独立平台。平台兼顾了便携性与功能性。

移动端头显设备主要是依靠镜片为技术核心，借助手机这一外部设备，让用户的眼睛处在一个黑色的封闭空间里即可进行视觉体验。产品有 Google Cardboard 等。

图 7-14　头盔显示器

自从 1968 年 Ivan Sutherland 率先提出了头盔显示器的概念以来，人们已经陆续开发了一系列通用和专用产品。虽然在形状、大小、结构、显示方式、性能及用途等方面存在很大的不同，但其原理类似，主要由显示屏和特殊的光学透镜这两部分组成。此外，VR 系统的实时显示特性要求计算机根据用户头部的运动位置，相应地改变视野中的三维场景。

因而，头部位置跟踪定位器也经常被安装在 HMD 上，其性能的好坏将直接影响到实时图像的生成。

3. 手持式立体显示设备

手持式 VR 立体显示设备通常屏幕较小，只能展示小型的 3D 视频动画，目前常见的设备如智能手机、平板电脑等。它利用某种跟踪定位器和图像传输技术实现立体图像的显示和交互作用，可以将额外的数据添加到真实世界的视图中，用户可以选择观看这些信息，也可以忽略它们而直接观察真实世界，一般适用于增强式 VR 系统中。

手持式 VR 立体显示设备目前还处于实验研究阶段，存在着许多实际的技术难题，但其应用价值非常高。

4. 全息投影显示设备

全息摄像的概念很早就被提出，但是发展到数字全息投影则是最近的科技成果。全息投影展现的 3D 场景效果不同于 VR 投影墙技术，全息投影所营造的场景 3D 视觉更好，观众可以 360 度环绕 3D 场景周围，从各个角度观看。同时，观众即使只用一只眼睛观看，也有很好的 3D 效果。

杭州 G20 晚会美轮美奂的《梁祝》，2015 年春晚上《蜀绣》等类似魔术表演的舞台效果，这些都是全息投影技术应用的结果。如图 7-15 所示为杭州 G20 晚会表演节目《梁祝》。

图 7-15　杭州 G20 晚会《梁祝》的全息投影技术应用

7.6.3 跟踪定位设备

跟踪定位设备是虚拟现实系统中人机交互的重要设备之一,其主要作用是及时、准确地获取操作者的动态位置和方向信息,并将该位置和方向信息发送到虚拟现实中的计算机控制系统中。跟踪定位设备有电磁波跟踪器、超声波跟踪器、光学跟踪器、机械跟踪器、惯性跟踪器和图像提取跟踪器等。

目前 VR 设备中采用的定位技术主要有:红外定位、激光定位、超声波定位等技术。

(1)红外光学定位技术。红外光学定位所采用的定位技术是利用多个红外发射摄像头、对室内定位空间进行覆盖,在被追踪物体上放置红外反光点,通过捕捉这些反光点反射回摄像机的图像,确定其在空间中的位置信息。

(2)激光定位技术。激光定位的基本原理是利用定位光塔,对定位空间发射横竖两个方向扫射的激光,在被定位物体上放置多个激光感应接收器,通过计算两束光线到达定位物体的角度差,解算出待测定位节点的坐标。具有成本低、定位精度高(精度可达到 mm 级别)等优点。这类定位技术的代表产品如 HTC Vive 的 Lighthouse 室内定位技术和 G-Wearables的 Step VR 产品动作捕捉及室内定位系统。

(3)可见光定位技术。与红外定位相似,可见光定位的方案也是用摄像头拍摄室内场景,但是被追踪点不是用反射红外线的材料,而是主动发光的标记点(类似小灯泡)。不同的定位点用不同颜色进行区分,正是因为这种特性,可追踪点的数量也非常有限。可见光定位技术具有算法简单、价格便宜、容易扩展的特性,使它成为目前 VR 市场上相对比较普及的定位方案。但相比前面两种技术方案,精度低了很多,而且受自然光的影响也比较大。

7.6.4 虚拟现实声音系统与设备

在虚拟现实系统中,声音起着极为重要的作用,而 VR 声音系统追求的目标就是尽可能地模仿人们现实生活中的声音效果。VR 声音达到空间音效、沉浸式音效。与多媒体音效技术追求声音质量完美、音质高不同,对于 VR 声音,强调的是 3D 效果。如在一个具体空间环境里,音箱播放系统呈"一"字形摆放在一边,尽管播放的音质再好,也不能算是 VR 声音系统,正确的 VR 声音系统应该是摆放在空间的四周,前、后、左、右均衡摆放,甚至包括上、下方位。

VR 声音系统之所以要进行空间布局,重要的原因是人的双耳可以对空间声源进行定位。例如，当用户位于虚拟现实环境中时，看到头顶飞机飞过，这时 VR 空间中用户头顶就会传来隆隆的飞机轰鸣声；当看到某个人躲在暗处从背后开枪时，用户就会听到从背后传来的枪声。因此，VR 声音系统比环绕立体声更具 3D 感，沉浸感更强。

1. 固定式声音设备

固定式声音输出设备即扬声器，允许多个用户同时听到声音，一般在投影式 VR 系统中使用。扬声器固定不变的特性使其易于产生世界参照系的音场，在虚拟世界中保持稳定，且使用起来活动性大。

2. 耳机式声音设备

相对于扬声器来说，耳机式声音设备虽然只能给单个用户使用，但却能更好地将用户与真实世界隔离开。同时，由于耳机是双声道的，因此比扬声器更易创建空间化的 3D 声场，提供更好的沉浸感。此外，耳机使用起来具有很大的移动性，如果用户需要在 VR 系统中频繁走动，显然耳机比使用扬声器更为适合。

耳机式声音设备一般与头盔显示器结合使用。在默认情况下，耳机显示的是头部参照系的声音，在 VR 系统中必须跟踪用户头部、耳部的位置，并对声音进行相应的过滤，使得空间化信息能够表现出用户耳部的位置变化。因此，与普通戴着耳机听立体声不同，在 VR 系统中的音场应保持不变。

另外，耳机中的声音通常是事先录制的声音效果，为了获得更具沉浸感的声音，一般采用双耳录音，也叫做人工头录音，这是一种与普通立体声拾音有区别的录音方式。

3. 语音交互设备

在日常信息交流过程中，人类之间的沟通大约有 75% 是通过语音完成的。听觉通道存在许多天然的优越性，人们在接受和发出信息时，听觉信号检测速度快于视觉信号检测速度，人对声音随时间的变化极其敏感，而且同时提供听觉信息与视觉信息，可使人获得更强烈的存在感和真实感。

采用听觉通道进行人机交互是人们很早就产生的期望。经过多年的发展，已有大量的语音人机交互设备问世，如 iveeSleek 就是一款语音交互硬件设备，使用该语音设备，人们可方便地用语音查询相关信息，如天气、股票，或者控制部分基于 WiFi 技术的智能家居等设备。还有一款设备是人们熟悉的 iPhone 的 Siri，当人们通过 iPhone 的设置部分打开 Siri 功能后，就可以采用语音模式操控手机，并进行信息交互了。

7.6.5 人机交互设备

交互性是虚拟现实系统的重要特征之一，为了达到良好的交互效果，人们开发了许多性能各异、形式多样、功能不同的交互设备。这些设备有的价格非常昂贵，但科技含量较高，有的价廉但简单易用，有的技术成熟已广泛应用，有的还在研究并处于不断地完善之中。

1. 数据手套

数据手套（Data Glove）是虚拟现实中最常用的交互工具。它能够把人手姿态准确、实时地传递给虚拟环境，而且能够把与虚拟物体的接触信息反馈给操作者，使操作者以更加直接、自然、有效的方式与虚拟世界进行交互，大大增强了互动性和沉浸感，并提供了一种通用、直接的人机交互方式，特别适用于需要多自由度手模型对虚拟物体进行复杂操作的虚拟现实系统。数据手套本身不提供与空间位置相关的信息，必须与位置跟踪设备连用。这类数据手套称为虚拟现实数据手套。

此外，数据手套按功能划分还有一类，称为力反馈数据手套。力反馈数据手套借助数据手套的触觉反馈功能，用户能够用双手亲自"触碰"虚拟世界，并在与计算机制作的三维物体进行互动的过程中真实感受到物体的振动。触觉反馈能够营造出更为逼真的使用环境，让用户真实感触到物体的移动和反应。

2. 三维控制器

三维控制器有三维鼠标和空间球。

三维鼠标（3D Mouse）放在桌面上使用时，与标准的二维鼠标没有什么区别，但当它离开桌面后，就可以完成在虚拟空间中 6 个自由度的操作。普通鼠标只能感受在平面的运动，而三维鼠标则可以让体验者感受到在三维空间中的运动反馈。与其他手部数据交互设备相比，三维鼠标成本较低，常用于建筑设计等领域。

空间球（Space Ball）是另一种重要的虚拟现实设备，用于 6 个自由度 VR 场景的模拟交互，可从不同的角度和方位对三维物体观察、浏览、操纵，也可作为 3D Mouse 来使用，并可与数据手套或立体眼镜结合使用，作为跟踪定位器，也可单独用于 CAD/CAM 等。空间球的优点是简单、耐用，易于表现多维自由度，便于对虚拟空间中的虚拟对象进行操作。其缺点是不够直观，选取对象时不是很明确，需要在使用前进行培训。

3. 数据衣

在 VR 系统中，比较常用的人体互动设备是数据衣（data suit）。数据衣是为了让 VR 系统识别全身运动而设计的输入装置。数据衣的基本原理与 VR 数据手套类似，它将大量的光纤、电极等传感器安装在一个紧身服上，可以根据需要对人体的四肢、腰部的活动以及各个关节的弯曲角度进行测量。通过光电转换，身体的运动信息被计算机识别，并用计算机重建出图像；反过来，衣服也会反作用在身上，产生压力和摩擦力，使人的感觉更加逼真。

数据衣在使用中存在延迟大、分辨率低、作用范围小、使用不便等缺点。

4. 触觉和力反馈设备

触觉是人们从客观世界获取信息的重要传感渠道之一，它由接触反馈感知和力反馈（force feedback）感知两大部分组成。在建立虚拟环境时，提供必要的接触和力反馈有助于增强 VR 系统的真实感和沉浸感，并提高执行虚拟任务成功的概率。

触觉感知包括接触反馈和力反馈所产生的感知信息。接触感知是指人与物体对象接触所得到的全部感觉，是触觉、压觉、振动觉以及刺痛觉等皮肤感觉的统称。所以，接触反馈代表了作用在人皮肤上的力，它反映了人类触摸的感觉，或是皮肤上受到压力的感觉。而力反馈是作用在人的肌肉、关节和筋腱上的力。例如，用手拿起一个玻璃杯子时，通过接触反馈可以感觉到杯子是光滑而坚硬的，而通过力反馈才能感觉到杯子的重量。

由于人类对自身感觉的产生机制还知之甚少，触觉传感器技术分析非常复杂，且在 VR 系统中对触觉和力反馈设备还有实时、安全、轻便等性能要求，因此，目前虽然已经研制成功了一些触觉和力反馈设备，但大多还是原理性和试验性的，距离真正的实用尚有一定距离。

（1）接触反馈设备。接触反馈的方式包括充气式、振动式、微型阵列式、温度激励式、压力式、微电刺激式及神经肌肉刺激式等。手是实施接触动作的主要感官，因此，目前最常用的一种模拟接触反馈的方法是使用充气式或振动式接触反馈手套。

（2）力反馈设备。为虚拟环境提供一定的力反馈系统，有助于增强虚拟交互的逼真性，有时力反馈设备也是一种必需的设备。如对于像研究物理磁性的相斥和相吸等应用问题来说，没有力反馈设备的 VR 系统几乎是没有任何意义的。

目前已经有了一些用以提供力反馈的装置，如力反馈手套、力反馈操纵杆、吊挂式机械手臂、桌面式多自由度游戏棒以及可独立作用于每个手指的手控力反馈装置等。

5. 神经/肌肉交互设备

通过神经/肌肉交互一直是人们努力研究的热点内容。2013 年，加拿大 ThalmicLabs 公司推出了一款控制终端设备——MYO 腕带。该腕带的基本工作原理是，通过检测用户运动时手臂肌肉产生的生物电变化，配合对手臂的物理动作监控来做人机交互，再将计算机处理的结果通过蓝牙发送至受控设备。这种腕带不仅可以通过手势和动作实现滑动屏幕、控制音乐播放等操作，而且还能操控无人机。

7.6.6 意念控制设备

科技的发展总是带给人们意外的惊喜。对很多人来说，通过"意念"操控物体昨天感觉还很遥远，今天也许就会成为现实。所谓"意念"操控，首先必须要理解"脑电"的概念，即用人类的脑电波进行操控，相关的科学研究实际已经超过了半个世纪。通俗地讲，人类进行各项生理活动时都在放电。如果用科学仪器测量大脑的电位活动，荧幕上就会显示出波浪一样的图形，这就是"脑波"。通过对于脑电信息的分析解读，将其进一步转化为相应的动作，这就是用"意念"操控物体的基本原理。

7.6.7 动作捕捉系统

动作捕捉是记录人体运动信息以供分析和回放。捕捉的数据可以是记录躯体部件的空间位置，也可以是记录脸部和肌肉群的细微运动，目的是把真实的人体动作完全附加到虚拟场景中的一个虚拟角色上，让虚拟角色表现出真实人物的动作效果。

动作捕捉系统是一种用于准确测量运动物体在三维空间运动状况的技术设备。它能够实时捕捉人体 6 个自由度的惯性运动，并在计算机中实时记录的动态捕捉装置。从应用角度来看，动作捕捉设备主要有表情捕捉和肢体捕捉两类。

动作捕捉技术的出现可以追溯到 20 世纪 70 年代末，当时迪士尼公司在《白雪公主与七个小矮人》影片中试图通过"临摹"高速拍摄真实演员动作的连贯相片来提高动画角色的动作质量，可惜结果不尽如人意，动作的确很逼真，但缺乏卡通性和戏剧性，最后迪士尼放弃了这一动画制作方法。

7.6.8 3D 建模设备

3D 建模设备是一种可以快速建立仿真的 3D 数字模型辅助设备。目前主要有 3 类：3D

摄像机、3D 扫描仪、3D 打印机。

1. 3D 摄像机

3D 摄像机又称为立体摄像机，是一种具有能够拍摄立体视频图像的虚拟现实设备，通过它拍摄的立体影像在具有立体显示功能的显示设备上播放时，能够产生具有超强立体感的视频图像效果。观看者戴上立体眼镜，就能够具有身临其境的沉浸感。作为 3D 高清拍摄设备，立体摄像机通常采用两个摄影镜头同时以一定距离和夹角来记录影像的变化效果，模拟人类的视觉生理现象，从而可以实现立体视觉特效，播放时可采用正投、背投、平面、环幕、主动、被动等多种方式，实现多种视觉效果的三维立体感。3D 摄像机如图 7-16 所示。

图 7-16 经典 3D 摄像机

2. 3D 扫描仪

三维扫描仪或称 3D 扫描仪，可定义为快速获取物体的立体色彩信息，并将其转化为计算机能直接处理的三维数字模型的仪器，是快速实现三维信息数字化的一种极为有效的工具。如图 7-17 所示。

3D 扫描仪可分为接触式三维扫描仪和非接触式三维扫描仪。

3D 扫描仪作为虚拟现实中的一种建模仪器，常用来侦测并分析现实世界中物体或环境的形状（几何构造）与外观数据（如颜色、表面反照率等参数），从而快速地在虚拟世界中创建实际物体的数字模型。

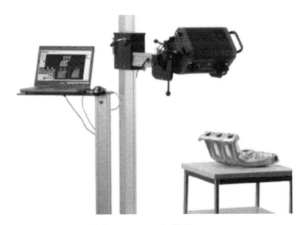

图 7-17 3D 扫描仪

3. 3D 打印机

3D 打印机就是可以"打印"出外形仿真的 3D 物体的一种设备，功能上与激光成型技术一样，采用分层加工、叠加成型，即通过逐层增加材料来生成 3D 实体，与传统的去除材料加工技术完全不同。之所以称之为"打印机"，是参照了打印机技术原理，因为分层加工的过程与喷墨打印十分相似。随着这项技术的不断进步，现在已经能够打印出与原型物体对象的外观、感觉和功能极为接近的 3D 模型。

从外形结构上看，3D 打印机与传统平面打印机有很大的不同，3D 打印机有一个封闭的箱子，3D 物件的成型是在封闭的箱子中完成的。打印的原料可以是有机或无机的材料，如橡胶、塑料等。如图 7-18 所示为一款 3D 打印机，图 7-19 所示为一个 3D 打印作品。

图 7-18 3D 打印机

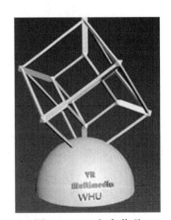

图 7-19 3D 打印作品

7.6.9　虚拟现实典型产品介绍

目前，VR 旗舰产品大概分为两类：主机类 VR 产品，产品代表如 HTC Vive、Oculus Rift、Sony PSVR 等；移动类 VR 产品：产品代表如 Google Cardboard、Gear VR、小米 VR 设备等。

1. Oculus Rift

Oculus Rift 最初是一款为电子游戏设计的头戴式显示器，它将虚拟现实接入游戏中，使得玩家们能够身临其境，对游戏的沉浸感大幅提升。尽管还不完美，但它已经很可能改变将来的游戏方式，让科幻大片中描述的美好前景距离我们又近了一步。虽然最初是为游戏打造，但是 Oculus 已经决心将 Rift 应用到更为广泛的领域，包括观光、电影、医药、建筑、空间探索以及战场上。

2. HTC Vive

HTC Vive 于 2015 年 3 月在 MWC2015 上发布，是由 HTC 与 Valve 联合开发的一款虚拟现实头戴式显示器，屏幕刷新率为 90Hz，搭配两个无线控制器，并具备手势追踪功能。有 Valve 的 Steam VR 提供的技术支持，可以在 Steam 平台上体验利用 Vive 功能的虚拟现实应用。

3. 三星 Gear VR3

三星 Gear VR3 是三星和 Oculus VR 联手出品的第三代虚拟现实设备。Gear VR3 包括透镜、陀螺仪、控制面板、数据接口、佩戴组件。用户在使用三星 Gear VR3 时，需要下载一个 App 应用——Oculus，然后将手机通过 Micro USB 接口插到 Gear VR3 设备上，就能透过 Gear VR3 的放大透镜来观看手机屏幕上的内容。

4. Google Cardboard

Google Cardboard 最初产生于谷歌的两位工程师的创意，他们用了 6 个月时间，打造出了这个产品。Google Cardboard 是一副用纸盒、透镜、磁铁、魔鬼毡以及橡皮筋组合而成的简单的 3D 眼镜，外形如图 7-20 所示。但这个眼镜加上智能手机就可以组成一个虚拟现实设备。

眼镜外形十分不起眼，但是在折叠之后，可以形成一个取景器和一个放置手机的插槽，如图 7-21 所示，要使用 Cardboard，用户还需要在 Google Play 官网上搜索 Cardboard 应用，并下载安装。打开手机中相应的应用程序后，便能够进行虚拟现实体验。

图 7-20 谷歌眼镜

图 7-21 谷歌眼镜放手机的空间

7.6.10 虚拟现实 App

随着 VR 眼镜的成本降低和普及，人们对虚拟现实内容的需求更加迫切。为了满足用户对 VR 资源的需求，很多 VR 公司开发了以 VR 视频内容为主的手机 App，配合 VR 眼镜观看，更能体验到虚拟现实的沉浸感。

虚拟现实的 App 主要分为视频类虚拟现实 App、游戏类虚拟现实 App 和其他类虚拟现实 App。

（1）虚拟现实视频 App：Vrse。Vrse 是一款由苹果公司与 U2 乐队合作开发的虚拟现实 App。Vrse 的使用方法非常简单，用户只需在该平台上免费下载自己想看的视频，存储到 iPhone 上，然后再接上虚拟现实头盔就能进行观看了。但 Vrse 有分辨率低、响应速度慢等一些局限性。

（2）虚拟现实电影游戏 App：Legendary VR。人类控制机器人与怪兽对抗的场景多次出现在电影中，这让科幻迷们充满向往。例如在《环太平洋》这部电影中就出现了人类控制机器人的场景。

在传奇电影虚拟现实 Legendary VR 这款游戏 App 中，人们就能获得这种体验，戴上虚拟现实头盔显示器，就能感受到自己置身于机器人体内与怪兽对抗的体验。

（3）拍摄虚拟现实电影 App：VR ONE Cinema。除了视频、游戏类的虚拟现实 App 之外，还有用于拍摄虚拟现实电影的 App，德国一家公司就开发了一款这样的虚拟现实 App 应用——VR ONE Cinema。在这款虚拟现实 App 中，用户可以把自己手机或者相机里的视频转换成虚拟现实视频，还可以在虚拟影院屏幕中播放视频。

7.7　虚拟现实的发展机遇和挑战

7.7.1　虚拟现实产业

虚拟现实技术一经问世，人们就对它产生了浓厚的兴趣，如今虚拟现实技术已快速发展成新型信息技术产业。虚拟现实技术不但在医学、军事、规划、设计、考古、艺术、娱乐等诸多领域得到了越来越广泛的应用，而且还给社会带来了巨大的经济效益。随着人工智能、物联网、大数据、云计算等新一代信息技术的发展，虚拟现实技术的内涵与外延也在发展和变化。

目前，虚拟现实产业生态已初步建立，近眼显示、感知交互、网络传输、渲染处理与内容制作等关键技术体系已初步形成。虚拟现实产业链包括硬件、软件、内容和服务。其中，硬件设备包括了芯片、传感器设备、显示器件及输入输出设备等，图 7-22 所示为虚拟现实产业链硬件设备组成。

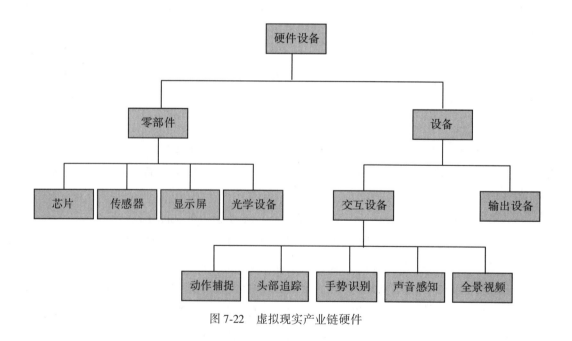

图 7-22　虚拟现实产业链硬件

软件主要包括信息处理软件和虚拟现实系统平台软件。图 7-23 所示为虚拟现实产业链软件的构成。内容主要包括 VR 视频、VR 游戏和 VR 应用。服务主要包括平台分发和内容运营。

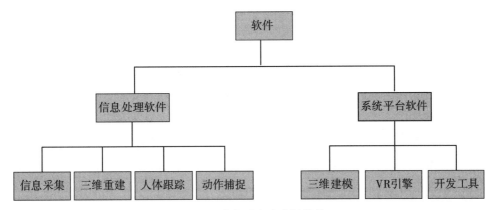

图 7-23　虚拟现实产业链软件

7.7.2　虚拟现实的发展趋势

虚拟现实是信息技术领域里程碑式突破，有望成为继计算机、智能手机之后新的通用计算平台。虚拟现实技术的出现不仅在实用角度上展现了技术的内在魅力，而且改变了人类认识世界和改造世界的方式，必然会深刻地影响人类社会的未来。

1. 关键技术不断突破

（1）人机交互适人化。构建适人化的和谐虚拟环境是 VR 的目标。目前头盔等 VR 设备虽然提供较强的沉浸感，但由于晕动症等情况的存在，在实际应用中效果并不好，并未达到沉浸交互的目的。在未来，随着技术的发展，VR 技术将越来越多地采用更为自然的视觉、听觉、触觉、自然语言等交互方式，VR 的交互性得到更大的进展。

（2）计算平台移动化。互联网尤其是移动互联网的发展，使得计算已经无处不在。未来 VR 支撑从高端的大型机、桌面 PC，发展到多种类型的手持式计算设备。同时，系统中加入这类设备并结合无线网络，能较好地满足实际使用中便携的要求。

（3）虚实场景融合化。虚拟现实将现实环境的要素进行抽象，通过逼真绘制方法进行表现，但毕竟不能完全还原真实世界，因此将真实世界与虚拟世界有效融合具有实际意义。未来，虚实融合将成为未来 VR 技术的重要发展方向。增强现实、混合现实将逐步实用化，在某些应用领域逐渐显示出比虚拟现实更具明显的优势。

（4）环境信息综合化。传统的 VR 系统对自然环境的建模往往仅考虑地形几何数据，对大气、电磁等环境信息采用简化方式处理。为了更真实表现环境效果，还需要考虑诸如地理、大气、海洋、空间电磁、生化等，并用不同的表现方式进行表现。

（5）传输协议标准化。VR 系统必然走向分布式应用，大规模的节点和实体数量，将带来实时性问题。在构建分布式 VR 系统的过程中，网络协议是研究的重要内容。目前已有的对应国际标准均是基于专用的网络环境，所制定的传输协议也都是基于专用网络环境和资源预先分配这两大前提。随着在互联网 VR 应用的开展，基于公网的标准化工作将得到更深入的研究。

（6）场景数据规模化。数据的规模化是大型 VR 应用的显著特点。场景、模型的精细呈几何关系增长。因此，需要研究 VR 系统数据的智能化分析处理以及快速建模技术，使之能在减少开发工作量的同时满足各类应用的需求。

2. VR 产业进入爆发期

2016 年，虚拟现实资本市场持续火热，产品逐步进入大众消费市场，应用领域不断扩张，是虚拟现实应用元年。展望未来，虚拟现实产业政策将加速出台落地，硬件、软件和内容应用等产业链关键环节将快速发展，投资模式将逐步清晰，产业规模仍将保持快速增长。主要表现为：

（1）虚拟现实产业规模加速扩张。

（2）国家和区域政策陆续出台，给虚拟现实产业提供助力。

（3）行业标准将成为市场竞争焦点。

（4）应用市场将同时向 B 端和 C 端延伸。

虚拟现实作为一种新兴信息技术，未来，随着交互技术的发展和沉浸感的不断增强，将对社会生活以及各个行业领域产生深远影响。在 C 端市场，其与游戏、视频、直播等领域结合，将开创娱乐市场新纪元，与电商消费领域相结合将塑造消费市场新格局。在 B 端市场，虚拟现实与工业、医疗、教育等行业领域深度融合，将助力产业转型升级。例如，在智能制造领域，微软与 Autodesk 合作将虚拟现实整合到计算机辅助设计中，助力汽车设计和制造。智能制造和工业 4.0 的推进提供了重要机遇窗口。随着软硬件性能提升和内容应用的不断丰富，虚拟现实应用市场将不断拓展，将从多个角度、多个层面渗入社会生产、生活的各个领域。

集聚发展将成为重要产业发展模式。虚拟现实作为拥有完整产业链结构、产业边界明显的新兴信息技术产业，推动其集聚发展将成为推动区域经济增长的重要支撑。目前，我国各省市如福建、青岛、南昌等城市积极布局，加紧打造中国 VR 产业基地。

3. VR 和人工智能的融合

虚拟现实的发展有多方面的趋势，其中一个重要方面便是虚拟现实和人工智能的融合。人工智能和虚拟现实可以说有天然的联系，随着这两项高新技术的不断发展，已呈现出"你中有我、我中有你"的趋势。随着虚拟现实技术和人工智能技术的快速进步，以及虚拟现实应用领域的日益拓展和应用，对虚拟现实系统功能的智能化需求不断提高，人工智能技术开始融入 VR 系统，并逐步成为 VR 系统的一个重要特征。VR 的主要特征将由 3 "I"变为 4 "I"，第四个 I 就是智能。这种智能化会体现在虚拟对象的智能化、虚拟现实交互的智能化、VR 内容研发和生产的智能化三个方面。

4. 5G 将是 VR 引爆需求的推手

5G 技术将为虚拟现实技术发展提供强有力的支持。5G 的超高传输速率和端到端时延的特性，能很好满足虚拟现实技术的要求，消除体验者的眩晕感。而虚拟现实的真正落地，也需要多元的应用场景和实时的接入，这也依赖于更高性能的 5G 网络。

7.7.3　虚拟现实技术的局限性与技术瓶颈问题

正如其他的新兴科技一样，虚拟现实技术也是许多相关学科领域交叉、集成的产物。虽然虚拟现实技术潜力巨大，应用前景广阔，但仍然存在着许多尚未解决的理论问题和尚未攻克的技术难点，在硬件设备、软件、应用和效果等各个方面都存在局限性。目前，虚拟现实存在的主要问题有：给消费者带来眩晕感，虚拟现实设备的高价位阻碍了其普及，内容缺乏，技术限制性及软件应用跟不上，等等。

每一种新技术都是一把双刃剑，人们不能只局限在虚拟现实表面水平，需要寻找虚拟现实作为一个实用的方法，让我们的生活产生真正有意义的变化。

无论是软件还是硬件，虚拟现实技术只有在普通用户都能负担得起的时候，才会真正变成主流。虚拟现实虽不完美，但已经真实存在于我们的生活中。虚拟现实的应用场景不断拓展。身临其境的 VR 电影，足不出户的 VR 购物、看房，用于辅助治疗的 VR 医疗，打造沉浸式课堂的 VR 教育，VR 安全体验，VR 旅游，等等，蓬勃发展的虚拟现实技术，大有"飞入寻常百姓家"的趋势。

本 章 小 结

本章从虚拟现实的概念、特征、分类、发展历程、研究现状、应用领域、瓶颈问题、硬件设备等方面对虚拟现实技术进行了一般性、普遍性的介绍，使读者对虚拟现实有初步的认识。

习 题

一、单选题

1. 虚拟现实的目的是( )。

  A. 让观察者看见二维图像

  B. 让观察者感受到具体的感觉

  C. 产生三维空间让观察者观测

  D. 参与者通过专业传感设备感触和融入虚拟环境

2. 在( )时期虚拟现实从实验走向实用阶段。

  A. 20 世纪 50 年代至 70 年代   B. 20 世纪 70 年代至 80 年代

  C. 20 世纪 80 年代初期至中期   D. 20 世纪 90 年代

3. 虚拟现实最早的目标领域是( )。

  ① 国防 ② 教育 ③ 医疗 ④ 航空 ⑤ 民用技术

  A. ① ③   B. ① ④   C. ② ③ ⑤   D. ① ② ③ ④

4. 虚拟现实硬件设备系统提供给人类的感知大部分是通过( )。

  A. 听觉   B. 视觉   C. 味觉   D. 触觉

5. VR 数据手套是一个非常重要的人机交互设备，其主要功能是( )。

  A. 感受物体真实的运动   B. 便于系统用于数据可视化领域

  C. 营造更逼真的使用环境   D. 以上皆是

6. 下列( )设备不属于人机交互设备。

  A. 3D 互动桌面 SpaceTop   B. 数据衣

  C. 三维立体声耳机   D. 三维浮动鼠标器

7. 下列( )不是目前主要的 3D 建模设备。

  A. 3D 摄像机   B. 3D 扫描仪   C. 3D 打印机   D. 3D 计算机

8. 下列各个选项中，不属于虚拟现实运用的是( )。

  A. 通过点击墙上的虚拟显示屏，在卧室控制客厅和厨房的灯光开闭

  B. 通过相关设备，拍摄了一段 360° 全景视频

  C. 戴上 VR 眼镜，进入课堂，学习武汉大学的通识课

  D. 通过一款游戏，模拟医生做心脏手术的情景

9. 戴上虚拟现实硬件设备，进入虚拟世界中，拿起一个杯子，感到这个杯子很硬，很重，在这个过程中，有以下( )设备参与进来。

  ① 触觉和力反馈设备 ② 数据手套 ③ 头盔显示设备 ④ 三维立体声耳机

A. ①②　　　　B. ①②③　　　　C. ①③④　　　　D. ①②③④

10. 以下说法不正确的是(　　　)。

    A. 立体图像在虚拟现实中走进人脑需要经过"采集""还原"两个步骤

    B. 通过左眼右眼图像的交替显示（某一帧只让一只眼下一帧只让另一只眼看见），可以做到立体显示的效果

    C. 人机交互就是人与计算机之间的信息交流

    D. 通过改变声音的混响时间差和混响压力差，体验者会明显感受到声源位置发生变化

11. 以下说法不正确的是(　　　)。

    A. 当人在现实生活中观察物体时，双眼之间 6~7cm 的距离（瞳距）会使左、右眼分别产生一个略有差别的影像（即双眼视差），而大脑通过分析后会把这两幅影像融合为一幅画面，并由此获得距离和深度的感觉

    B. 手持式 VR 立体显示设备通常屏幕很小只能展示小型的 3D 视频动画

    C. VR 投影墙所营造的场景 3D 视觉比全息投影更好，观众可以 360°环绕 3D 场景周围，从各个角度观看

    D. 目前 VR 设备中采用的定位技术主要有红外定位、激光定位、超声波定位等

12. 为了消除使用 VR 设备时的不适感，应该(　　　)。

    A. 提高模拟水平　　　　　　　　B. 多花时间适应

    C. 使用辅助药物　　　　　　　　D. 用意志力克服

13. 目前 VR 研究的主要问题不包括(　　　)。

    A. 高质量内容匮乏　　　　　　　B. 用户购买成本高

    C. 用户体验感不强　　　　　　　D. 缺少应用领域

14. 5G 对 VR 的发展的影响包括(　　　)。

    A. 提高数据传输速度　　　　　　B. 减少 VR 设备的成本

    C. 减轻甚至消除眩晕问题　　　　D. 以上皆是

二、填空题

1. 虚拟现实技术是一种高端人机接口，包括通过视觉、听觉、触觉、嗅觉和味觉等多种感觉通道的_____和_____。

2. 虚拟现实技术的三大特性是_____、_____和_____。

3. 虚拟现实系统的硬件构成包括：环境生成设备，感知设备，_____，_____。

4. 虚拟现实系统的分类是桌面式虚拟现实系统、沉浸式虚拟现实系统、_____和_____。

5. 在虚拟现实系统中，人机交互设备主要有_____、数据手套、数据衣、触觉和

力反馈设备。

6. 影响沉浸感的主要因素包括_____，自主性，三维图像中的深度信息，画面的视野，实时跟踪的时间或空间响应及交互设备的约束程度等。

7. 创造沉浸感的五大要素是_____，精确的头部跟踪，手和身体的模拟，环境反映的连续性以及社交。

8. 一个虚拟现实系统由硬件，软件及_____组成。

9. 立体显示设备包括固定式立体显示设备、_____、手持式立体显示设备、全息投影显示设备等。

10. 头盔显示器主要分为外接式 VR 头显、_____和移动端头显设备。

11. 头盔显示器主要组成包括_____和_____。

12. 数据手套按功能需要可以分为_____和_____。

13. 虚拟现实 App 可分为视频类虚拟现实 App、_____和其他类虚拟现实 App。

14. 从研究架构上看，虚拟现实的研究方向主要涉及三个领域：通过计算图形方式建立实时的三维视觉效果、_____和使用虚拟现实技术加强诸如科学计算技术等方面的应用。

15. 当人们通过某种行为发出信息时，虚拟现实动态感知设备系统能够识别并_____信息数据的表示方式，交给计算机处理后，以某种恰当的方式反馈给参与者，从而完成人机之间的自然交互。

三、简答题

1. 简述虚拟现实的基本概念和特征。

2. 试述典型的虚拟现实系统的工作原理。

3. 简述虚拟现实的技术目的和研究目标。

4. 阐述虚拟现实系统技术的研究现状。

5. 简述人体立体视觉效应的原理。

6. 试列出虚拟现实技术的应用实例。

7. 试列出你所知道的 VR 产品。

四、操作题

1. 使用三维建模软件创建一个三维模型，并使用 3D 打印机进行打印。

2. 制作 Google Cardboard。使用两片透镜、一个硬纸板等元件，自己动手制作 VR 眼镜。

五、思考题

1. 目前，虚拟现实技术和增强现实技术的研究热点有哪些？

2. 思考虚拟现实技术的局限性。

3. 未来 VR 可能面临的机遇和挑战是什么？

4. 纵观虚拟现实技术的发展历程，思考科学技术是如何推动人类文明和社会发展的。

5. 虚拟现实的哲学思考。

第8章
进一步认识虚拟现实

本 章 导 学

☞ 学习内容

目前在虚拟现实（VR）市场上，各式各样新型的虚拟现实硬件设备相继推出、琳琅满目，但是没有软件和内容的硬件则是没有灵魂的硬壳。本章首先介绍虚拟现实的技术体系，使读者对虚拟现实的关键技术有所认识。在此基础上，介绍开发虚拟现实内容的基础知识和开发软件，使读者初步了解如何开始制作虚拟现实内容，以及利用 WebVR 技术制作 Web 端虚拟现实内容和基于 Unity 3D 软件工具开发虚拟现实应用的基本技能。

☞ 学习目标

(1) 理解虚拟现实的关键技术。

(2) 了解虚拟现实系统开发软件。

(3) 知晓虚拟现实的内容和开发方式。

(4) 学会使用 Web 端虚拟现实技术应用的简单开发。

(5) 初步掌握使用 Unity 3D 开发虚拟现实应用。

☞ 学习要求

(1) 了解虚拟现实的建模技术、立体显示技术、三维虚拟声音技术、人机交互技术和实时碰撞检测技术等虚拟现实的核心技术。

(2) 知晓虚拟现实的内容和应用开发方式。

(3) 了解虚拟现实系统的开发流程和开发软件。

（4）知晓 Web 端 VR 应用开发的技术；能使用 A-frame、three. js 等框架开发 Web 端 VR 应用。

（5）初步掌握使用 Unity 3D 进行 VR 应用开发的技术，能使用 Unity 3D 开发简单应用。

8.1 虚拟现实的关键技术

虚拟现实技术具有沉浸性、交互性、想象性和多感知性。它综合利用了计算机图形学、仿真技术、多媒体技术、人工智能技术、计算机网络技术、并行处理技术和多传感器技术，模拟人的视觉、听觉、触觉等感觉器官功能，使人能够沉浸在计算机生成的虚拟环境中，并能通过语言、手势等自然的方式与之进行实时交互，创建了一种适人化的多维信息空间。

虚拟现实技术目的在于达到真实的体验和自然的交互，其技术体系主要由感知技术、建模技术、呈现技术和交互技术组成。

8.1.1 建模技术

在虚拟现实系统模型的建立过程中，不仅要求模型的几何外观逼真可信，而且要求虚拟场景是动态的，有些对象还要求具有较复杂的物理属性和良好的交互功能。因此，除了几何建模以外，虚拟现实系统中的建模还包括物理建模和行为建模。几何建模是基于物体的几何和形状等信息的表示，研究图形数据结构等问题；物理建模则是给一定几何形状的物体赋予特定的物理属性；行为（运动）建模则用于描述物体的运动和行为。

1. 三维建模技术

三维建模即虚拟环境的建立，目的是获取实际三维环境的三维数据，并根据应用的需要，利用获取的三维数据建立相应的虚拟环境模型。用户与虚拟现实系统的交互都是在虚拟场景中进行的，用户沉浸在虚拟场景之中，虚拟场景的建模是虚拟现实技术的核心内容之一。

几何建模技术的研究对象是对物体几何信息的表示与处理，它能将物体的形状存储在计算机内，形成该物体的三维几何模型，并能为各种具体对象应用提供信息，如能随时在任意方向显示物体形状、计算体积、面积、重心、惯性矩等。

在第 6 章介绍了三维建模的技术和方法。虚拟现实系统中的几何建模可以借助于三维建模软件来完成；或者借助硬件设备，如三维扫描仪来完成；或者基于图像建模。此外，程序语言、图形库本身就支持三维模型表示和绘制，如 OpenGL、Java3D、VRML 等，这些程序语言对三维模型的表示和处理效率高、实时性好。

2. 物理建模技术

虚拟现实系统中的模型不是静止的，而是具有一定的运动方式的。当与用户发生交互时，也会有一定的响应方式。这些运动方式和响应方式必须遵循自然界中的物理规律，如物体之间的碰撞反弹、物体的自由落体、物体受到用户外力时朝预期方向移动等都是物理建模技术需要解决的问题。

3. 行为建模技术

在虚拟现实环境中，除了要观察一个对象的三维几何形状以外，还必须考虑该对象的具体位置，并以此位置为基点，进行平移、碰撞、旋转和缩放等变化效果。这些内容的数据建模描述表达了对象的运动属性，所以称其为行为建模或运动建模。

虚拟环境中物体的行为一般可分为物理行为和智能行为。

物理行为一般指研究物体运动的处理，通过运动学或动力学描述物体运动轨迹或姿态。

智能行为一般指具有生命特征的物体所表现出来的反应、思考和决策等行为，这种物体也被称为虚拟角色。虚拟角色的行为往往会体现出不确定性。对智能虚拟角色的不确定性行为进行建模，可以增强虚拟现实系统的真实度和可信度。

8.1.2　立体显示技术

人类对客观世界的观察60%以上依赖于视觉，视觉通道是人类感知外部世界、获取信息最主要的传感通道，视觉信息的获取是多感知的虚拟现实系统中最重要的环节。在视觉显示技术中，立体显示是虚拟现实沉浸交互实现的重要内容，也是虚拟现实的关键技术之一。

作为虚拟现实系统实现沉浸交互的重要方式，立体显示可以把图像的纵深、层次、位置全部展现出来，使人们更加自然地了解图像或显示内容的信息。

在技术方面，为了使人们在虚拟现实环境中看到的场景与日常生活中的真实场景在质量、清晰度和范围方面没有差别，从而产生身临其境的沉浸感，需要根据人类双眼的视觉生理特点来进行设计，通过光学技术构建逼真的三维环境和立体的虚拟物体对象。目前，通常是借助于一些硬件设备，如头盔显示器、高档图形工作站等来实现。

立体显示可以分为眼镜式立体显示和裸眼式立体显示。

8.1.3 三维虚拟声音技术

在虚拟现实系统中，听觉通道给人的听觉系统提供声音信息，也是创建虚拟世界的一个重要组成部分。为了提供身临其境的逼真感觉，听觉通道应该满足一些要求，使人感觉置身于立体的声场中，能识别声音的类型和强度，能判定声源的位置。同时，在虚拟现实系统中加入与视觉并行的三维虚拟声音，一方面可更多地增强用户在虚拟世界中的沉浸感和交互性；另一方面也可减弱大脑对于视觉的依赖性，降低沉浸感对视觉信息的要求，使用户能在既有视觉感觉又有听觉感受的环境中获得更多的信息。

三维虚拟声音与立体声不同。NASA 研究人员通过试验研究，证明了三维虚拟声音与立体声的不同感受。他们让试验者戴上立体声耳机，如果采用通用的立体声技术制作声音信息，试验者会感到声音在头内回响，而不是来自外界。但如果设法改变声音的混响时间差和混响压力差，试验者就会明显地感到声源位置在变化，并开始有了沉浸感，这就是三维虚拟声音。

8.1.4 人机交互技术

人机交互就是人与计算机之间信息交流。从冯·诺伊曼计算机诞生之日起，人机交互就作为计算机科学研究领域中的一个组成部分而受到人们的关注，在其后的发展中，人机交互技术取得了很大的进步。它的发展可分为以下 4 个阶段：

（1）基于键盘和字符显示器的交互阶段。这一阶段使用的主要交互工具为键盘及字符显示器，交互的内容有字符、文本和命令，其过程显得呆板和单调。这是第一代人机交互技术。

（2）基于鼠标和图形显示器的交互阶段。这一阶段使用的主要交互工具为鼠标及图形显示器，交互的内容主要有字符、图形和图像。今天，鼠标已成为计算机的标准配置设备。

（3）基于多媒体技术的交互阶段。声卡、图像卡等硬件设备的出现使得计算机处理声音及视频图像成为可能，从而使人机交互技术开始向声音、视频过渡。在这一阶段，话筒喇叭、摄像机等多媒体输入输出设备也逐渐为人机交互所用，而人机交互的内容也变得更加丰富。多媒体技术使用户能以声、像、图、文等多种媒体信息与计算机进行信息交流，从而方便了计算机的使用，扩大了计算机的应用范围。

但是，这一阶段的多媒体交互技术使用某种媒体技术进行人机交互时，仍处于独立媒体的存取、编辑状态，还没有涉及多媒体信息的综合处理。

（4）基于多模态技术集成的自然交互阶段。从单媒体交互技术走向多媒体集成的交互技术，所产生的效果和作用绝不是交互技术之间量的变化，而是一种质的飞跃。虽然通过多媒体信息进行人机交互极大地丰富了人机交互的手段和内容，但离人类天然的自然交互能力还差得较远。因为人类在与其环境进行交互的时候是多模态的，人可以同时说、指和看同一个物体，还可以通过同时听一个人的说话语气和看他的面部表情及手臂动作来判断他的情绪。为了更好地理解周围的环境，人类每时每刻都在使用视觉、听觉、触觉和嗅觉，可以说，多模态是人类与环境之间自然交互的体现。此外，人类与环境之间的交互还是基于知识的，因为人类的行为动作均在思维的控制下进行，同样，对反馈的信息也是在思维的支配下识别，因此，基于多模态技术的自然交互阶段则可以归纳为第四代的人机交互技术。

目前，虚拟现实系统能提供的自然交互技术效果还不是很完善，人们在使用眼睛、耳朵、皮肤、手势和语言等直接与虚拟环境对象进行自然交互时，与预期还存在一定的距离。

1. 手势识别技术

手势是一种自然、直观、易于学习的人机交互手段，是以人手直接作为计算机的输入设备，人机之间的通信将不再需要中间媒介，用户可以简单地定义一种适当的手势，对周围的机器进行控制。手势研究的内容包括手势合成和手势识别，前者属于计算机图形学的问题，后者属于模式识别的问题。手势识别技术分为基于数据手套和基于计算机视觉两大类。

2. 面部表情识别技术

表情是人们的内心世界通过人的脸部区域反映出来的喜、怒、哀、乐等信息。这种表现形式在人们的交流中起着非常重要的作用，是人们进行非语言交流的重要方式。表情含有丰富的人体行为信息，是情感最主要的载体，对它进行研究可以进一步了解人类对应的心理状态。有心理学家认为，人类情感的表达55%来自面部表情，可见，人脸面部表情与情感表达的关系十分密切。

对人脸面部表情的识别与研究具有广泛的应用前景，如 VR 自然人机交互、心理学研究、远程教育、安全驾驶、公共场合安全监控等领域。尽管面部表情识别对未来的人机交互技术具有重要的价值，但由于面部表情具有多样性和复杂性特征，并且涉及生理学及心理学，因此表情识别具有较大的难度。与其他生物识别技术，如指纹识别、虹膜识别、人脸识别等相比，表情识别发展相对较慢，但已经引起了研究人员的关注和重视。

3. 眼动跟踪技术

虚拟现实系统中，视觉感知主要依赖于对用户头部方位的跟踪，即当用户头部发生运动时，系统显示给用户的景象也会随之改变，从而实现实时视觉显示。但在现实世界中，人们可能经常在不转动头部的情况下，仅仅通过视线移动来观察一定范围内的环境或物体，于是，单纯依靠头部跟踪的视觉显示是不全面的。虚拟现实系统将视线的移动作为人机交互方式，不但可以弥补头部跟踪技术的不足，还可以简化传统交互过程中的步骤，使交互更加直接。由此产生眼动跟踪技术。

眼动跟踪是指通过测量眼睛注视点的位置或眼球相对于头部的运动而实现对眼球运动的追踪。目的是为了监测用户在看特定目标时的眼睛运动和注视方向，这一过程需要用到眼动仪和配套软件。眼动跟踪技术被认为是下一代 VR 硬件中的必备元素。目前，Oculus、HTC Vive 等虚拟现实硬件产品在 VR 头盔显示器中都增加了对眼动跟踪技术的支持。眼动跟踪类设备能够感知瞳孔的运动，转动眼球就能操控 VR 视角。在虚拟现实中，还能通过眼睛的注视点产生景深，使 VR 体验更加灵敏智能。

4. 力触觉交互技术

对人类获取信息能力的研究表明，力触觉是除视觉和听觉之外最重要的感觉，是人类认识外界环境并与环境进行交互的重要手段。在实际工作中，很多操作任务要求操作者必须有效感知接触状况，才能进行精确控制。在虚拟现实环境下，力触觉交互表现得更加重要。例如，在虚拟手术训练中引入力触觉反馈，可以使医生训练时不仅能够看到，而且还能感觉到手术器官。医生能通过手和手臂的运动与虚拟模型和环境进行交互，形成对虚拟模型的完整认识，并感受到与虚拟对象交互时产生的触觉和力道，如同真实操作一样，从而使得训练更真实、准确。

从交互属性来看，力反馈设备可以分为主动型力/触觉设备和被动型力/触觉设备。主动型力/触觉设备是在操作时系统主动给用户的感官发出力的感受，目前大多数设备为此类。被动型力/触觉设备则是当人手给出力的过程中系统反馈给用户一定比例的力，使得虚拟交互更加逼真。

人的触觉相当敏感，一般精度的装置根本无法满足要求，所以对触觉与力觉的反馈研究相当困难。目前，在力触觉方面已经取得了一些应用。例如接触感觉，虽然还不够真实，但现在的 VR 系统已能够给身体提供很好的提示；对于温度感觉，可以利用一些微型电热泵在局部区域产生冷热感，但这类系统比较昂贵；对于力量感觉，许多力反馈设备被做成骨架形式，从而既能检测方位，又能产生移动阻力和有效的抵抗阻力。但总体来说，这些产品大多还是粗糙的、实验性的，离实用还相差较远。

5. 其他感觉器官的反馈技术

目前，虚拟现实系统的反馈形式主要集中在视觉和听觉方面，对其他感觉器官的反馈技术还不够成熟。在味觉、嗅觉和体感等器官感觉方面，产品相对较少，对这些方面的研究还处于探索阶段。

虚拟现实技术的发展是要使人机交互系统从精确、二维的交互向着非精确、三维的交互转变。因此，尽管手势语言、眼动跟踪、面部表情识别以及其他感官的自然交互技术在现阶段还不够完善，但对它们的研究具有非常重要的意义。

8.1.5　实时碰撞检测技术

为保证虚拟环境的真实性，首先要求虚拟环境中的固体物体是不可穿透的，当用户接触物体并进行拉、推、抓取时，能产生真实的碰撞，并实时做出相应的反应，这就需要虚拟现实系统能够及时检测出这些碰撞，并产生相应的碰撞反应，及时更新场景输出，否则就会发生穿透现象。正是有了碰撞检测，才可以避免诸如人穿墙而过等不真实情况的发生，虚拟的世界才有真实感。

碰撞检测是虚拟现实、机器人等领域都面临的、不可回避的问题。碰撞检测的基本任务是确定两个或多个物体彼此之间是否发生接触或穿透。研究人员提出了许多有效的碰撞检测算法。对于虚拟现实，碰撞检测算法是十分重要且有难度的。因为虚拟环境的几何复杂性使得碰撞检测的计算复杂度大大提高；同时，由于虚拟现实系统中有较高实时性的要求，所以检测必须在很短的时间（如 30~50ms）内完成。

8.2　虚拟现实系统开发软件

8.2.1　虚拟现实系统开发流程

设计和实现一个完整的虚拟现实系统，需要的工作主要包括：准备各种媒体素材，包括场景模型、视音频素材等；准备各种交互设备，并将它们与计算机进行正确连接；通过程序开发，将所有软件媒体素材和硬件交互设备整合在一起，从而形成一个完整系统。如图 8-1 所示为虚拟校园的开发流程。

在开发虚拟现实系统时需要考虑的因素较多，如任务流程的设计、场景的实时渲染、

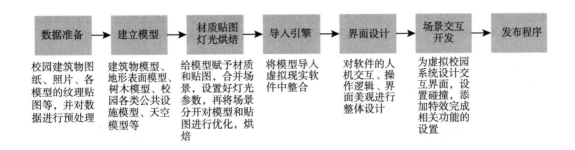

图 8-1　虚拟校园系统开发流程

交互功能的设计和实现、交互事件的响应和反馈等。而这些因素涉及众多的关键技术，这就使得虚拟现实系统的开发非常复杂。所以，一般要借助众多相关软件的支持，才能完成一个完整的虚拟现实系统。在素材准备阶段，可以借助一些媒体编辑软件；在程序开发阶段，可以借助一些通用的虚拟现实开发软件。

8.2.2　虚拟现实系统软件

开发虚拟现实系统的软件工具主要包括嵌入 VR 设备的信息处理软件和运行在 VR 设备上的系统平台软件。

1. 信息处理软件

嵌入 VR 设备的信息处理软件主要负责视频采集、三维重建、人体跟踪和动作捕捉等。

（1）视频采集。视频采集是配备 VR 输入设备的专用软件，用于构建 VR 场景和三维模型的视音频数据采集，主要有 3D 立体拍摄设备的图像采集系统和 360°全景拍摄设备的图像采集系统。

（2）三维重建。所谓三维重建，是指对三维物体建立适合计算机表示和处理的数学模型。利用三维扫描仪可以实现三维重建，并在相关软件的支持下，扫描系统采用动态跟踪成像技术，通过专业优化的视觉算法，利用多条激光线来精确获得复杂特征的细节，从而快速实现物体的三维建模过程。

（3）人体跟踪和动作捕捉。人体跟踪和动作捕捉系统用于准确测量运动物体在三维空间的运动状况。人体跟踪和动作捕捉软件的主要功能是处理系统捕捉到的原始信号，计算传感器的运动轨迹，对数据进行修正处理，并与三维角色模型相结合。英国 VICON 公司研发的 Vicon Tracker 就是一款功能强大的目标跟踪软件。

2. 系统平台软件

系统平台软件是虚拟现实系统的核心部分，负责整个 VR 场景的开发、运算、生成，是虚拟现实系统最基本的物理平台，同时连接和协调整个系统中其他各个子系统的工作和运转，与其共同组成一个完整的虚拟现实系统。

系统平台软件主要有三维建模软件、专业引擎和虚拟现实开发工具等。

（1）三维建模。实现虚拟现实系统需要多种媒体数据的组合，其中最重要的是三维模型数据的准备。利用这些三维数据建立虚拟场景，是虚拟现实系统的主要任务之一。

建立三维模型通常使用三维建模软件来完成。目前市场上有很多优秀的三维建模软件工具，如 3ds Max、AutoCAD、Maya、Pro/E 等一些通用的建模软件，以及虚拟现实、视景仿真等领域专用的建模软件，如 MultiGen Creator 等。

MultiGen Creator 系列软件由美国 MultiGen-Paradigm 公司开发。它拥有针对实时应用优化的 Open Flight 数据格式，具有强大的多边形建模、矢量建模、大面积地形精确生成功能，以及多种专业选项及插件。能高效优化地生成实时三维（RT3D）数据库，并与后续的实时仿真软件紧密结合，广泛应用在视景仿真、模拟训练、工程应用及科学可视化等领域。

（2）专业引擎。虚拟现实系统涉及众多的技术以及相关的专业引擎，下面对其中的图形渲染引擎和物理行为引擎进行介绍。

① 图形渲染引擎。渲染是将三维模型绘制到屏幕上的过程。现在三维建模技术比较成熟，但如何实时生成真实感的图形仍然是实现虚拟现实技术的重要瓶颈。随着技术的发展，目前开发的图形渲染引擎用于制作的影视特效和广告效果图已经非常逼真。TechViz 就是一个图形渲染引擎。TechViz 是 TechViz 公司开发的专用 PC-IG 三维实时渲染引擎，它不针对某个应用软件，只要底层是 OpenGL 都能使用，可以提高 CAD/CAE 等软件的渲染速度，为众多的通用三维建模商业软件提供立体显示、多通道显示等功能。同时，TechViz 还支持各类 VR 设备，从而大大地提高了它的灵活性和使用价值。

② 物理行为引擎。物理行为引擎简称为物理引擎，简单地说，就是计算 3D 场景中物体与场景之间、物体与角色之间、物体与物体之间的运动交互和动力学特性。

物理引擎和 3D 图形引擎是两个截然不同的引擎，但是两者又有着密不可分的联系，它们一起创造了虚拟现实的世界。在虚拟现实世界中，人们的需求已经从观看离线渲染 3D 动画片的方式过渡到了使用实时渲染技术的 VR 交互浏览方式。但仅仅使用 3D 图形引擎，虚拟世界中的物体只具有一个外表，而没有内在的实体，彼此之间无法相互作用，用户也不能与其产生动作交互。在物理引擎的支持下，VR 场景中的模型可以具有质量，可以受到重力的影响，可以与别的物体发生碰撞，可以因为压力而变形，可以有液体在表面流动，等等，这些都极大地提高了虚拟现实系统的真实感，增强了用户的体验。

VRP-PHYSICS 是国内开发的一个虚拟现实物理引擎。

（3）虚拟现实系统开发软件工具。虚拟现实系统的开发软件一般是以底层编程语言为基础的一种通用开发平台。基于这种平台，开发者只需专注于虚拟现实系统的功能设计和开发，无须考虑程序底层的细节。目前，市面上有很多虚拟现实开发工具，它们的实现机制、功能特点、应用领域各不相同。但整体来看，一个完善的虚拟现实开发软件应该具有可视化管理界面、二次开发能力、数据兼容性等特点，还应该具有高效的图形运算能力、各种外围设备的接口控制能力、海量数据的处理能力等。常用的虚拟现实开发工具有 Vega Prime、Virtools、Unity3D 等软件平台。

① Vega Prime。Vega Prime 由 MultiGen-Paradigm 公司出品，它提供了真正跨平台的和可扩展的开发环境。它构建在 VSG（Vega Scene Graph）框架之上，底层为 OpenGL，同时包括 Lynx Prime GUI 用户图形界面工具，让用户既可以用图形化的工具进行快速配置，又可以使用底层场景图形应用程序接口来进行应用特定功能的创建，从而将先进的功能和良好的易用性结合在一起，来快速、准确地开发实时三维应用，加速成果的发布。基于工业标准的 XML 数据交换格式，能与其他应用领域进行最大程度的数据交换。

② Virtools。Virtools 由法国达索集团出品，是一套具备丰富的互动行为模块的实时 3D 环境虚拟实境编辑软件，可以制作出许多不同用途的 3D 产品。具有灵活、易操作等特点。其"行为模块"可以重复使用，从而加速了生产过程，降低生产成本。开发人员可以使用"行为数据库"或在 C++中，借助于 Virtools 的软件开发工具包进行创作。

2010 年的上海世博会就采用 3DVIA Virtools 等 Web3D 技术搭建了网上世博会的网上园区和展馆，人们通过计算机就可以轻松俯瞰 5.29 平方公里世博园区的三维全景，并在数百个国家、地区和国际组织的展馆间轻松穿梭漫游。

③ Unity3D。Unity3D 是由 Unity Technologies 开发的一款用于创建三维视频游戏、建筑可视化、实时三维动画等类型互动内容的多平台的综合开发平台。Unity3D 不仅在游戏行业得到了广泛的应用，能够让用户轻松快速地创建互动游戏、实时动画等内容，而且在虚拟现实、工程模拟、3D 设计等方面也得到了广泛的应用。随着 VR 技术的普及，现在越来越多的团队使用这款强大的引擎进行 VR 项目开发。Unity 3D 良好的生态及广泛的支持，使其在虚拟现实、增强现实开发上获得了众多厂商的青睐。很多 VR/AR 提供商都提供了基于 Unity3D 的 SDK 包。

Unity 编辑器运行在 Windows 和 Mac OS 下。使用 Unity3D 开发的应用可发布到 Windows、Mac、Wii、iPhone、WebGL（需要 HTML5）、Windows Phone 和 Android 等多个平台。

Unity 对 DirectX 和 OpenGL 拥有高度优化的图形渲染管道。支持物理特效，支持 Java Script、C# 等语言。

④ Quest 3D。Quest 3D 是由荷兰 Act 3D 公司推出的专门用于虚拟现实方面的应用软件。它有丰富的功能模块，可以实现模块化、图像化编程。

Quest 3D 是一个容易且有效的实时 3D 建构工具。它不需要开发者去编写代码，就能通过"所见即所得"的方式制作出功能强大和画面效果绚丽的虚拟现实项目。

Quest 3D 软件具有很好的开放性。用户可以在 3ds Max 或 Maya 中完成建模、材质、动画和烘焙渲染，然后导入到 Quest 3D。Quest 3D 可以和大量虚拟现实硬件进行很好的连接，还可以用软件提供的 SDK 来开发新的功能模块，整合新的硬件设备。

⑤ VR-Platform。VR-Platform（Virtual Reality Platform，VR-Platform 或 VRP）即虚拟现实仿真平台，是一款由中视典数字科技有限公司独立开发的具有完全自主知识产权的直接面向三维美工的一款虚拟现实开发软件。该软件具有适用性强、操作简单、功能强大、交互功能良好、操作"所见即所得"，以及强大的二次开发接口等特性。它已成功应用于诸多领域，成为国内市场占有率高的国产虚拟现实系统开发软件。

VR-Platform 的所有操作都是以美工可以理解的方式进行的，不需要程序员参与。如果开发者有良好的 3ds Max 建模和渲染基础，只要对 VR-Platform 稍加学习和研究，就可以很快制作出自己的虚拟现实场景。

⑥ Unreal Engine。Unreal Engine 是由游戏开发者制作并提供供游戏开发者使用的一整套游戏开发工具。它支持各种主流操作系统，提供了"所见即所得"的编辑器、物理引擎以及多用户开发模式。它的自定义光照、着色、视觉特效以及过程动画等功能可产生令人瞩目的视觉效果。目前，Unreal Engine 也广泛用于虚拟现实、模拟及可视化内容。

在选择虚拟现实开发软件工具时，可根据特定的应用方向，综合考虑其开放性、数据处理能力和后续开发的延续性。

8.2.3　基于 Web 的 3D 建模技术平台

Web3D 技术是基于互联网的桌面级虚拟现实技术，是一种在虚拟现实技术的基础上，将现实世界中的物体通过互联网进行虚拟的三维立体显示，在网页中呈现同时可以进行交互浏览操作的一种虚拟现实技术。

Web3D 的出现最早可追溯到 VRML。VRML（Virtual Reality Modeling Language）即虚拟现实建模语言。VRML 开始于 20 世纪 90 年代初期，是互联网 3D 图形的开放标准。1998 年 VRML 组织改名为 Web3D 组织，同时制定了一个新的标准 eXtensible 3D（X3D）。

2004 年，X3D 被国际标准化组织 ISO 批准为国际标准 ISO/IEC 19775。X3D 所具有的高度可扩展性，可使开发人员根据自己的需求来扩展其功能，同时 X3D 整合了 Java3D、流媒体、XML 等先进技术，使其具备了技术优势。X3D 为互联网 3D 图形的发展提供一个广阔的发展前景。目前，Web3D 主要面临带宽限制和技术标准等问题。

1. Web3D 的核心技术

Web3D 的核心技术主要包括：基于 VRML/X3D 技术、基于 XML 技术、基于 Java 技术、基于动画脚本语言和基于流式传输的技术等。

2. Web3D 的实现技术

（1）基于编程的实现技术。开发 Web3D 最直接的方法是通过编程实现。编程语言主要有虚拟现实建模语言 VRML/X3D、网络编程语言 Java 和 Java3D，并且需要底层软件或者驱动库的支持，如 ActiveX、COM 和 DCOM 等。基于编程的 Web3D 实现技术编程工作量大，且较难掌握。

（2）基于开发工具的实现技术。为了提高 Web3D 技术的实用性，近年来，开发了专门针对 Web3D 对象创建的可视化开发工具，如 Cult3D、Viewpoint、Pulse3D、Shout3D 和 Blaxunn3D 等，从而为不熟悉编程的人员开发 Web3D 对象提供了方便的实现途径。这些工具尽管用法和功能各异，但开发过程基本相同，都包括建立或编辑三维场景模型、增强图形质量、设置场景中的交互、优化场景模型文件和加密等内容。

其中，三维建模是 Web3D 图形制作的关键，许多软件厂商将 3ds Max 作为三维建模的工具。对于特别复杂的场景，也可以采用照片建模技术来建立三维模型。

此外，还有基于多媒体工具的实现技术、基于 Web 平台的 SDK 实现技术。

3. Web3D 的产品和技术解决方案

（1）VRML。VRML 是虚拟现实建模语言，是一种用于建立真实世界场景模型或虚构的三维世界的场景建模语言，具有平台无关性。

VRML 本质上是一种面向 Web、面向对象的三维造型语言。VRML 的对象称为结点，子结点的集合可以构成复杂的景物。结点可以通过实例得到复用，对它们赋以名字，进行定义后，即可建立动态的虚拟世界。

VRML 语言具有的基本物体有球体、锥体、柱体、立方体和文本等，这些基本物体为创建景物提供了方便。下面的 VRML 脚本在浏览器中运行后显示如图 8-2 所示的灯笼模型。

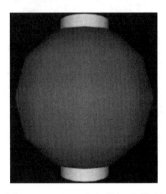

图 8-2　VRML 建立的灯笼模型

```
VRML V2. 0 utf8          #VRML 文件的标准头
Shape {
        appearance Appearance {#球体外观定义
        material Material { diffuseColor 0. 9    0. 1    0. 05 }
        }
        geometry Sphere{     #球体
        radius 0. 70 }       #半径
    }
Shape{
        appearance Appearance {#圆柱体外观定义
        material Material {    diffuseColor 0. 8    0. 9    0. 05    }
        }
        geometry Cylinder {#圆柱体
        radius 0. 25
        height 1. 5
        bottom TRUE
    }
}
```

　　VRML 的语法虽然不复杂，但比较烦琐，目前有许多创建 VRML 文件模型的软件，可以将其他三维格式的文件转换成 VRML 文件，如 3ds Max 等，对于一个在 3ds Max 中创建的三维场景，可以直接导出到 VRML 中，反之也是，从而完成 3ds Max 与 VRML 之间的数据交换。

（2）HTML5。HTML5 是用于取代 1999 年所制定的 HTML4.01 和 XHTML1.0 标准的 HTML 标准版本。目前，Google Chrome、Morilla Firefox 等主流浏览器均致力于"HTML5+WebGL"的发展，WebGL 能够提供图形硬件接口的直接调用，HTML5 则能够提供"Canvas"供网页上的 3D 对象展现。这意味着可以脱离 Flash 等图形插件，直接在浏览器中显示图形或动画。这种方案能够直接使用图形硬件处理器的运算能力，具有高效的绘图性能。

8.3 虚拟现实内容及应用开发方式

8.3.1 虚拟现实内容

VR 应用目前主要集中在企业级市场，行业前景向好，但行业爆发尚需时机。VR 内容主要包括 VR 视频、VR 游戏和 VR 应用三大部分。无论是 VR 视频、VR 游戏还是 VR 应用，均处于发展摸索阶段。其中，VR 游戏和 VR 应用都是计算机程序，可看作一类 VR 应用程序，也是本节主要讨论的虚拟现实内容。

1. VR 视频

VR 视频在电影中早有应用。《速度与激情 7》《复仇者联盟 2》等知名游戏体验作品都尝试运用了虚拟现实技术。VR 技术与视频的结合，将给人们带来好的体验。

相比于其他 VR 内容，VR 视频拥有更为庞大的群众基础，也是门槛较低的 VR 体验方式。

VR 视频按表现形式分为：3D 效果视频、360°全景视频和全景交互视频。

3D 效果视频是将现有视频转码处理生成 3D 效果，由于技术门槛低、内容生成快，目前是 VR 显示设备上影视内容最主要的模式，能达到影院 3D 电影的效果。

360°全景视频通过全景拍摄以及图像拼接生成，在 PC 上用户通过鼠标拖动画面，可360°任意观看画面；在移动设备上则一般通过陀螺仪，画面根据用户视角的改变而改变，是目前 VR 视频的主要展现形式。

全景视频有别于传统视频单一的观看视角，让人们可以 360°自由观看。而 VR 视频在此基础上，还允许人们在视频里自由移动观看。

全景交互视频是真正的 VR 视频，兼备沉浸感和交互性，目前的技术和拍摄手法尚不成熟，因此作品较少，但它将是未来最主要的 VR 形式。

目前，国外 VR 视频多以硬件厂商的 Demo 为主，内容集中于 Oculus 和 Google Cardboard 两类硬件平台，YouTube 也增加了 VR 分发频道，另外，部分大制作的电影也会发布短小的 VR 电影预告片。

2. VR 游戏

VR 游戏可以理解为"VR+游戏"，是通过虚拟现实技术将玩家置身于一个沉浸式的虚拟世界，从而提高用户体验的游戏。

VR 游戏包括手机、主机游戏和 PC 三种。其中，基于手机的游戏制作门槛较低，可以满足用户碎片化时间需求，受众面广，但是沉浸感较差。主机游戏包括 Xbox、PlayStation、Wii、PS 等。主机和 PC 的 VR 游戏对于性能要求较高，因而价格也更高。

3. VR 应用

VR 技术广泛应用于航空航天、军事、医疗、教育培训、规划设计等领域。在 VR 应用方面，采用的是 VR+行业的发展模式。无论哪种 VR 应用，都可看作是一类 VR 应用程序。

8.3.2　虚拟现实应用开发方式

对于 VR 应用的开发，主要有原生 VR 和 WebVR 两种方式。

所谓原生 VR（Native VR），就是虚拟现实技术。

所谓 WebVR，就是 VR on Web。它将虚拟现实技术带到 Web 领域，用 JavaScript 来编写虚拟现实相关的应用，在浏览器或者 Web runtime 上跨平台运行。

8.4　Web 端 VR 应用开发简介

目前，VR 硬件的发展已经走上了快车道，但是 VR 的内容却相对滞后，而且内容创作的成本昂贵，无论是 VR 电影还是 VR 游戏，其开发成本相当高。目前，最新的 Google Chrome、Mozilla Firefox 和 Microsoft Edge 等浏览器已经加入面向 HTML5 技术的 Web VR 功能支持，同时各方也正在起草并充实业界最新的 Web VR API 标准。基于 Web 端的这些虚拟现实标准将进一步降低 VR 内容的技术创作成本及门槛。这不仅是 Web 技术发展历程上的显著突破，也为 VR 造就了借力腾飞的契机。

WebVR 是 Web 技术在 VR 领域的应用，是一种在浏览器中创建虚拟现实 3D 体验的

JavaScript 应用程序接口。Web 端 VR 降低了 VR 体验门槛。

8.4.1　开发 Web 端的 VR 内容

1. Web 端 VR 开发方式

在 Web 上开发 VR 应用,一般采用以下两种方式:

(1) HTML5+JavaScript+ WebGL + WebVR API。这种方式使用 WebGL 与 WebVR API 结合,在常规 Web 端三维应用的基础上通过 API 与 VR 设备进行交互,进而得到相应的 VR 实现。

(2) 第三方工具。这种方式是在封装第一种方法的基础上,面向无编程基础的人员开发 Web 端 VR 内容。

2. 主流 VR 及浏览器对 WebVR 的支持情况

WebVR 可以在 Windows、Mac 和 Linux 等平台上开发和调试,在 Android 和 Windows 等系统上进行体验。表 8-1 为一些 VR 平台与支持的浏览器的对应表。

表 8-1　　　　　　　　　　　　　　一些 VR 平台与浏览器对应表

VR 平台	浏览器支持
Cardboard	Chrome、百度 VR 浏览器
Daydream	Chrome
Gear VR	Oculus Browser 或 Samsung Internet
Oculus Rift	Firefox 或 Chrome
HTC Vive	Firefox 或 Chrome 或 Servo
Vive Focus	Chrome 或 Vive Browser

3. WebGL

WebGL 是在浏览器中实现三维效果的一套标准,该标准允许将 JavaScript 和 OpenGL ES 2.0 (Open Graphics Library for Embedded Systems,即适用于嵌入式系统的开放式图形库) 结合在一起,通过增加 OpenGLES 2.0 的一个 JavaScript 绑定,WebGL 可以为 HTML5 的 Canvas 画布提供硬件 3D 加速渲染,从而 Web 开发人员可借助系统显卡在浏览器中更流畅地展示 3D 场景和模型，还能创建复杂的导航和数据可视化。

WebGL 是内嵌在浏览器中的，开发者无须搭建任何开发环境，只需一个文本编辑器和一个浏览器，即可开始编写三维图形程序。WebGL 程序由 HIML 和 JavaScript 文件组成，只需将它们放在 Web 服务器上，就能方便地分享程序。

WebGL 完美地解决了现有 Web 交互式三维动画的两个问题：第一，它通过 HTML 脚本本身实现 Web 交互式三维动画的制作，无需任何浏览器插件支持；第二，它利用底层的图形硬件加速功能进行的图形渲染，是通过统一的、标准的、跨平台的 OpenGL 接口实现的。

4. 支持 WebVR 的框架或工具

从 WebGL 底层代码开始开发 WebVR 程序，需要开发者熟悉 WebGL 并能够编写程序代码。而一些封装了 WebGL 的框架或工具，则不需要开发者掌握太多的底层技术，就能够进行 WebVR 的开发。

支持 WebVR 的框架或工具有很多，如 A-frame、three.js、React VR、Vizor、PlayCanvas for VR、WebVR emulator 等。

8.4.2　WebVR 体验模式

原生 VR 是以应用程序的形式呈现的，在体验 VR 前，要进行下载安装，而 WebVR 则改变了这种形式。WebVR 即"Web+VR"的体验方式，开发一个 WebVR 网页后，就将 VR 体验搬进了浏览器中。WebVR 的体验方式有头显 VR 模式和裸眼模式。

1. 头显 VR 模式

这种模式根据使用的设备不同又可分为两种：头显+手机模式，头显+PC 模式。

头显+手机模式是将手机插入 Cardboard 等头盔显示器中来体验手机浏览器的 WebVR 网页的一种方式。浏览器将根据水平陀螺仪的参数来获取用户的头部倾斜和转动的朝向，并告知页面需要渲染哪一个朝向的场景。

头显+PC 模式是通过佩戴 Oculus Rift 或 HTC Vive 这样的头盔显示器，连接 PC 主机，浏览在 PC 端渲染生成的网页。这种模式可以得到较好的体验效果。

2. 裸眼模式

如果没有头盔显示器，也可以裸眼浏览在 PC 或手机浏览器上的 WebVR 网页。在 PC 端，如果用户选择进入 VR 模式，用户可以使用鼠标拖曳场景。而在智能手机上，用户可以使用 touchmove 或旋转倾斜手机的方式来改变场景视角。

8.4.3 使用 A-Frame 开发 VR 内容

A-Frame 是 Mozilla 基金会开源的网页虚拟现实体验（WebVR）框架，是一个强大的开发库工具，定位于 Web 开发，构建在 WebGL 接口之上，内置了 Three.js 的开发框架。通过这个工具，开发者只需要使用 HTML，就可以快速构建三维 VR 场景，实现在网页中获得三维虚拟现实的体验。A-Frame 构建的 VR 场景能兼容智能手机、PC、Oculus Rift 和 HTC Vive 等。

1. A-Frame 框架的特点

（1）A-Frame 支持所有实现了 WebGL 接口的浏览器。其最大优势是具备跨平台性，支持 PC 端、Mobile 端，以及头戴设备 Oculus Rift 和 HTC Vive 等。

（2）A-Frame 能减少冗余代码。A-Frame 将复杂冗余的代码减至一行 HTML 代码。如创建场景只需要一对<a-scene> 标签即可，使用简单、方便。

2. 获取 A-Frame 框架

从 https：//github.com/aframevr/aframe/tree/master/dist 下载 A-Frame 框架文件，保存到本地文件夹（如 webVR_AFrame）。编者下载的是该文件的 v0.8.2 版本，文件名为 aframe-v0.8.2.min.js。

3. 使用 A-Frame 框架

在文件夹 webVR_AFrame 中创建 test_aframe.html，并输入下面的代码：

```
<html>
  <head>
    <script src="aframe-v0.8.2.min.js"></script>
  </head>
  <body>
  <a-scene>
      <a-box position="-1 0.5 -3" rotation="0 45 0" color="#4CC3D9"></a-box>
      <a-sphere position="0 1.25 -5" radius="1.25" color="#EF2D5E"></a-sphere>
      <a-cylinder position="1 0.75 -3" radius="0.5" height="1.5" color="#FFC65D"></a-cylinder>
```

```
        <a-plane position="0 0 -4" rotation="-90 0 0" width="4" height="4" color="#
7BC8A4"></a-plane>
        <a-sky color="#ECECEC"></a-sky>
      </a-scene>
    </body>
  </html>
```

其中：

（1）引入库文件。首先需要引入 aframe-v0.8.2.min.js 库文件，可以下载到本地或直接引用网上地址，这里通过“<script src=" aframe-v0.8.2.min.js" ></script>”实现引用，引用的是本地文件。

（2）创建场景。场景是通过一个<a-scene>标签来表示的元素。场景是一个全局根对象，所有的实体都包含在场景中。

（3）场景添加了内置的立方体（Box）、球体（Sphere）、立方体（Cylinder）、平面（Plane）和天空盒子（Sky）等对象。

4. 使用浏览器执行文件

使用 Microsoft Edge 或 Google Chrome 浏览器打开 test_aframe.html 网页，看到如图 8-3 所示的效果。点击右下角的 Cardboard 图标，可以进入全屏模式，但目前无法进入头显 VR 模式。

如果想用 Cardboard 式头盔显示器体验沉浸式的 VR 效果，则需要一个 Web 服务器、Cardboard 头盔显示器和手机。例如，可以在电脑上安装 Tomcat 服务器，将 aframe-v0.8.2.min.js 和 test_aframe.html 拷贝到 Tomcat 的应用程序文件夹的子文件夹 webVR_AFrame 中。确保手机和电脑在同一个局域网内，打开手机上的浏览器，在地址栏输入 http：//<服务器 IP 地址>：8080/webvr_AFrame/test_aframe.html，点击“转到”，再点击页面右下角的 Cardboard 图标，进入如图 8-4 所示的双画面的头显 VR 模式。将手机插入蔡司 VR 眼镜中，使用“头显+手机模式”开始体验沉浸式虚拟现实效果。

图 8-3 用 A-Frame 创建的 VR 场景

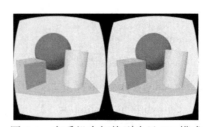

图 8-4 在手机中切换到头显 VR 模式

8.4.4 使用 three.js 开发 VR 内容

直接使用 WebGL+WebVR 的应用程序接口（API），是一种更加靠近底层更加灵活创造 WebVR 内容的方法。这种方法相比于 A-Frame 的优势是可以将 VR 的支持方便地引入到用户的 Web3D 引擎中，同时对于底层，特别是渲染模块，可以做更多优化操作，从而提升 VR 运行时的性能与体验。

目前，有许多流行的 Web3D 渲染引擎，如 three.js 和 babylon.js 等。下面以 three.js 为例，说明如何在 three.js 上制作 WebVR 内容。

1. 获取 three.js 框架

从 https：//github.com/mrdoob/three.js/tree/dev/build 中下载文件 three.js，保存在本地文件夹，如 webVR_threejs 中。

2. 使用 three.js 框架

下面根据 three.js 官方示例，来介绍 three.js 的概念和基础布局场景。

在 WebVR_threejs 文件夹中创建 test_threejs.html 文件，并输入下面的代码：

```
<html>
    <head>
    <title>My first three.js app</title>
    <style>
      body { margin：0；}
      canvas { width：100%；height：100% }
    </style>
</head>
<body>
  <script src="three.js"></script>
<script>
  var scene = new THREE.Scene（）；
     var camera = new THREE.PerspectiveCamera（75，window.innerWidth/window.innerHeight，0.1，1000）；
     var renderer = new THREE.WebGLRenderer（）；
```

```
renderer. setSize( window. innerWidth, window. innerHeight);
document. body. appendChild( renderer. domElement);
var geometry = new THREE. BoxGeometry( 1, 1, 1);
var material = new THREE. MeshNormalMaterial ( );
var cube = new THREE. Mesh( geometry, material);
scene. add( cube);
camera. position. z = 5;
var animate = function ( ) {
    requestAnimationFrame( animate);
    cube. rotation. x += 0. 01;
    cube. rotation. y += 0. 01;
    renderer. render( scene, camera);
};
animate ( );
</script>
</body>
</html>
```

下面对其中的 javascript 代码进行说明:

(1) 创建场景。为了使用 three. js 显示,需要创建场景、相机和渲染器。

① 建立场景。"var scene = new THREE. Scene ( );"表示建立一个场景。

② 建立相机。创建一个相机"var camera = new THREE. PerspectiveCamera (75, window. innerWidth/window. innerHeight, 0. 1, 1000);"。其中,第 1 个参数是视野,表示在任何给定时刻显示器上看到的场景的范围,以度为单位;第 2 个参数是宽高比。

③ 建立渲染器。"var renderer = new THREE. WebGLRenderer ( );"是使用 WebGLRenderer 创建渲染器。

除了创建渲染器实例,还需要设置渲染应用程序的大小。可以设置浏览器窗口的宽度和高度,但对于性能密集型场景,可以使用 setSize 设置较小的值。

(2) 添加模型。在场景中添加一个立方体。

① 创建一个立方体。"var geometry = new THREE. BoxGeometry (1, 1, 1);"是使用 BoxGeometry 创建一个多维数据集,包含数据集中的顶点和面的对象。

② 上色。three. js 中有几种材质,本例中使用 MeshNormalMaterial 方法,"var material = new THREE. MeshNormalMaterial ( );"也可以使用 MeshBasicMaterial 方法,如"var material = new THREE. MeshBasicMaterial（｛color：0xff0000｝）；"创建一个红色的立方体。

③ 将立方体添加到场景。创建一个网格对象 Mesh "var cube = new THREE. Mesh（geometry，material）；"，然后调用 scene. add（），将立方体添加到场景中。默认情况下，添加的对象显示到坐标（0，0，0）的位置，这样，会导致相机和立方体在彼此内部，所以，使用 "camera. position. z = 5；" 将相机稍微移出一点。

（3）渲染场景。利用 requestAnimationFrame 在刷新屏幕时不断渲染场景。

（4）使立方体运动。在场景刷新时修改立方体属性 "cube. rotation. x + = 0. 01；cube. rotation. y+= 0. 01；"，使其运动。

3. 使用 Google Chrome 浏览器执行文件

使用浏览器打开 "test_threejs. html" 文件，可以看到一个彩色立方体在不断旋转。

8. 4. 5　WebVR 综合案例

使用 A-frame 搭建一个以机房教室为主题的 VR 场景，并进行漫游。

1. 构建三维模型

使用 3ds Max 制作三维模型时，需要遵循一定的工作流程，按照工作内容的不同，可以分为四个阶段：创建模型，给模型赋予材质、贴图，创建相机与灯光，渲染输出。

机房教室内包含地板、椅子、桌子、窗帘、黑板、鼠标、门、灯、电脑、电脑主机、空调等子物体。为了建立一个教室，首先要构建出教室内每一种实体的三维模型。图8-5~图 8-12 为创建的部分实体的三维模型（子模型）。

图 8-5　地板

图 8-6　椅子

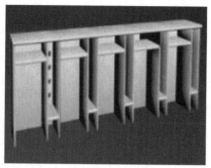

图 8-7　桌子

图 8-8　电脑显示器

图 8-9　电脑主机

图 8-10　门

图 8-11　空调

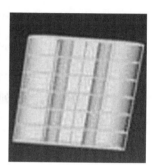

图 8-12　灯

2. 构建整体模型

各个子模型创建之后，便要将子模型整合到一起，形成一个教室。在 A-Frame 中，相机的初始位置在原点 (0，0，0)。而 3ds Max 中构建的模型导出后已经包含了其大小、位置等信息。为了使模型导出后为正常大小，采用了如下方式：

（1）先进入地板模型 3ds Max 文件中，将地板中心的世界坐标置于原点附近。

（2）保存并导出为 OBJ 文件，并放入 VR 场景中，观察场景中的地板大小状况。若是地板比预期大，则在地板模型 3ds Max 文件中将地板适当缩小；反之，则将地板适当放大。重复该步骤，直到地板的大小与位置符合预期。

（3）以地板为基础，合并其他子模型。

（4）模型组建好之后，将子模型分别导出为 OBJ 文件与 MTL 文件。OBJ 文件中包含了模型的点面数据，MTL 文件中则描述该模型的纹理。

3. 场景构建

使用 A-Frame 构建 VR 场景。

（1）子模型导入。A-Frame 中，不能直接导入 MAX 文件模型，需要将它们分别导出为 OBJ 文件和 MTL 文件。OBJ 模型和 MTL 纹理准备好后，可以通过<a-asset-item>标签预加载。之后，通过<a-entity>在场景中创建该实体。由于在模型构建部分已调整好各个子模型的相对位置，因此，直接创建实体即可。下面的代码是将地板导入：

```
<a-asset-item id="floor_obj"
src="maxmodel/objmodel/floor.obj"></a-asset-item>
<a-asset-item id="floor_mtl"
src="maxmodel/objmodel/floor.mtl"></a-asset-item>
```

（2）动画制作。在 A-Frame 中，可以使用<a-animation>标签创建动画，使实体按照需要的方式移动，修改其位置、旋转、比例甚至颜色等属性。

4. 部分程序代码

```
<html>
  <head>
  <title>WebVR 综合案例</title>
  <script src="js/aframe.0.7.0.min.js"></script> <!--引入库文件-->
  </head>
  <body>
  <a-scene>
      <a-entity light="type：directional；color：#FFF；intensity：0.5" position="2 20 0"></a-entity>
      <a-entity light="type：ambient；color：#FFF"></a-entity>
      <!-- Custom components with animations -->
      <!--使用 3ds Max 导出的模型-->
      <a-assets>
        <img id="sky_sphere-texture" src="textures/universe.jpg">
          <a-asset-item id="floor_obj"    src="maxmodel/objmodel/floor.obj"></a-asset-item>
          <a-asset-item id="floor_mtl"    src="maxmodel/objmodel/floor.mtl"></a-asset-item>
          ……
      </a-assets>
      <!--添加天空-->
        <a-sky color="#EEEEFF" material="src：#sky_sphere-texture"></a-sky>
      <!--在场景中创建实体-->
```

```
<a-entity obj-model=" obj：#floor_obj；    mtl：#floor_mtl" ></a-entity>
<a-entity obj-model=" obj：#floor1_obj；    mtl：#floor1_mtl" ></a-entity>
......
<a-entity obj-model=" obj：#logo1_obj；"    material=" color：#00FF00；" >
<!—创建动画-->
<a-animation attribute=" material. color" from=" #00FF00" to=" #0000FF"
dur=" 3000" repeat=" indefinite" direction=" alternate" ></a-animation>
</a-entity>
......
</a-scene>
</body>
</html>
```

5. 搭建网站和浏览

在 Web 服务器创建网站后，在浏览器中使用 Google Chrome 浏览该网站，如图 8-13 所示。在场景中，使用 W、A、S、D 键可以前、后、左、右移动漫游。

图 8-13　WebVR 综合案例——教室漫游

8.5　初探 Unity 3D 开发应用

相对于 WebVR 技术，基于 Unity 3D 开发虚拟现实应用在技术上更加成熟，而且可以方便地发布到多种平台上。本节将介绍基于 Unity 开发虚拟现实应用的基础知识和基本操作。

8.5.1 安装和启动 Unity 3D

1. Unity 3D 的下载和安装

Unity 目前有个人版（Personal）、加强版（Plus）、专业版（Pro）和企业版（Enterprise）4 个版本，主要区别在于后期的分析和支持方面。个人版是免费的，适用于所有资金总和不超过 10 万美元的客户。Unity 规定，超过 10 万美元后必须购买 Unity 的专业版许可证。版本和费用的详细信息可以查看 Unity 官网 https：//unity.com。

Unity Personal 个人版可以在 https：//store.unity.com/cn/download 或 https：//unity.cn/网址上进行下载，包括 Windows 和 Mac OS X 版本等。本书下载的是 Windows 上的 Unity 的 2018.1 版本的安装程序文件 UnitySetup64-2018.1.8f1.exe。下载完成后，运行该安装程序，按照提示一步一步点击"Next"即可。安装完成后，第一次启动即可以看到如图 8-14 所示的界面。

图 8-14 Unity Sign 界面

2. 注册和登录 Unity 3D

如果没有 Unity 3D 账号，可以免费注册一个。在图 8-14 中，点击"create one"进行注册。按照界面进行注册账号，从而创建一个 Unity 3D 的账号。

如果有 Unity 3D 账号，则可以输入账号信息然后登录（Sign in）。接下来，在授权管理界面选择个人（Personal）类型，并做一个简单的问卷调查，就可以完成激活操作。然后，进入下面的初始界面，如图 8-15 所示。其中：

图 8-15　Unity 初始界面

- "Projects" 是本地和 cloud 上保存的项目。
- "Learn" 提供官方的一些小例子用于学习 Unity 的知识。
- "New" 新建一个项目。
- "Open" 打开一个项目。
- "My Account" 是关于账户的信息。
- "On Disk" 表示本地项目。

3. 创建新项目

鼠标单击图 8-15 右上角的 "New"，如图 8-16 所示，开始创建一个 Unity3D 项目。输入项目名称，选择保存位置，指定组织名称，并选择 "3D" 模板。最后，点击 "Create Project" 创建新项目。一个项目中包括场景、对象和脚本等资源。

8.5.2　Unity 3D 编辑器入门

Unity 3D 本身是一个编辑器，该编辑器由多个窗口（视图或面板组）组成。下面通过新建的项目简要介绍 Unity 集成开发环境的界面布局、工具栏和菜单栏。

1. 界面布局

创建好的新项目在 Unity 编辑器中被打开，如图 8-17 所示，这里本书已把窗口的默认布局做了调整，以便完整地显示几个主要的视图。

Unity 编辑器工作界面包含菜单栏、工具栏、场景视图、游戏视图、层级视图、项目视图、检视视图等，每个视图实现不同的功能。

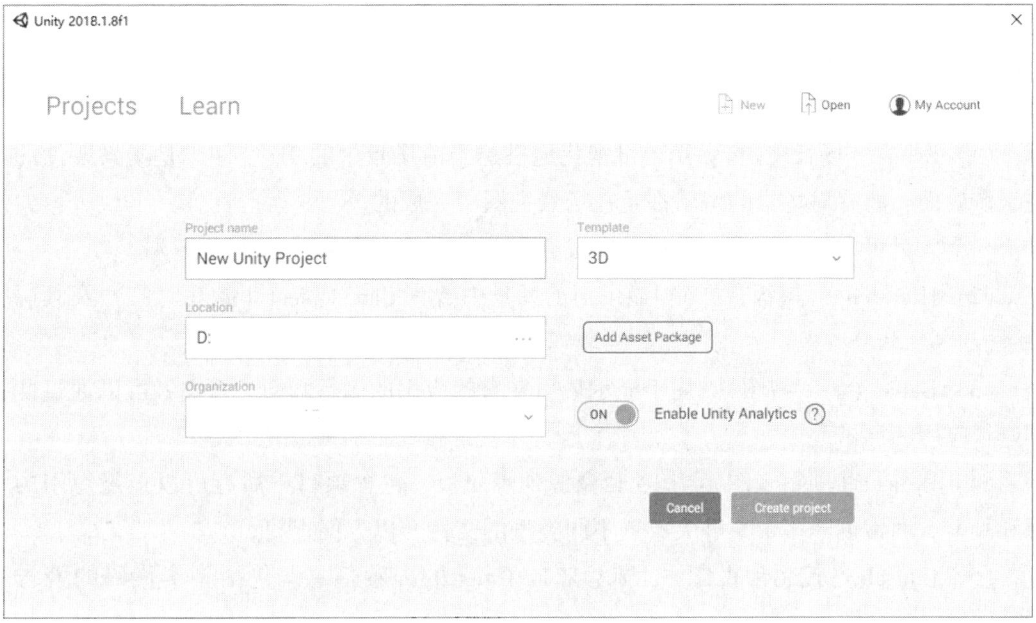

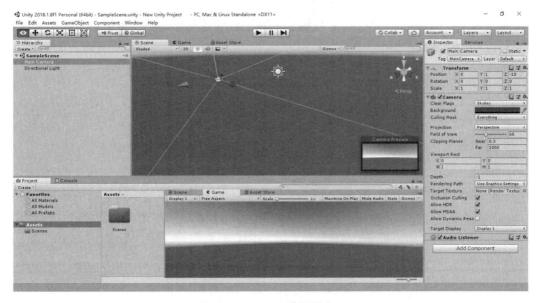

图 8-16　新建项目

图 8-17　Unity3D 编辑器窗口

第一次打开编辑器看到的是其默认界面布局。如有需要，开发者可以通过菜单栏中的"Window"→"Layouts"命令来选择其他布局方式。下面对工作界面主要视图进行简要的说明。

Unity 编辑器包括若干个不重叠的窗口（视图或者面板组），面板组可能会被划分成几个面板，在图 8-17 中，左上窗口是 Scene，左下窗口是 Game，中间从上往下依次是 Hierarchy、Project 和 Console 窗口，右边窗口是 Inspector。

（1）Scene（场景视图）：用于可视化地搭建当前场景中的 3D 空间，是场景设计的主要工作界面，所有对场景的编辑都是在场景视图中完成的。

一个项目可以由一个或多个场景组成，如游戏中的每个关卡就是一个场景。

（2）Hierarchy（层级视图）：显示当前场景中所有 GameObject（游戏对象）及其层级关系。

（3）Game（游戏视图）：用于显示最后发布的应用的运行画面。开发者可以通过此视图进行应用的测试。

（4）Project（项目视图）：是项目资源列表面板，包含项目中所有可以重复使用的资源和脚本。通常创建多个文件夹放置不同类型的文件，以方便查找。

（5）Console（控制台视图）：显示来自 Unity 的提示信息，包括脚本代码的警告和错误。

（6）Inspector（检视视图）：是一个属性查看器窗口，显示当前选中的 GameObject 的属性。可以通过在 Scene、Hierarchy 和 Project 视图中点击对象来选中它们。

在主菜单栏的 Window 菜单中，可以根据需要打开其他的窗口。编辑器中的每个窗口都可以改变位置和调整大小。

2. 工具栏

Unity 编辑器的工具栏由变换工具、变换辅助工具、播放控制、分层下拉列表和布局下拉列表等组成，如图 8-18 所示，提供了几个常用功能的边界访问方式。

图 8-18　工具栏

（1）变换工具（Transform Tools）：主要针对 Scene 视图，用来实现对 GameObject 的方位控制，包括位置、旋转、缩放等。下面从左往右依次介绍各个变换工具的作用。

① 选择手型工具，快捷键为 Q。在 Scene 视图中，通过按住鼠标左键拖动进行视场的平移。同时按住 Alt 键，可以旋转当前的场景视角。另外，按住 Alt 不放，按住鼠标右键拖动，可以缩放和拉近场景，拨动鼠标滚轮也可以实现相同的效果。

② 选择移动工具，快捷键为 W，可以改变场景中对象的位置。在 Hierarchy 视图中选中任意 GameObject，Scene 视图中该对象上会出现一个三维坐标轴，通过拖动坐标轴的箭头，可以改变对象在对应轴向的位置；也可以通过在 Inspector 视图中修改对象的 Transform（变换值）的 Position 数值，来达到相同的效果。

③ 选择旋转工具，快捷键为 E，用于修改场景中对象在三个坐标轴上的旋转角度；也可以通过在 Inspector 视图中修改对象的 Transform 的 Rotation 数值，来达到相同的效果。

④ 选择缩放工具，快捷键为 R，用来修改场景中对象的大小。选中对象时坐标轴的箭头变成红绿蓝三个小方块，及代表对象中心点的灰色小方块，拖动红绿蓝小方块，可以使对象沿着某一轴向进行缩放调整。按住坐标轴远点的灰色小方块拖动，可以调整整个对象的大小。

⑤ 选择矩形工具，快捷键为 T。用于用户查看和编辑 2D 或 3D GameObject 的矩形手柄。

（2）变换辅助（变换 Gizmo）工具：其功能是对场景中对象进行位置变换操作，如图 8-18 所示，左边是 Center/Pivot 按钮，右边是 Local/Global 按钮。

① Center 按钮是以所选中的对象组成的轴心作为游戏对象的轴心参考点，通常用于多个对象的整体移动。Pivot 则是以最后一个选中的游戏对象的轴心作为参考点。

② 当选择 Local 时，Gizmo 的旋转是相对于该 GameObject 的。选择 Global 时，Gizmo 的旋转是相对于场景而言的。

（3）播放控制：用于 Game 视图。点击播放按钮▶，Game 视图会被激活，并实时显示应用运行的画面。需要注意的是，在单击播放按钮后，虽然开发者可以在 Inspector 视图中继续进行对象的属性值的修改，但是在项目运行结束后所做的修改都会被重置。

（4）其他工具栏按钮：包括协作开发、云服务、Unity 账户、分层和布局。分层下拉列表用于控制游戏对象在 Scene 视图中的显示，即控制任何给定时刻在 Scene 视图中显示那些特定的对象。下拉列表中每一项后面的按钮为 时，表示对象将被显示；为 时，则表示被隐藏。

单击布局按，钮将打开布局下拉菜单，可以改变窗口和视图的布局，并且可以保存所创建的任意自定义布局。

3. 菜单栏

Unity 3D 编辑器顶部的菜单栏中有 7 个菜单项，集中了 Unity 的主要功能和设置。

（1）File（文件）菜单：主要用于项目和场景的创建、保存和输出。

（2）Edit（编辑）菜单：主要用于场景内部的编辑和设置，包括普通的复制和粘贴功能，以及修改 Unity 部分属性的设置。

（3）Assets（资源）菜单：提供用来管理资源的工具，包括资源创建、导入、导出以及同步相关的所有功能。使用菜单中的命令可以在场景中增加对象，还可以导入和导出所需要的资源包。

（4）GameObject（游戏对象）菜单：创建、显示游戏对象以及为其创建父子关系。用来在场景中增加游戏对象和相关的设置。

（5）Component（组件）菜单：是 Unity 为开发者提供的内置系统设置，如灯光、寻路和光照等。为游戏对象添加新的组件或属性.

（6）Window（窗口）菜单：可以控制整个编辑器窗口的界面布局和各个视图的开关。

（7）Help（帮助）菜单：集合了所有 Unity 官方的相关资源网站，包括手册、社区论坛以及激活许可证的链接。

8.5.3　创建一个简单的场景

创建新项目"First_Pro"，进入了 Unity 集成开发环境。看到如图 8-19 所示的一个空场景。一个项目可以保存多个场景。

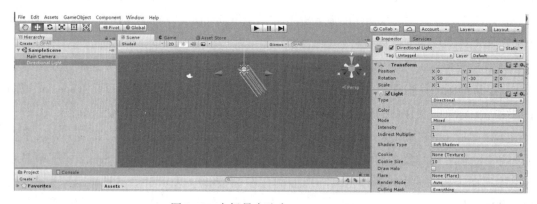

图 8-19　在场景中选中 Directional Light

一个默认的空 Unity 场景包括一个 Main Camera（主摄像机）组件和一个 Directional Light（平行光）组件，在 Scene 视图中可以看到它们，并且在 Hierarchy 视图中列出，见图 8-19。Scene 视图中还显示了一个无限基准面网格的透视图，就像一张空白的图纸。网格平铺 X 轴（红色）和 Z 轴（蓝色），而 Y 轴（绿色）向上。观察模式为 Persp 模式。

Unity 下世界坐标观察模式有 Iso 和 Persp 两种。Persp 是透视模式。在 Persp 模式下，物体在场景中所呈现的画面是距离摄像头近的物体显示得大，距离摄像头远的物体显示得小，近大远小。Iso 模式是正交模式，不论物体距离摄像头远近，都给人的感觉是一样大的。

在图 8-19 中右边的"Inspector"视图中，显示当前选中对象的细节。单击 Hierarchy 视图列表中的"Directional Light"或 Scene 中选中平行光组件，观察"Inspector"视图中每个属性以及与选中对象关联的各个组件，其中包括 Transform（变换值），对象的变换值指定其在 3D 世界坐标系中的位置、旋转和缩放比例。例如，位置值（0，3，0）指的是基准面中心点（X=0，Z=0）以上（Y 方向）3 个单位，旋转值（50，330，0）的意思是绕 X 轴顺时针旋转 50°，绕 Y 轴旋转 330°。

同样，如果点击"Main Camera"，位置值是（0，1，-10），没有旋转值，也就是说，它径直地指向前方的 Z 轴正方向。

当选择 Main Camera 时，如图 8-20 所示，一副 Camera Preview 小图会被添加到 Scene 视图中，它显示当前摄像机所看到的视野。图 8-20 中的视野是空的，而且基准面还没有被渲染，但是可以分辨出一条模糊的地平线，下面是灰色的地平面，上面是蓝色的默认天空盒子（Skybox）。

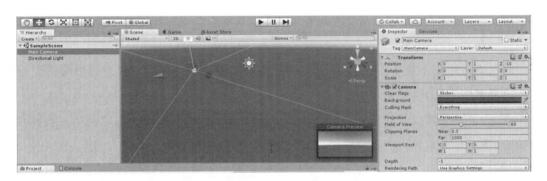

图 8-20 在场景中选中 Main Camera

下面添加一个单位立方体、一个平面、一个球体和照片背景到场景中。

1. 添加立方体

首先，添加第一个对象，一个单位大小的立方体，到场景中。

选择"Hierarchy"视图，单击鼠标右键，选择"3D Object"→"Cube"，在场景中添加一个白色的立方体，放在了地平面的中心点（0，0，0）位置，没有旋转值和缩放值，如图 8-21 所示。可以在"Inspector"视图中看到这些值。这是 Reset 设置值，即 Position（0，0，0），Rotation（0，0，0），Scale（1，1，1）。如果某些情况下添加的立方体不是这个值，则可以手动设置这些值，或者通过点击"Inspector"视图中 Transform 组件右上角的齿轮图标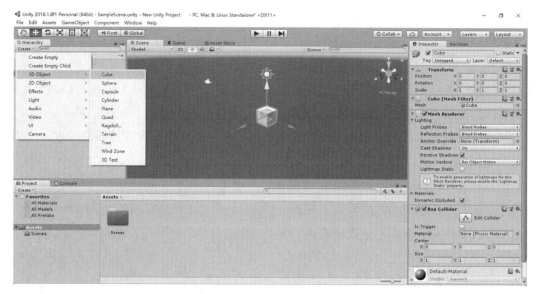并选择"Reset"来设置。

图 8-21　添加立方体

这个立方体在各维度上都是一个单位，在 Unity 3D 中一个单位对应世界坐标系中的 1 米，其局部中心位于立方体的中心。

在 Scene 视图中，按住鼠标右键的同时，按住 W、A、S、D 键，可以前后左右移动；按住 Q、E 键，可以上升、下降。通过鼠标滚轮，可以调整远近，按住右键拖动，可以自由调整视角。

当选中立方体对象时，其中心会出现 3 个坐标轴，见图 8-21。这 3 个坐标轴代表三维空间中的 X（红色）、Y（绿色）、Z（蓝色）轴，要移动这个立方体对象，应选择一条轴，当其颜色变为黄色时，按住鼠标左键进行拖动，就可以使物体沿对应的轴移动。若要旋转或缩放这个立方体，则可以选择工具栏中的旋转按钮 或缩放按钮 来操作。

2. 添加平面

在"Hierarchy"视图中单击鼠标右键，选择"3D Object"→"Plane"，在场景中添加一个白色的平面，放在了地平面的中心点（0，0，0）位置。把它重命名为"GroundPlane"。

当缩放比例为（1，1，1）时，Unity 中的平面对象实际上相当于在 X 轴和 Z 轴上 10×10 个单位的长度，也就是说，GroundPlane 的长宽是 10×10 个单位大小，其 Scale 值是 1。

现在，立方体的中心点在（0，0，0），与地平面相同。如图 8-22 所示。

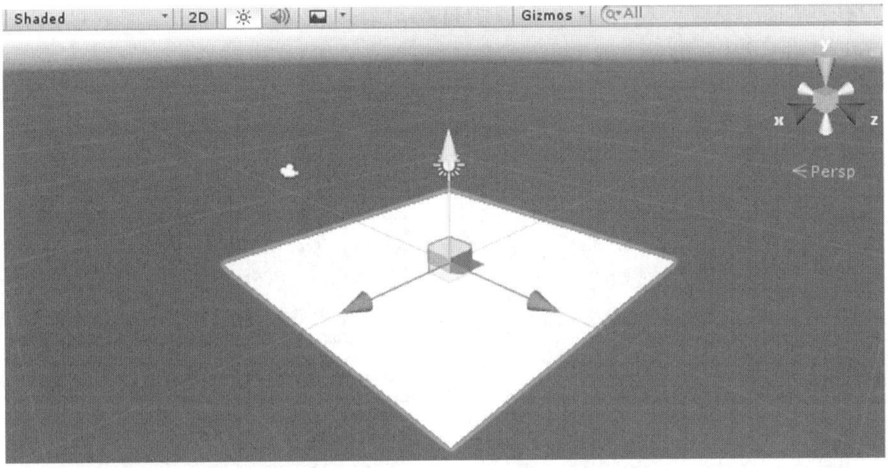

图 8-22　Scene 视图中的物体

立方体陷入了地平面之下是因为其局部原点在其几何中心，也就是相当于 1×1×1 的中心点（0.5，0.5，0.5）。一个对象的 Transform 组件的位置值是其局部原点在世界坐标系中的位置值。

现在来移动一下这个立方体。在 Inspector 面板中将"Position"的"Y"值设置成 0.5，使得立方体移到地平面的表面以上；将"Rotation"的"Y"设置为 20，让立方体绕着 Y 轴旋转一点。如前所述，也可以直接用鼠标在 Scene 视图中改变对象的变换值。

注意，立方体旋转的方向是顺时针 20°。Unity 使用左手坐标系，Y 轴向上。把左手握拳，竖起大拇指，其他四指指向的方向就是立方体旋转的方向。

3. 添加球体

在"Hierarchy"视图中单击鼠标右键，选择"3D Object"→"Sphere"命令，在场景中添加一个球体。和立方体一样，球体的半径是 1.0，原点也在几何中心。因为球体被嵌入在立方体中，所以需要移动球体的位置。选中球体对象，使用变换工具栏的移动按钮，拖动 X 轴、Y 轴和 Z 轴的箭头来移动球体。最后，位置变成（2，1，−2）。这里，球体是不受物理规则限制的，也就是说它是静止不动的。

进一步，为球体添加一个 Rigidbody（刚体）组件。刚体组件是 Unity 物理引擎中的重要组件，一个对象添加了刚体组件后就添加了基本的物理规则，如重力、摩擦力、碰撞产生的推力等。

选择球体，选择"Component"→"Physics"→"Rigidbody"菜单命令，为球体添加刚体组件。也可以在"Inspector"视图中点击"Add Component"按钮，在如图 8-23 所示的列表中选择"Physics"，在下一级列表中选择"Rigidbody"，勾选"Use Gravity"，如图 8-24 所示。

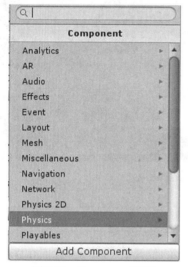

图 8-23　Component 列表

图 8-24　Physics 列表

这时，"Inspector"视图会显示相应的属性参数与功能选项，具体内容如图 8-25 所示。其中，功能属性有：

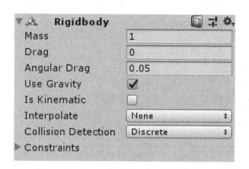

图 8-25　刚体功能属性

Mass：添加质量；

Drag：添加空气阻力；

Angular Drag：添加角阻力（旋转阻力）；

Use Gravity：使用重力；

Is Kinematic：是否使用动力学；

Interpolate：插值；

Collision Detection：碰撞检测；

Constraints：约束。

其中，碰撞检测有三个选项：Discrete，离散型检测模式，是普通的默认状态；Continuous，连续检测；Continuous dynamic，动态连续检测。

当物体添加了刚体组件后，它将感应物理引擎中的一切物理效果。

完成后保存修改。

（1）保存场景。在 Hierarchy 视图中可见当前场景的名称为"SampleScene"，可以在"File"菜单中选择"Save Scenes"保存场景；也可以在"File"菜单中选择"Save Scenes as"，修改场景名称。

（2）保存项目。在"File"菜单中选择"Save Project"。

4. 添加材质

再制作一些有颜色的纹理，并将纹理应用到物体上，给场景增加一点颜色。

（1）在 Project 视图中，选择"Assets"文件夹，单击鼠标右键，选择"Create"→"Folder"，创建新文件夹，命名为"Materials"。

（2）选中 Materials 文件夹，单击鼠标右键，选择"Create"→"Material"，创建新材质，命名为"Red"。

（3）在 Inspector 视图中，点击"Albedo"右边的白色矩形打开一个 Color 窗口，选择红色（255，0，0），关闭 Color 窗口。如图 8-26 所示。

（4）在 Project 视图中选中红色材质球，用鼠标拖放到 Hierarchy 视图中的球体 Sphere 上，球体变成了红色。

（5）同理，制作一个蓝色的材质，并将蓝色材质赋予立方体 Cube。

（6）保存场景和项目。单击 Scene 右边的"Game"标签，窗口变成 Game（游戏视图），用来预览效果。单击"Play"按钮，游戏开始运行，如图 8-27。再单击 Play 按钮，停止运行。

5. 添加照片

在计算机图形学中，映射到物体上的图片被称为纹理。下面将图像文件添加到项目中作为场景的背景。

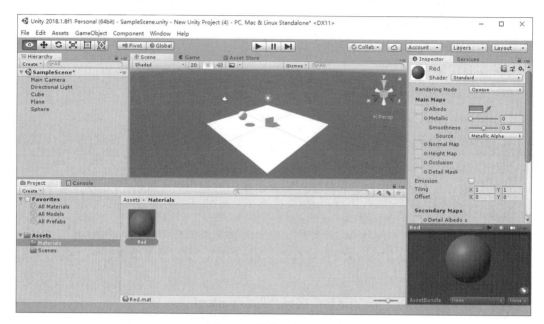

图 8-26 创建红色材质球

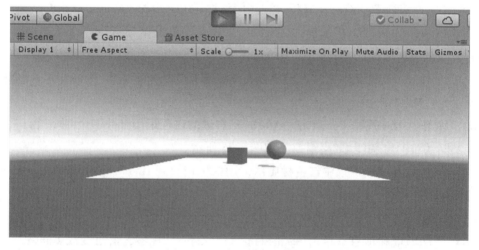

图 8-27 添加颜色后的场景

（1）在场景中添加一个平面，命名为"PhotoPlane"。

（2）点击"Inspector"视图中"Transform"面板的齿轮按钮，选择"Reset"，重置这个平面的变换值。

（3）设置"Rotation"中"Z"值为"-90"，让它绕着 Z 轴旋转 90°。平面竖起来与地平面垂直。再设置 "Rotation" 中 "Y" 值为 "90"，让它绕着 Y 轴旋转 90°。

（4）设置 "Position" 的 "Y" 值、"Z" 值均为 "5"，将 PhotoPlane 平面移动到最后面，并且位于地平面上。

（5）在 "Project" 视图中，创建 "Textures" 文件夹。

（6）在 "Textures" 文件夹上单击鼠标右键，选择 "Import New Asset…" 导入一张图片。

（7）将图片从 "Project" 视图拖放到 "Hierarchy" 视图中的 PhotoPlane 上面。这时，图片看上去逆时针旋转了 90°。选中 "PhotoPlane"，让它绕 X 轴旋转 90°。

（8）图片本身是矩形，而纹理是正方形，图片的高除以宽的值是 0.75，因此，设置 PhotoPlane 的 "Scale" 中的 "Z" 值为 "0.75"。使得图片显示比例正常。

（9）设置 PhotoPlane 的 "Position" 中的 "Y" 值为 "3.5"，使得 PhotoPlane 正好位于地平面的上面。

（10）因为场景中模糊的光影响了图片，图片使得看起来有点褪色。需要将光去掉，选中 PhotoPlane，在 "Inspector" 视图的 "Shader" 组件中，可以看到目前的值为 "Standard"，点击下拉列表，选择 "Unlit" → "Texture"。

（11）同样，导入一张图片，把图片拖放到 GroundPlane 平面上。单击 "Game" 标签，单击 "Play" 按钮，场景如图 8-28 所示。并且因为给球体添加了刚体组件，使用了重力，所以球体会落下来。

图 8-28　运行的场景

6. 添加第三人称角色

现在添加一个虚拟角色到场景中，为创建虚拟现实应用增加内容。Unity 的标准资源 Characters 包中有一个第三人称角色，现在将它添加到场景中。

（1）选择"Assets"菜单中的"Import Package"→"Characters"。

（2）在弹出的"Import Unity Package"对话框中有一个可导入的列表，如图 8-29 所示。点击"All"按钮选择全部项，再点击"Import"导入所有资源。

图 8-29　Import Unity Package

（3）ThirdPersonController 是 Project 视图中的一个预制件（预置资源），可以在"Assets"→"Standard Assets"→"Characters"→"ThirdPersonCharacter"→"Prefabs"文件夹中找到。拖动该预制件放到场景中，把它的 Position 设置为（-2，0，-2）。其中，只要设置 Y=0，让第三人称角色站在地面上，X 值和 Z 值可以自行设置。现在的场景如图 8-30 所示。

（4）试试效果，点击工具栏上的 Play 按钮来运行，使用键盘上的 4 个方向键或者 W、A、S、D 键让第三人称角色跑动起来。

8.5.4　Unity 3D 资源商店和官方资源

Unity 资源商店是由 Unity 技术和社区成员创建的免费和商业资源不断增长的图书馆的

图 8-30 添加第三人称角色

所在地。在这里可以使用各种资源，包括人物模型、动画、粒子特效、纹理、游戏创作工具、音频特效、音乐、可视化编辑解决方案，功能脚本和其他各类扩展插件都可以在这里获得。

Unity 的资源商店可以通过网址 https：//assetstore.unity.com/来访问，也可以在 Unity 编辑器中打开"Asset Store"标签来访问。

资源商店中的资源分为收费的和免费的。可以在其中搜索免费的资源来进行学习。在搜索框中输入"free"，然后单击搜索按钮，会搜索出所有免费的资源。免费资源可以直接下载和导入。

在资源商店中有一类官方的资源，单击"Essentials"分类，该分类下都是 Unity 官方的免费资源，有很多案例，可以进行下载。下面介绍"Roll a ball"案例的导入过程。

首先，打开 Unity 编辑器，选择"Asset Store"标签来访问 Unity 的资源商店。在搜索框中输入"Roll a ball"，搜索到"Roll a ball"，如图 8-31 所示。鼠标向下滚动直到出现"Import"按钮。单击"Import"，准备"Roll a ball"导入资源。这时，弹出"Import Unity Package"对话框，在该对话框中单击"Import"，开始导入资源包。完成后，可以看到，在 Project 视图的 Assets 文件夹中增加了相应的内容，如图 8-32 所示。

鼠标双击图 8-32 中的"Roll-a-ball"Unity 图标，将该案例的对象添加到场景中。这个案例使用了 Unity 的基本功能制作一个"Roll A Ball"的简单游戏，游戏中小球可以滚动并拾取指定物品。单击"Play"按钮，如图 8-33 所示。

图 8-31　Roll-a-ball

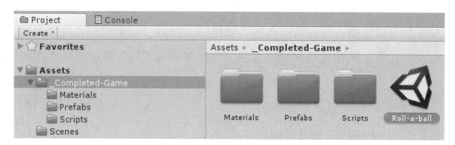

图 8-32　Project 视图的 Assets 文件夹

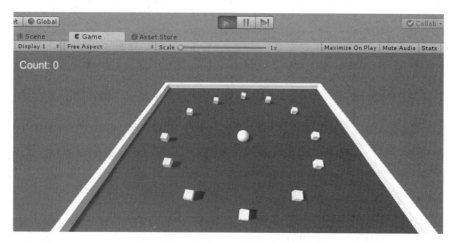

图 8-33　Roll a ball 示意图

8.6 基于 Unity 3D 开发虚拟现实应用

本节将建立一个可以构建并运行于虚拟现实头盔显示器之中的项目。

8.6.1 虚拟现实设备集成的软件

在介绍创建虚拟现实应用的操作之前，首先了解几种将 Unity 3D 项目集成到虚拟现实设备中的方式。一般来说，Unity 项目必须包含一个摄像机对象，用于渲染两套立体视图，在虚拟现实头显中分别为两只眼睛提供视图。用于虚拟现实硬件中集成程序的软件范围很广，包括内置的支持软件和设备特有的接口，以及不依赖于设备和平台的软件。

1. Unity 3D 对虚拟现实的内置支持

Unity 3D 从 5.1 版本开始已经内置了对虚拟现实设备的支持，目前，直接支持 Oculus Rift、三星 Gear VR、索尼的 PlayStation Vita 和 PS4 等。开发者可以使用标准的摄像机组件，比如附加到 Main Camera 和标准人物角色资源预制件。在构建项目时，在"Player Settings"中开启"Virtual Reality Supported"，Unity 会将立体摄像机视图渲染并运行于头盔显示器中。

2. 设备特有的 SDK

如果 Unity 3D 没有直接支持某款设备，则该设备的生产商将有可能发布一个 Unity 插件包。使用设备特有的接口可以直接利用下层硬件的特性。例如，Steam Valve 和 Google 为 Vive 和 Cardboard 提供了设备特有的 SDK 和 Unity 包。如果用户使用其中一款设备，就可能需要使用其提供的 SDK 和 Unity 包。使用设备特有的软件就锁定了项目只能构建到特定设备上。

8.6.2 创建 MyVREye 预制件

下面在 8.5 节的基础上，继续进行开发虚拟现实应用。

在"First_Pro"项目的"SampleScene"场景中，创建对象"MyVREye"作为用户在虚拟环境中的代理。

（1）在"GameObject"菜单中选择"Create Empty"，并重命名为"MyVREye"。注

意，它就是用户在虚拟环境中的代表。

（2）设置"MyVREye"的位置值为（0，1.4，-1.5），让它靠近场景。

（3）在"Hierarchy"视图中将"Main Camera"拖进"MyVREye"，使之成为其子对象。

（4）选中"Main Camera"对象，在"Inspector"视图中点击"Transform"右上方的齿轮图标，并选择"Reset"来重置其变换值。

（5）调整场景中"球体"和"第三人称角色"两个对象的位置，分别置为（2，1，1）和（-2，0，1.5）。这样，在视野中能看到立方体和球体两个物体以及第三人称角色，如图 8-34 所示。

图 8-34　虚拟现实中的视野

接着，可以将 MyVREye 保存为一个可重用的预制对象，即预制件，并且放在 Project 视图的 Assets 文件夹中。操作如下：

（1）在"Project"视图中，选择"Assets"文件夹，单击鼠标右键，选择"Create"→"Folder"，创建新文件夹，命名为"Prefabs"。

（2）将"MyVREye"拖到新建的"Prefabs"文件夹中。

8.6.3　发布项目

现在要将已完成的项目构建成一个在 Windows 上可独立执行的应用程序。同样，在 Mac OS 和 Linux 上的操作类似。

（1）单击"File"菜单中的"Build Settings …"菜单项，弹出如图 8-35 的对话框。

（2）点击"Build"，在弹出的对话框中选择保存生成的可执行文件的文件夹。建议创建一个新文件夹（如 Builds）来保存可执行文件。构建完成，生成 Builds.exe 等文件。

图 8-35　Building Settings 对话框

（3）双击"Builds.exe"文件，在图 8-36 的运行配置对话框中勾选"Windowed"，让程序在窗口中运行，方便关闭窗口退出程序。此外，该对话框中还有参数：Screen 表示屏幕大小；Graphics quality 表示图像质量；Select monitor 表示显示屏幕；Input 标签可以查看和修改程序的控制按键。若要退出程序，按 Win 键即可。

（4）点击"Play!"，出现同图 8-34 中一样的画面。可以通过键盘上的 4 个方向键控制"第三人称角色"跑动，按住 Shift 键是行走，按空格键则是跳跃。

8.6.4　为 Google Cardboard 构建项目

下面将这个项目构建到一个 Google Cardboard 类的虚拟现实头显设备中。

Google Cardboard 是谷歌公司开发的一个虚拟现实项目，它能使用户以一种简单、廉价且无门槛的方式来体验虚拟现实。用户在手机上安装了 Google Cardboard 应用之后，将

321

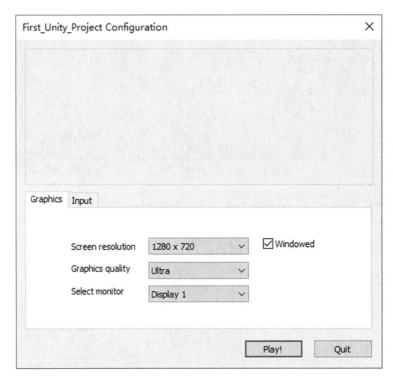

图 8-36　运行配置

手机放置在虚拟现实观察器上就可以开始体验了，这个观察器就是 Google Cardboard。

本节构建的项目是使用 Google Cardboard 或者其他的虚拟现实头戴式眼镜，例如蔡司虚拟现实眼镜等，在 Android 手机上观看运行的虚拟现实应用。

1. 安装和配置 Android 环境

首先，要下载和安装 Android SDK，以及 Android Studio 和其他相关工具。依次安装 JDK 1.8 和 Android Studio（https：//developer. android. google. cn/studio/，含 Android SDK3. 2，android-studio-ide-183. 5452501-windows. exe），以及 Unity 2018. 1. 0f2 的 Android 支持包（UnitySetup-Android-Support-for-Editor-2018. 1. 8f1. exe）。然后，在 Unity 的"Edit"菜单中选择"Preferences…"，弹出如图 8-37 所示的对话框，设置 JDK 和 Android SDK 的位置。

2. 安装 Cardboard 的 Unity 包

GoogleCardboard SDK 包括 Android、Unity 和 iOS 三个版本，这里使用支持 Unity 平台

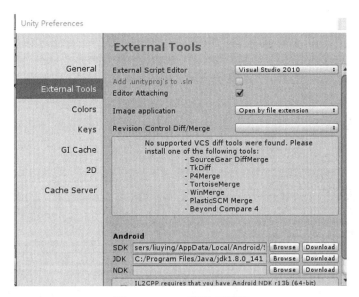

图 8-37　Unity 配置对话框

的版本。实际上，Google 已经将 Cardboard SDK 放进 Google VR SDK。在该 SDK 中，官方已将一些开发过程中所用到的常用物体制作成了预制件，开发人员可以快速地将这些预制件拖进场景中，完成部分功能的开发，从而可以对 VR 进行快速上手和开发。

下面下载和安装 Cardboard SDK。

（1）从 https://github.com/googlevr/gvr-unity-sdk/releases 下载 Google VR SDK 的 1.150.0 版本的 Unity 包文件"GoogleVRForUnity_1.150.0.unitypackage"，或者自行从 Google VR 官网上查阅资料，下载所需文件。

（2）启动 Unity，打开"First_Pro"项目，准备导入 SDK 包。在"Assets"菜单中选择"Import Package"→"Custom Package …"，选择本地的 GoogleVRForUnity_1.150.0.unitypackage 文件。

（3）确保勾选"Importing Package"对话框中的所有复选框，单击"Import"，导入包之后，在"Project"视图的"Assets"文件夹中可以看到所有的资源。SDK 中有官方的案例、预制件和脚本。

3. 设置应用程序

接着为即将构建的 Android 应用程序做一些配置，操作步骤如下：

（1）在"File"菜单中选择"Build Settings …"，打开 Build Settings 对话框。

（2）在"Platform"列表中单击"Android"，再点击"Switch Platform"按钮。如图 8-38所示。

图 8-38　Build Settings 对话框

（3）点击"Player Settings …"按钮。注意"Inspector"视图中切换到了"Player Settings"面板。

（4）在"Inspector"视图中，点击"Settings for Android"中的"Other Settings"。

（5）在"Package Name"中输入一个有效字符串，例如"com. zh. FirstVR"。如图 8-39 所示。

（6）在"Minimum API Level"中选择你打算运行应用的 Android 最低版本的 SDK，但至少要选 4.4。注意：应该是在 Android Studio 中安装了的 SDK。这里编者选择了 7.0。

（7）在"Target API Level"中也选择了 7.0。

（8）点击"XR Settings"。

（9）勾选"Virtual Reality Supported"后面的复选框。

（10）点击"Virtual Reality SDKs"列表框右下方的"+"号，在弹出的列表中选择"Cardboard"。

至此，配置完成。

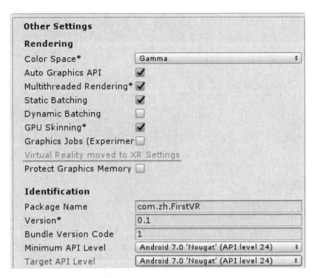

图 8-39　Inspector 视图

4. 构建并在 Android 中运行

要将程序构建成一个可以单独运行的应用程序，执行下面的操作：

（1）点击"Build Settings"对话框中的"Build"按钮，选择保存的位置，为 APK 命名，然后等待构建完成。

（2）把生成的 APK 文件拷贝到 Android 手机中，并安装程序。

（3）运行该应用程序，查看在手机上运行的效果。用户可以带上 Cardboard 来体验目前的虚拟场景，尝试转动头部环视四周。

8.7　使用 Unity 3D 脚本

前面两节学习的只是创建虚拟现实应用的最初工作，如果要添加与虚拟物体的互动操作，则需要进一步学习使用 C#等语言进行 Unity 编程。在 Unity 3D 中，提供了两种编程语言，分别是 C#和 JavaScript，其中 C#在 Unity 3D 开发中的使用比例超过 80%。

8.7.1　认识 Unity 脚本开发

脚本是 Unity 3D 的一种组件。脚本编程可以控制模型对象的生命周期循环。脚本的任务有处理输入、操作各个 Game Object、维护状态和管理逻辑等。

1. 创建脚本

在"Project"视图中右键单击"Assets",在弹出的菜单中选择"Create"→"C#Script"创建 C#脚本,并命名为"FirstScript"。这样就新建一个空白脚本。

在 Project 视图中双击"FirstScript"打开脚本编辑器,系统模板已经包含了必要的定义。代码如下:

```
using System. Collections;
using System. Collections. Generic;
using UnityEngine;
public class FirstScript : MonoBehaviour {
    // Use this for initialization
    void Start (    ) {
    }
    // Update is called once per frame
    void Update (    ) {
    }
}
```

其中:

(1)有一个继承自 MonoBehaviour 类的 NewBehuaviourScript 类,Unity 脚本中包含的类都继承自 MonoBehaviour 类。注意:这个类名和脚本的文件名必须相同,如果修改了脚本的文件名就要同步修改类名。

(2)Start()是生命周期函数。这个函数在场景加载时被调用,所以一些场景初始化之类的代码可以写在 Start 函数内。

(3)Update()也是生命周期函数。这个函数会在每一帧渲染之前被调用,大部分代码在这里执行。可以理解为这个函数随时都在调用。

现在,在 Update()函数中添加如下代码:

```
if( Input. GetMouseButtonDown( 0 ) )
    {
            Debug. Log( "Unity Script" );
    }
```

以上这段代码用来检测鼠标左键是否按下,如果鼠标左键按下就会在 Console 视图中输出"Unity Script"。代码编辑完成并保存后,将窗口切换回 Unity 编辑器。

2. 链接脚本

脚本创建完成后，需要将其添加到物体上。在"Hierarchy"视图中，单击需要添加脚本的物体"Main Camera"，然后执行"Component"→"Script"→"First Script"菜单命令，将"First Script"脚本链接到"Main Camera"上。

3. 运行

按"Play"按钮，进行运行播放。单击鼠标左键一次，控制台中就会输出一条"Unity Script"信息，表示添加的脚本执行了。

8.7.2 为应用添加 Unity 脚本

在 Unity 中对物体的操作常常通过修改对象的变换属性和刚体属性参数实现。而这些参数的修改可以通过脚本编程实现。

1. 使用脚本实现物体的旋转

（1）添加立方体。新建项目"Cube_Pro"，然后在"Hierarchy"视图中单击鼠标右键，选择"3D Object"→"Cube"，在场景中添加一个立方体，放在了地平面的中心点（0，0，0）位置。

（2）光源。在 Unity 3D 中内置了四种形式的光源，分别为点光源（Point Light）、定向光源（Directional Light）、聚光灯光源（Spotlight）和区域光源（Area Light）。

点光源是一个可以向四周发射光线的一个点，类似灯泡。

定向光源能够更好地模拟太阳。定向光源发出的光线都是平行的，并从无限远处投射光线到场景中，适用于户外的照明。

聚光灯光源的照明范围为一个椎体，类似于聚光灯发射出来的光线，并不会像点光源一样向四周发射光线。

区域光源是创建一片能够发光的矩形区域，只有在光照烘焙完成后才能看到效果。

若需要添加光源，可以点击菜单"GameObject"→"Light"来完成。现在可以看见，场景中有一个平行光"Directional Light"。

修改"Main Camera"的位置值为（0，1，-5）。

（3）添加脚本

① 为使立方体旋转，需要为立方体对象添加脚本文件。在"Project"视图中右键菜单选择"Create"→"C# Script"创建 C#脚本，并命名为"CubeControl"。

② 双击"CubeControl"，打开 Visual Studio 编辑器，输入如下代码实现立方体的旋转，保存后，退出编辑器。

```
using System. Collections;
using System. Collections. Generic;
using UnityEngine;
public class CubeControl：MonoBehaviour {
    // Use this for initialization
    void Start ( ) {
    }
    // Update is called once per frame
    void Update ( ) {
        this. transform. Rotate(2, 0, 0);//绕 X 轴每帧旋转 2 度
    }
}
```

③ 将保存后的"CubeControl"通过鼠标拖动到"Hierarchy"视图中的"Cube"上进行脚本绑定。

④ 按"Play"按钮进行播放。立方体绕 X 轴每帧旋转 2°。

⑤ 进一步修改"CubeControl"C#脚本，代码如下：

```
using System. Collections;
using System. Collections. Generic;
using UnityEngine;
public class CubeControl：MonoBehaviour {
    // Use this for initialization
    void Start ( ) {
    }
    // Update is called once per frame
    void Update ( ) {
        if( Input. GetKey( KeyCode. UpArrow) ) {
            transform. Rotate( Vector3. right * Time. deltaTime * 10) ;
        }
        if ( Input. GetKey( KeyCode. DownArrow) ) {
            transform. Rotate( Vector3. left * Time. deltaTime * 10) ;
        }
        if ( Input. GetKey( KeyCode. LeftArrow) ) {
```

```
            transform. Rotate( Vector3. up  *  Time. deltaTime  *  10);
        }
        if ( Input. GetKey( KeyCode. RightArrow)) {
            transform. Rotate( Vector3. down  *  Time. deltaTime  *  10);
        }
    }
}
```

使得立方体可以通过按动键盘上的上、下、左、右键进行翻转。

2. 使用脚本实现物体的移动

（1）创建项目和场景。新建"Sphere_Pro"项目，然后在场景中创建一个平面"Ground"和一个小球"Player"，并将小球拖到地面上方。

（2）添加重力。在"Hierarchy"视图选择小球对象，在"Inspector"视图单击下面的"Add component"按钮，添加重力后，点击播放按钮，小球会从空中落下。

（3）添加脚本

为使小球运动，要给小球添加脚本文件。

① 在"Project"视图选择"Create"→"Folder"创建文件夹"Scripts"，用于存储脚本文件。

② 在"Hierarchy"视图选择小球对象"Player"，在"Inspector"视图单击最下面的"Add component"按钮，输入"Player"，选择"New Script"，语言选择C#，单击"Create and Add"按钮来创建脚本文件，如图8-40所示。

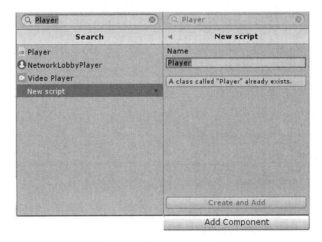

图 8-40　添加 C#脚本

③ 将 Player 脚本文件拖到 Scripts 文件夹中。

④ 双击 Player 脚本文件，打开 Visual Studio 编辑器。

⑤ 使小球沿 X 轴运动。为了使小球运动，需要先得到小球的刚体，并对刚体施加一个方向的力。首先，需要定义一个刚体对象 "private Rigidbody rd；"，然后对小球刚体施加一个单位 X 轴方向的力，脚本如 "rd. AddForce（new Vector3（1，0，0））；" 或 "rd. AddForce（Vector3. right）；"。其中 Vector3 是 Unity 提供的用来表示三维向量的类。

代码如下：

```
using System. Collections；
using System. Collections. Generic；
using UnityEngine；
public class Player ：MonoBehaviour {
    private Rigidbody rd；
    // Use this for initialization
    void Start（）{
        rd = GetComponent<Rigidbody>（）；
    }
    // Update is called once per frame
    void Update（）{
        rd. AddForce( new Vector3(1,0,0) )；//或 rd. AddForce( Vector3. right)；
    }
}
```

按 "Play" 按钮运行。可以看到，小球落下后向右运动。

⑥ 若要使用键盘按键控制小球的运动，则使用 Unity 键位输入 "Input 类"，先获得键盘输入，然后再通过输入控制小球的移动。代码如下：

```
using System. Collections；
using System. Collections. Generic；
using UnityEngine；
public class Player ：MonoBehaviour {
    private Rigidbody rd；
    // Use this for initialization
    void Start（）{
        rd = GetComponent<Rigidbody>（）；
    }
    // Update is called once per frame
```

```
void Update ( ) {
        float h = Input. GetAxis ( " Horizontal" ) ;//获得键盘的水平输入
        float v = Input. GetAxis ( " Vertical" ) ;   //获得键盘的垂直输入
        rd. AddForce ( new Vector3 ( h,0,v ) ) ;
    }
}
```

8.7.3 综合案例：虚拟画廊

使用 Unity 3D 制作 3D 虚拟画廊，实现全景漫游和交互。

1. 创建 Unity 3D 项目文件，并导入 3D 画廊模型

新建 Unity 3D 项目文件，新建场景，将使用 sketchup 软件创建的 3D 画廊模型文件（画廊. skp）导入到 Unity 中，并将 Main Camera 放置到该画廊中的合适位置。

2. 为 Main Camera 添加脚本

为了实现在场景中以第一人称视角的移动和转换，为 Main Camera 添加脚本。
（1）实现镜头缩进和拉远，脚本如下：

```
if ( Input. GetAxis ( " Mouse ScrollWheel" ) ! = 0)
        {
                this. GetComponent < Camera > ( ) . fieldOfView = this. GetComponent
<Camera>( ). fieldOfView - Input. GetAxis ( " Mouse ScrollWheel" ) * sensitivetyMouseWheel ;
        }
```

（2）实现使用鼠标右键进行视角转动,脚本如下：

```
  if ( Input. GetMouseButton ( 1 ) )
    {
        transform. Rotate ( 0,Input. GetAxis ( " Mouse X" ) * sensitivityMouse, 0 ) ;
    }
```

3. 布置展画

（1）在"Project"视图中，选择"Assets"文件夹，单击鼠标右键，选择"Create"→"Folder"，创建一个"名画"新文件夹。再鼠标右键单击该文件夹，在弹出的快捷菜单上选择"Import New Asset…"，将布展的名画图片导入到"名画"文件夹中。
（2）鼠标右键点击图片，在弹出的快捷菜单中选择"Create"→"Material"，创建名

为"New Material"的新材质。单击该材质球,在其对应的"Inspector"视图中,展开"Shader"属性后面的下列列表,在下拉列表中选择"Unlit"→"Texture",然后点击"Select",弹出"Select Texture"对话框,选择所需添加的图片。

(3)完成一个材质的制作后,直接将它拖放到画廊中展画的物体上。

(4)重复上面的操作,将画廊中所有需要展画的物体上都贴上名画图片。

4. 制作交互

实现当鼠标移动到某个画上时显示该绘画的基本信息文字,当鼠标点击时跳转相关链接。

下面的部分代码实现当鼠标移动到"蒙娜丽莎"画上时显示该画作的介绍信息:

```
void OnMouseEnter( ){isShowTip = true;}
void OnMouseExit( ){    isShowTip = false;    }
void OnGUI( ){
if (isShowTip){
GUI. Label ( new  Rect ( Input. mousePosition. x,  Screen. height  -  Input. mousePosition. y,
300,200), "《列奥纳多·达·芬奇——蒙娜丽莎》..."。") ;}}
```

5. 发布运行

将已完成的项目构建成一个在 Windows 上可独立执行的应用程序。运行该应用,使用鼠标滚轮控制前后移动,按住右键可以旋转视角,左右键可以调整用户所在位置,上下键可以调整用户视角高度。当鼠标略过某张绘画时会显示文字信息,当鼠标点击时,会显示视频或者百度百科相关链接。如图 8-41 所示。

图 8-41 虚拟画廊

本 章 小 结

本章首先简述了建模技术、立体显示技术、三维虚拟声音技术、人机交互技术和实时碰撞检测技术等虚拟现实的关键技术。介绍了虚拟现实系统的开发流程以及虚拟现实系统开发软件。

接着，介绍了基于 Web 的 3D 建模技术平台，在此基础上，讲述了 WebVR 的概念，以及如何使用 A-Frame 框架和 three.js 开发基于 Web 的虚拟现实应用。

最后，讲解了使用 Unity 3D 开发虚拟现实应用的开发步骤和基本开发方法。

习　　题

一、单选题

1. 下面不属于对象变换的是(　　)。

    A. 旋转对象　　　B. 移动对象　　　C. 缩放对象　　　D. 组合对象

2. HMD（Head Mounted Display）头盔式显示器，主要组成是(　　)。

    A. 显示元件、光学系统　　　　　　　B. 显示器、视觉系统

    C. 显示文件　　　　　　　　　　　　D. 听觉系统

3. 以下(　　)不属于立体图像在虚拟现实中走进人脑的步骤。

    A. 采集　　　　　B. 还原　　　　　C. 模拟　　　　　D. 重构

4. 以下(　　)属于信息处理软件负责的工作。

    A. 视频采集　　　B. 三维重建　　　C. 物理反馈　　　D. ABC 都属于

5. 以下(　　)不属于 VR 内容的三大分类。

    A. VR 视频　　　B. VR 训练　　　C. VR 游戏　　　D. VR 应用

6. 目前虚拟现实内容均处于(　　)阶段。

    A. 概念开发阶段　B. 发展摸索阶段　C. 创新起步阶段　D. 大规模商用阶段

7. 以下(　　)不是虚拟现实开发工具。

    A. Vega Prime　　B. Unity 3D　　　C. Unreal Engine　　D. Camtasia Studio

8. WebVR 一般使用以下(　　)语言进行开发。

    A. C#　　　　　　B. JavaScript　　C. Python　　　　D. C 语言

9. 虚拟现实技术可以模拟人的(　　)。

    A. 触觉　　　　　B. 视觉　　　　　C. 嗅觉　　　　　D. 以上都可以

10. 以下(　　)不是三维建模软件。

    A. 3ds Max　　　B. AutoCAD　　　C. Maya　　　　　D. VRML

11. 虚拟现实的灵魂是(　　)。

  A. 软件和内容　　B. 软件和虚拟　　C. 虚拟和还原　　D. 虚拟和内容

12. 以下(　　)不是虚拟现实的关键技术。

  A. 立体显示技术　　　　　　　　B. 人机交互技术

  C. 实时碰撞检测技术　　　　　　D. 自然语言处理技术

13. 以下(　　)不是设计和实现一个完整虚拟现实的工作。

  A. 准备各种媒体素材包括场景模拟、视音频素材

  B. 准备各种交互设备,并将其与计算机进行正确连接

  C. 通过模拟环境增添沉浸感

  D. 通过程序开发将所有软件媒体素材和硬件交互设备整合在一起,从而形一个完整体系

14. 下列(　　)是虚拟现实沉浸技术实现的重要内容。

  A. 立体显示　　B. 建模技术　　C. 交互技术　　D. 三维声音虚拟技术

15. 下列(　　)不是 Web3D 的核心技术。

  A. 基于 VRML/X3D 技术　　　　B. 基于 XML 技术

  C. 基于 JAVA 技术　　　　　　　D. 基于 C 语言技术

16. 下列说法不正确的是(　　)。

  A. A-frame 是一个利用 Web 技术创建虚拟现实的框架

  B. VRML 是虚拟现实建模语言

  C. WebGL 是一种 3D 绘图协议

  D. 绘制真实感图形主要进行两种操作:一是建立摄像机,二是设置动画

17. Unity 3D 的操作界面中,(　　)用于可视化地搭建当前场景中的 3D 空间,其中包含物体的摆放。

  A. Game 视图　　B. Hierarchy 视图　C. Console 视图　　D. Scene 视图

18. Unity 3D 的操作界面中,(　　)主要功能是显示项目文件中的所有资源列表,如模型、材质、字体等。

  A. Game 视图　　B. Inspector 视图　C. Project 视图　　D. Scene 视图

19. Unity 3D 的操作界面中,(　　)会呈现出对象的属性,包括三维坐标、旋转值、缩放大小等。

  A. Game 视图　　B. Inspector 视图　C. 项目文件栏　　D. Scene 视图

20. Unity 3D 中,开发人员可以将模型、动画、脚本、物理等各种资源整合在一起,做成一个(　　),随时可以重新运用到程序的各个部分。

  A. Cube　　　　　B. Prefab　　　　　C. Sphere　　　　　D. Plane

二、填空题

1. 虚拟现实技术的核心内容是_____。

2. 虚拟现实中物体的行为一般可分为_____和_____。

3. VR 引擎每隔_____就要重新计算一次虚拟世界。

4. _____常常作为衡量一个三维图形绘制系统处理能力的指标。

5. 虚拟现实系统的目的是由计算机生成虚拟世界，用户与之能够进行_____、听觉、触觉、嗅觉等全方位的交互。

6. 虚拟现实系统平台软件主要有三维建模、_____、_____等。

7. WebVR 是_____。

8. 支持 WebVR 的框架或工具有很多，如_____、_____等。

9. Unity 3D 可发布应用程序到大多数主流平台，如_____和_____平台。

10. Unity 3D 场景默认是_____光照源的。

11. Unity 3D 中，若要为物体添加重力，需要添加_____刚体组件。

三、简答题

1. 简述虚拟现实中的关键技术。

2. 简述 VR 系统中常用的人机交互技术以及他们分别适用的场合。

3. 简述眼动跟踪技术。

4. 简述 Web3D 的实现技术。

5. 简述 VRP 软件的特点。

6. 简述虚拟现实技术在所学专业中的应用。

7. 简述 Unity3D 的功能和优势。

四、操作题

1. 使用 VRML，创建一个三维场景，可以在 Web 浏览器中或 VR 头显中观看。

2. 使用 A-Frame 框架，创建一个三维场景，可以在 Web 浏览器中或 VR 头显中观看。

3. 使用 Three. js 框架，创建一个三维场景，可以在 Web 浏览器中或 VR 头显中观看。

4. 从照片创建虚拟现实场景。通过一个场景的一组照片建立该场景的虚拟现实场景。

5. 创建一个 Cube 对象，编写脚本使其能够移动和旋转。

6. 使用 Unity 3D 创建一个三维场景，如虚拟画廊、虚拟展厅，并在 Windows 下发布、运行程序。

7. 使用 Unity 3D 创建一个三维场景，如虚拟画廊、虚拟展厅，并在 Android 手机中运行程序。

8. 在场景中创建"地球"和"月亮"对象，编写脚本实现"月球"围绕"地球"旋转的效果。

9. 创建一个相对完整的虚拟现实内容。用自己擅长的工具创建一个教学、游戏、导览类的虚拟现实内容，例如展示某一个机械装置的工作原理或标准操作流程，或者在三维虚拟的博物馆中漫游。

第 9 章
增强现实技术

本 章 导 学

☞ 学习内容

增强现实技术是在虚拟现实技术基础上发展起来的一个比较新的研究领域。早在 20 世纪 60 年代，就已经有学者提出了增强现实的基本形式，如今构想已变成了现实。增强现实技术是利用计算机产生的附加信息来对使用者看到的真实世界场景进行增强，它不会将使用者与周围环境隔离开，而是将计算机生成的虚拟物体和场景叠加到真实场景中，从而实现对现实的增强。使用者看到的是虚拟物体和真实世界的共存。本章介绍增强现实的基本概念、核心技术和应用，移动增强现实及其发展，以及基于 Unity 3D 开发增强现实应用的基本方法和流程。

☞ 学习目标

（1）理解增强现实的基本知识。

（2）理解增强现实的核心技术。

（3）了解增强现实的应用领域。

（4）了解移动增强现实的概念和发展趋势。

（5）掌握基于 Unity 3D + EasyAR 开发 AR 应用的基本步骤。

☞ 学习要求

（1）理解增强现实的基本概念和基本特征。

（2）了解增强现实的主要实现方式。

（3）了解增强现实系统的基本结构。

（4）理解增强现实、虚拟现实、混合现实的相同点和不同点。

（5）理解增强现实的核心技术：显示技术、三维注册技术和标定技术。

（6）了解增强现实的应用领域，并结合所学专业，指出增强现实技术的应用。

（7）知晓增强现实的开发工具。

（8）了解移动增强现实的概念和发展趋势。

（9）掌握 Unity 3D + EasyAR 开发 AR 应用的基本步骤。能够搭建一个开发环境。

9.1　认识增强现实

增强现实技术，不仅展现了真实世界的信息，而且将虚拟的信息同时显示出来，两种信息相互叠加、补充。

9.1.1　增强现实的概念

增强现实（Augmented Reality，AR）是一种实时地计算摄影机影像的位置及角度并加上相应图像的技术，这种技术的目的是在屏幕上把虚拟世界合成到现实世界，并进行互动。

通俗地讲，增强现实就是把计算机产生的虚拟信息实时准确地叠加到真实世界中，将真实环境与虚拟对象结合起来，构造出一种虚实结合的虚拟空间。

增强现实技术可以让体验者看到一个添加了虚拟物体的真实世界，不仅可以展现真实世界的信息，而且将虚拟的信息同时显示出来，两种信息相互补充和叠加。增强现实作为现实环境和虚拟环境沟通的纽带，既可以对虚拟环境补充，又增强了现实环境的信息。

9.1.2　增强现实的特征

1. 虚实结合

增强现实技术是在现实环境中加入虚拟对象，可以把计算机产生的虚拟对象与使用者所处的真实环境完全融合，从而实现对现实世界的增强，使用户体验到虚拟和现实融合带来的视觉冲击。其目的就是使用户感受到虚拟物体呈现的时空与真实世界是一致的，做到虚中有实、实中有虚。比如，在飞机驾驶培训中应用增强现实，驾驶员在真实的机舱环境下操作，可以看到机舱内部部件及自身的真实处境，也能看到计算机模拟出来的飞行环境。他看到的自身的真实处境是现实世界中真实存在的，而看到的飞机内部的部件和模拟出来的飞行环境则是属于虚拟的，这体现了虚实结合的特点。这里"虚实结合"中的"虚"是指用于增强的信息，可以是在融合后的场景中与真实环境共存的虚拟对象，也可以是真实物体的非几何信息，如标注信息和提示等。

2. 实时交互

实时交互是指实现用户与真实世界中的虚拟信息间的自然交互。增强现实中的虚拟对象可以通过计算机的控制，实现与真实场景的互动融合。虚拟对象可以随着真实场景的物理属性变化而变化，增强的信息不是独立出来的，而是与用户当前的状态融为一体。此外，实时交互是用户与虚拟元素的实时互动，也就是说，不管用户身处何地，增强现实都能够迅速识别现实世界的事物，然后在设备中进行合成，并通过传感技术将可视化的信息反馈给用户。

实时交互要求用户能在真实环境中借助交互工具与"增强信息"进行互动。图9-1所示为 AR 在家装方面的应用。对于大件家具，用户想要试用几乎是不可能的，但是利用 AR 技术，可将家具"摆放"到家里，观察其大小以及颜色是否合适，然后再决定是否购买，这体现出增强现实技术在家装方面的实用性。当然，用户在这里摆放的不是真正的家具，而是 AR 呈现出来的虚拟物品，用户通过显示屏幕旋转角度，可以看清虚拟物品全貌，还可以调整家具的不同属性，例如颜色和款式，并实时显示出来，这充分体现了实时交互以及虚实结合的特点。

3. 三维注册

三维注册是指计算机观察者确定视点方位，从而将虚拟信息合理叠加到真实环境上，以保证用户可以得到精确的增强信息。

三维注册的原理是根据用户在真实三维空间中的时空关系，实时创建和调整计算机生成的增强信息。如图9-1中，借助三维注册技术，将家具实时显示在终端正确的位置上，从而增强用户的视觉感受。

增强现实对用户不仅有视觉上的增强，还有听觉、嗅觉、触觉等全方位感官上的增强。

图 9-1 AR 技术的实时交互及虚实结合在家装设计方面的体现

9.1.3 增强现实的主要实现方式

目前增强现实的实现方式主要有特定图像识别、地理位置定位、人体动作识别和面部识别等，以及仅仅是将现实作为背景。

1. 特定图像识别

特定图像识别是将现实世界的一张图片作为定位的锚点，通过对特定图片的预处理，提取图片信息点，由计算机生成的虚拟物体会围绕这个定位点，叠加到现实环境中。常见的叠加信息有三维模型、视频、声音等。这个方法可以扩展为对某一特定场景或物体的识别。

目前基于图片定位的 AR 最为成熟，广泛应用在儿童教育图书方面。如小熊尼奥系列，是面向儿童教育的 AR 应用，用户通过扫描卡片，可显示三维模型和场景信息。

2. 地理信息定位

地理信息定位是指识别所在位置的经纬度信息、摄像头朝向的方向等。在摄像头拍摄到的内容中叠加信息。如 Pokémon Go（精灵宝可梦 Go）就是一款利用地理信息定位技术的 AR 应用。

3. 面部识别和人体动作识别

利用面部识别技术，识别用户的面部及五官位置，然后在其上叠加内容，如虚拟化妆就是这一类的应用。人体动作识别主要是识别人体的肢体动作，然后在其上叠加内容，例如虚拟试衣就是这一类的应用。

9.1.4 增强现实系统的基本结构

增强现实系统的研究涉及多学科背景，包括计算机图形处理、人机交互、信息三维可视化、新型显示器、传感器设计和无线网络等。

一个典型的增强现实系统通常由场景采集系统、跟踪注册系统、虚拟场景发生器、虚实合成系统、显示系统和人机交互界面等多个子系统构成。其中，场景采集系统用来获取真实环境中的信息，如外界环境图像或视频；跟踪注册系统用于跟踪观察用户的头部方位、视线方向等位置姿态；虚拟场景发生器根据注册信息生成要加入的虚拟对象；虚实合成系统是将虚拟场景与真实场景融合，形成虚实融合的增强现实环境，这个环境再输入到显示系统呈现给用户，最后用户通过交互设备与场景环境进行互动。

如图 9-2 所示为一个 AR 系统结构示意图。

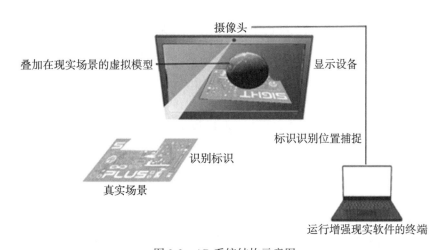

图 9-2　AR 系统结构示意图

首先，摄像头采集真实场景的图像或视频，传入后台运行增强现实软件的终端中，虚拟场景发生器对其进行分析和重构，并结合头部跟踪设备的数据来分析虚拟场景和真实场景的相对位置，实现坐标系的对齐，并进行虚拟场景的融合计算；交互设备采集外部控制信号，实现对虚实结合场景的交互操作。系统融合后的信息会实时地显示在显示器中。

设计开发一个增强现实系统一般包括以下四个基本步骤：

(1) 获取真实场景的信息；

(2) 对真实场景和相机位置信息进行比对分析；

(3) 生成要增加的虚拟景物；

(4) 虚拟信息在真实环境中的显示。

9.1.5　增强现实与虚拟现实的联系与区别

虚拟现实由来已久，钱学森院士称其为"灵境技术"，它是指采用以计算机技术为核心的现代信息技术生成逼真的视、听、触觉一体化的一定范围的虚拟环境，用户可以借助必要的装备，以自然的方式与虚拟环境中的物体进行交互作用、相互影响，从而获得身临其境的感受和体验。随着技术和产业生态的持续发展，虚拟现实的概念不断地演进，产业界对虚拟现实的研讨不再拘泥于特定终端形态，而是强调关键技术、产业生态与应用落地的融合创新。

本书对虚拟（增强）现实内涵的界定是：借助近眼显示、感知交互、渲染处理、网络传输和内容制作等新一代信息通信技术，构建身临其境与虚实融合沉浸体验所涉及的产品和服务。

早期学术界通常在 VR 研讨框架内下设 AR 主题，随着产业界在 AR 领域的持续发力，有人将 AR 从 VR 的概念框架中抽离出来。从广义来看，虚拟现实包含增强现实，狭义而言彼此独立。

增强现实是由虚拟现实发展起来的，两者联系非常密切，均涉及计算机视觉、图形学、图像处理、多传感器技术、显示技术、人机交互技术等领域。两者在关键器件、终端形态上有很多相似点。

1. VR 与 AR 的相同点

(1) 两者都需要计算机生成相应的虚拟信息。

虚拟现实中，用户看到的场景和人物全是虚拟的，是把人的意识带入一个虚拟的世界，使其完全沉浸在虚构的数字环境中。

增强现实中，用户看到的场景和人物一部分是虚拟的，一部分是真实的，是把虚拟的信息带入到现实世界中。

因此，两者都需要计算机生成相应的虚拟信息。

(2) 两者都需要用户使用显示设备。

VR 和 AR 都需要用户使用头盔显示器或者类似的显示设备，才能将计算机产生的虚拟信息呈现在使用者眼前。

（3）使用者都需要与虚拟信息进行实时交互。

不管是 VR 还是 AR，使用者都需要通过相应设备与计算机产生的虚拟信息进行实时交互。

2. VR 与 AR 的不同点

尽管 AR 与 VR 具有不可分割的联系，但是两者之间的区别也显而易见。

（1）对于沉浸感的要求不同。

VR 系统强调用户在虚拟环境中的完全沉浸，强调将使用者的感官与现实世界隔离，由此沉浸在一个完全由计算机构建的虚拟环境中。通常采用的显示设备是沉浸式头盔显示器。

与 VR 不同，AR 系统不仅不与现实环境隔离，而且强调使用者在现实世界的存在性，致力于将计算机产生的虚拟环境与真实环境融为一体，从而增强用户对真实环境的理解，通常采用透视式头盔显示器。

（2）对于"注册"的意义和精度要求不同。

在 VR 系统中，注册是指呈现给用户的虚拟环境与用户的各种感官匹配，主要是消除以视觉为主的多感知方式与用户本身感觉之间的冲突。

而在 AR 系统中，注册主要是指将计算机产生的虚拟物体与真实环境合理对准，并要求用户在真实环境的运动过程中维持正确的虚实对准关系。较大的误差不仅使用户不能从感官上认可虚拟物体与真实环境融合为一体，还会改变用户对周围环境的感觉，严重的误差甚至还会导致完全错误的行为。

（3）对于系统计算能力的要求不同。

在 VR 系统中，要求使用计算机构建整个虚拟场景，并且用户需要与虚拟场景进行实时交互，系统的计算量非常大。

而在 AR 系统中，只是对真实环境的增强，不需要构建整个虚拟场景，只需对虚拟物体进行渲染处理，完成虚拟物体与真实环境的配准，对于真实场景无需太多处理，因此大大降低了计算量。

（4）技术侧重点不同。

VR 通过隔绝式的音视频等内容带来沉浸感体验，主要关注的是虚拟环境的沉浸感，对显示画质要求较高，应用了计算机图形学等方面的技术。

AR 强调虚拟信息与现实环境的"无缝"融合，应用了计算机视觉方面的技术，强调复原人类视觉的功能。

（5）侧重的应用领域不同。

VR 系统强调用户在虚拟环境中感官的完全沉浸。利用这一技术可以模仿许多高成本、危险的真实环境。因此，它主要应用在娱乐和艺术、虚拟教育、军事仿真训练、数据和模型的可视化、工程设计、城市规划等方面。

AR 系统是利用附加信息增强用户对真实世界的感官认识。其应用侧重于辅助教学培训、军事侦察及作战指挥、医疗研究与解剖训练、精密仪器制造与维修、远程机器人控制等领域。

总之，AR 相比 VR，优势主要在于较低的硬件要求、更高的注册精度以及更具真实感。

除了虚拟现实（VR）、增强现实（AR）的概念外，还有一个概念——混合现实。

混合现实（Mixed Reality，MR），既包括增强现实和增强虚拟，指的是合并现实和虚拟世界而产生的新的可视化环境。在新的可视化环境里物理和数字对象共存，并实时互动。

如果说 VR 是纯虚拟数字画面，AR 是虚拟数字画面加上裸眼现实，那么 MR 则是数字化现实加上虚拟数字画面。

9.2　增强现实核心技术

增强现实的核心技术主要有显示技术、三维注册技术、标定技术，还包括人机交互技术、虚实融合技术等。

9.2.1　显示技术

增强现实的目的就是通过虚拟增强信息与真实场景的融合，使用户获得丰富的信息和感知体验。虚实融合后的效果要想逼真地展示出来，必须要有高效率的显示技术和显示设备。目前，增强现实的显示技术分为以下几类：头盔显示器显示技术、手持显示器显示技术和投影显示器显示技术。其中，应用比较广泛的是头盔显示器显示技术。

1. 头盔显示器

增强现实采用的是透视式头盔显示器，透视式头盔显示器分两种：视频透视式（Video See Through，VST）显示器和光学透视式（Optical See Through，OST）显示器。

视频透视式头盔显示器显示技术的实现原理是：通过一对安装在用户头部的摄像机摄

取外部真实场景的视频图像，并将该视频图像和计算机生成的虚拟场景叠加在视频信号上，从而实现虚实场景的融合，最后通过显示系统将虚实融合后的场景呈现给用户。视频透视式显示器具有景象合成灵活、视野较宽、注册误差小、注册精度高等优点。

在视频透视式头盔显示器中，由于人眼的视点与摄像机在物理上不可能完全一致，可能导致用户看到的景象与实际的真实景象之间存在误差。

光学透视式头盔显示器通过安装在眼前的一对光学融合器完成虚实场景的融合，再将融合后的场景呈现给用户。光学融合器是部分透明的，用户透过它可以直接看到真实的环境；光学融合器又是部分反射的，用户可以看到从头戴监视器反射到融合器上产生的虚拟图像。

光学透视式显示技术的缺点是虚拟融合的真实感较差。因为光学融合器既允许真实环境中的光线通过，又允许虚拟环境中的光线通过，因此计算机生成的虚拟物体不能够完全遮住真实场景中的物体。但是，它具有结构简单、价格低廉、安全性好、分辨率高以及不需要视觉偏差补偿等优点。

2. 手持式显示器

手持式显示器是一种平面 LCD 显示器。它的最大特点是便于携带。其应用不需要额外的设备和应用程序，因此被社会广泛接受，常用于广告、教育和培训等方面。

目前，常用的手持式显示器设备包括智能手机、平板电脑等移动设备。手持式显示器克服了透视式头盔显示器的缺点，避免了用户佩戴头盔带来的不适感，但是它带来的沉浸感也较差。

AR 在手持设备中的应用主要有两类：

（1）定位服务（Location-Based Services，LBS）应用，如全球第一款 AR 技术实现的手机浏览器 Layar Reality Browser（AR 实景浏览器），当用户将其对准某个方向时，软件会根据 GPS、电子罗盘的定位等信息，显示给用户面前环境的详细信息，并且还可以看到周边房屋出租、酒店及餐馆的折扣信息等。目前，该应用已在全球各地的 Android 手机上使用。

（2）与各种识别技术相关的应用，如 TAT Augmented ID 就是应用人脸识别技术来确认镜头前人的具体身份，然后通过互联网获得更多该人的信息。

3. 投影式显示

投影式显示技术是将由计算机生成的虚拟信息直接投影到真实场景上进行增强。基于投影显示器的增强现实系统，可以借助于投影仪等硬件设备完成虚拟场景的融合，也可以采用图像折射原理，使用某些特点的光学设备实现虚实场景的融合。如日本中央大学研究出的 PARTNER 增强现实系统，可以用于人员训练，并且使一个没有受过训练的试验人员通过系统的提示，成功拆卸了一台便携式投影仪。

9.2.2 三维注册技术

三维注册技术是决定 AR 系统性能优劣的关键技术。为了实现虚拟信息和真实环境的无缝结合，必须将虚拟信息显示在现实世界中的正确位置，这个定位过程就是注册（Registration）。

三维注册技术所要完成的任务是实时检测用户头部的位置以及方向，根据检测的信息确定所要添加的虚拟对象在摄像机坐标系下的位置，并将其投影到显示屏的正确位置。三维注册需要将虚拟的信息实时、动态地叠加到增强的真实场景中去，做到无缝融合。

AR 系统必须实时地检测摄像头的位置、角度及运动方向，帮助系统决定显示虚拟信息，并按照摄像头的视场建立坐标系，这个过程称为跟踪。

衡量一个 AR 系统的跟踪注册技术性能的优劣，主要由精度（无抖动）、分辨率、响应时间（无延迟）、鲁棒性（不受光照、遮挡、物体运动的影响）和跟踪范围等性能指标决定。在增强现实应用中的跟踪注册系统应该具有高精度、高分辨率、时滞短和大范围等特性。

在目前的 AR 系统中，三维注册技术可以分为三类：基于硬件跟踪设备的注册技术、基于视觉的跟踪注册技术和基于混合跟踪注册技术。

1. 基于硬件跟踪设备的注册

早期的 AR 系统普遍采用惯性、超声波、无线电波、光学式等传感器对摄像机进行跟踪定位，这些技术在 VR 应用中已经得到了广泛的发展。

这类跟踪注册技术虽然速度较快，但是大多采用一些大型设备，价格昂贵，而且容易受到周围环境的影响，如超声波式跟踪系统易受环境噪声、湿度等因素影响，因此，无法提供 AR 系统所需的精确性和轻便性。基于硬件跟踪设备的注册几乎不能单独使用，通常要与视觉注册方法结合起来实现稳定的跟踪。

2. 基于视觉的跟踪注册

近年来，国际上普遍采用的是设备简单、成本低廉、通用性强的基于视觉的注册技术。

基于视觉跟踪注册方法的原理是：将 CCD 摄像机固定在头盔显示器上，摄像机摄取真实场景的信息，将其以数字图像的形式输入到计算机中，计算机利用图像分析处理的方法从图像中获得跟踪信息，从而判断出摄像机在环境空间坐标中所处的位置和方向。这种方法需要添加标志点，标志点可以置于真实环境中，也可以置于真实环境的可移动物体上。计算机通过识别这些标志，实现对摄像机的定位跟踪。

基于视觉的 AR 应用的典型代表是由美国华盛顿大学与日本广岛城市大学联合开发的 ARToolKit，它是目前比较流行的 AR 系统开发工具。利用计算机视觉技术来计算观察者视点相对于已知标识的位置和姿态，开发人员可以根据需要设计形象的标识。由于该方法对已知标识的依赖性很强，因此当标识被遮挡的时候就无法进行注册，这是其不足之处。

3. 混合跟踪注册

混合跟踪注册技术是指在一个 AR 系统中采用两种或两种以上的跟踪注册技术，以此来实现各种跟踪注册技术的优势互补。综合利用各种跟踪注册技术，可以扬长避短，产生精度高、实时性强、鲁棒性好的跟踪注册技术。

9.2.3 标定技术

在 AR 系统中，虚拟物体和真实场景中物体的对准需要十分精确。当用户观察的视角发生变化时，虚拟摄像机的参数也必须与真实摄像机的参数保持一致。同时，还要实时地跟踪真实物体的位置和姿态等，对参数不断地进行更新。在虚拟对准的过程中，AR 系统中的内部参数，如摄像机的相对位置和方向等，始终保持不变，因此需要提前对这些参数进行标定。

一般情况下，摄像机的参数需要进行实验与计算才能得到，这个过程被称为摄像机标定。换句话说，标定技术就是确定摄像机的光学参数、几何参数、摄像机相对于世界坐标系的方位以及与世界坐标系的坐标转换。

摄像机标定技术是计算机视觉中至关重要的一个环节。对于用作测量的计算机视觉应用系统，测量的精度取决于标定精度，对于三维识别与重建，标定精度则直接决定着三维重建的精度。

9.3 增强现实技术的主要应用领域

与虚拟现实相比，增强现实技术应用的范围更加广泛。VR 具有沉浸式的特点，也同时遮挡了用户对外界环境的感知。然而，AR 系统没有将用户与外界环境隔离开，从而使用户既可以感知虚拟对象，同时也能够感知真实环境。近年来，随着 AR 技术的成熟，AR

与行业的融合越来越深入。从设计到营销，从教育到医疗，从出行到文化，甚至支付宝的 AR 应用，都正在重新定义各产业的思维方式和运行方式。AR 技术的应用已经覆盖了众多领域。

9.3.1　文化娱乐领域

增强现实技术的发展，极大地影响了娱乐业。娱乐的形式可以是多元化的，例如电视、游戏、电影等都属于娱乐形式的范畴。增强现实技术可以产生立体的虚拟对象，使得各种各样的娱乐形式拥有了与众不同的体验。

增强现实技术可用于体育比赛的电视转播中。通过 AR 技术在转播体育赛事时，实时地将与赛事有关的辅助信息叠加到画面上，使得观众获取到更多信息。如在美国橄榄球比赛电视转播中，利用 AR 技术，可以实时显示第一次进攻线的具体位置，让观众了解到需要多远的距离才能够获得第一次进攻权。在转播中，场地、橄榄球和运动员都是真实存在的，而黄线（第一次进攻线）则是虚拟的。通过增强现实技术，将黄线完美地融合到真实场景中。

随着移动设备的迅速发展，基于移动设备的增强现实游戏也层出不穷。增强现实游戏可以让玩家以虚拟替身的形式随时随地进行网络对战。

在古迹复原和文化遗产保护领域方面，用户可以借助 AR 头盔显示器，看到对于文物古迹的解说，也可以看到虚拟重构的残缺遗址。

9.3.2　教育培训领域

AR 技术可以为学习者提供一种全新的学习工具。它不仅可以为师生提供一种面对面的沟通与合作平台，而且还可以让学生更加轻松地理解复杂概念，更加直观地观察到现实生活中无法观察到的事物及其变化。AR 技术在教育领域的应用，将有利于培养学生知识迁移的能力，提高学习效率，激发学习兴趣，培养学习能力。

1. 虚拟校园系统

利用增强现实技术，可以创建虚拟校园系统。除了校园导航的功能外，校园对外形象宣传、招生宣传等功能都可以应用到虚拟校园系统中。在增强的内容上，还可以添加一些校园目前不存在的对象和景物。当用户戴上头盔显示器走在真实的校园里时，能看到一个增强之后的校园环境，包括校园原来的面貌，也包括校园未来的样子。

2. 增强现实图书

在传统的文学阅读的过程中，人们接收信息的方式主要是阅读书籍这种单一的方式，而增强现实则可以对传统图书进行改进，为传统阅读方式开创了一种全新的局面。读者通过佩戴的 VR 眼镜，观赏还原真实的现实场景，产生"亲临其境"的感受，品味其中所包含和展现的场景文化内涵，甚至读者还可以与书中的角色进行互动。这将会带给读者一段奇妙的阅读经历。

迪士尼团队将 AR 技术和绘画结合起来，进行了一个研究性项目。给图书上色对许多儿童来说已经没有吸引力了，但是如果儿童在上色的过程中可以看到上色的卡通形象的同步变化，那么会不会让他们重新爱上给图书上色呢？迪士尼团队正是利用这个商业机会，研究了这个项目，希望以这种新的方式鼓励孩子们爱上绘图上色，从而激发他们的创造性。当给纸上的小象上色时，平板电脑里的 App 会借助摄像头获取真实场景中的信息（如绘画的颜色、形状等），创建对应的 3D 小象模型，然后把虚拟小象模型和纸上的绘画实时叠加显示。孩子们不但可以随时看到自己所画的卡通形象对应的立体模型，也能看到暂时没有上色的部分。

3. 协作学习

协作学习（Collaborative Learning）是一种通过小组或者团队的形式，组织学生协作完成某种既定学习任务的教学形式。

Construct3D 就是一种典型的用于数学和几何学教育的三维协作式构建工具，利用这种工具，参与者可以在三维空间中看到三维的物体，但是在此之前，这些三维模型必须用传统的方法计算构建出来。因此，增强现实可以提供给参与者一种面对面协作和远程协作的方式。

AR 应用正在以更具互动性的方式改变教学方式。JigSpace 是一款基于苹果 ARKit 工具开发的学习工具。学生们可以利用移动设备在桌子上探索物体的虚拟 3D 模型，了解各种物体的内部构造。通过将交互式 3D 模型投射在 AR 中，可以把抽象的概念和物体一步一步地拆分，让学生有最直观的感受。

9.3.3 产品装配、检修与维护领域

AR 已经在复杂仪器和机械设备的装配、检修和维护领域起到了示范的作用。传统情况下，机械维修工人如果想要确定故障的位置，并且在短时间内解决这个故障，是非常困难的。有时甚至需要去查阅内容复杂的技术手册，工作效率极低。通过与增强现实技术的

结合，机器部件的结构图可以作为虚拟对象被生动、直观地表示出来，并与真实环境融合在一起。当机械维修工人戴上头盔显示器时，可以看到他们正在修理的机器增强后的信息，这些信息可以是机器内部组件，也可以是维修的步骤等。因此，AR 极大地提高了工作效率和工作质量。

当用户在增强后的环境中修理汽车时，不但能看到增强后的信息，还能得到真实的触觉反馈。与完全封闭的虚拟培训系统相比，增强环境中的维修效果要更加贴近用户需求。

抬头显示（HUD）是 AR 在汽车市场上的突破性应用，可以将汽车行驶信息及交通信息投射在挡风玻璃上，在行驶过程中，驾驶员不需要转移视线即可获得实用信息。例如，WayRay 公司推出了全息 AR 导航系统 Navion。使用这款系统，用户通过观看挡风玻璃上投射的信息，就能更容易找到停车位。Navion 先进的增强现实界面为驾驶员提供了清晰的路线指引。真实感 AR 中显示的信息无缝集成到现实世界，因此驾驶员可以专注于路况，使驾驶更安全。无需佩戴特殊的眼镜或头盔即可营造真实的 AR 体验。即时定位与地图构建，Navion 可以对简单的手势做出响应，利用手势进行控制，因此驾驶员无需盯着仪表盘也可以驱动程序执行命令。通过手势控制，驾驶员可以安全地浏览菜单，选择或切换路线并选择相关兴趣点。

9.3.4　军事领域

20 世纪 90 年代初期，增强现实技术被提出后，美国就率先将其用于军事领域。目前，AR 在军事领域的应用主要体现在军事训练、增强战场环境及作战指挥等方面。

增强现实为部队的训练提供了新的手段。例如，通过增强后的军事训练系统，可以给军事训练提供更加真实的战场环境。士兵在训练时，不仅能够看到真实的场景，还可以看到场景中增强后的虚拟信息。此外，部队还可以利用 AR 来增强战场环境信息，把虚拟对象融合到真实环境中，可以让战场环境更加真实。增强现实技术也已经应用于作战指挥系统中。通过 AR 作战指挥系统，各级指挥员能够共同观看并讨论战场，最重要的是还可以和虚拟场景进行交互。

9.3.5　医疗领域

医疗领域是增强现实技术极具应用前景的领域之一，AR 在医学上的应用案例越来越多。AR 技术可以用在手术导航、病患分析、虚拟人体解剖、手术模拟训练、康复医疗以及远程手术灯等方面。

通过增强现实技术，医生可以对外科手术进行可视化辅助操作及训练。借助于表面感应器，如 CT、MRI，实时地获取病人的三维数据信息，并实时地绘制成相应的图像，然后将绘制后的图像融合到病人的观察诊断中。

在增强现实辅助医生手术的应用中，借助增强现实系统，医生不仅能够对病人的患病部位进行实时检查，还可以获得此时患病部位的具体细节信息，对手术部位进行精确定位。

早在 2015 年，华沙心脏病研究所的外科医生就利用 Google Glass 辅助手术治疗，实时了解患者冠状动脉堵塞情况。在英国，为确保医生在救治病人时的安全，英国最大的 NHS 信托基金之一在 Covid-19 新冠肺炎病房中使用了微软的 HoloLens。这个信托基金表示，使用 HoloLens 可以将员工在高风险地带工作的时间减少 83%。

9.3.6　建筑规划设计领域

建筑设计是一个科学、严谨的过程，在对建筑体进行科学设计时要不断对其可行性进行分析，并加以修改，以免在施工过程中由于设计而出现工程问题。

2016 年，AECOM 与国际科技公司 Trimble 合作，将微软 HoloLens 设备应用于工程和建筑领域。在混合现实环境中探索复杂结构，具有加速工程设计过程的巨大潜力。利用增强现实技术，在设计审查过程中，设计师和工程师们可以获得比在屏幕上使用二维绘图或三维模型更大的清晰度，不同地点的团队成员可以同时探索相同的全息投影，并且可以实时地对设计要素进行修改和完善。这些技术亦激发了设计师和工程师们的思维、创造力和灵感。对于一个建筑结构较为复杂的项目，利用增强现实等可视化辅助功能来设计和检验复杂的建筑结构形态，可以提高工程效率，并且在施工前最大限度地避免了项目现场的潜在隐患。

在市政建设规划领域，通过 AR 技术可以将规划效果叠加到真实场景中直接获得规划效果，根据效果做出规划决策。

9.4　增强现实开发工具

随着 Pokemon Go 的成功，增强现实逐渐成为主流，而不再是科幻影片中使用的技术。增强现实技术的发展，给人们提供了更多想象的可能性。目前，AR 在各个领域都得到了广泛应用。

AR 应用程序分为两大类：基于标记的应用和基于位置的应用。面对增强现实应用开发，一般来说，是在虚拟现实开发工具的基础上，添加专门的软件开发包（SDK）来实现的。本节将介绍几款优秀的增强现实工具包。

9.4.1　Vuforia

Vuforia 是一个用于创建增强现实应用程序的软件平台，提供了一流的计算机视觉体验。Vuforia 被认为是全球最广泛使用的 AR 平台之一，得到了全球生态系统的支持。利用 Vuforia，开发者可以轻松地为任何应用程序添加先进的计算机视觉功能，使其能够识别图像和对象，或重建现实世界中的环境。无论是用于构建企业应用程序以便提供详细步骤的说明和培训，还是用于创建交互式的营销活动或产品可视化，以及实现购物体验，Vuforia 都具有满足这些需求的所有功能和性能。

Vuforia 提供的主要功能包括：识别包括盒子、圆筒、玩具以及图像在内的多个对象；支持文本识别，包括大约 10 万个词组或自定义词汇表；允许创建定制的 VuMarks（用于定制和品牌意识设计）；允许使用其智能地形功能创建任意环境的 3D 几何地图；把静态图像转换成全动态视频，可以在目标表面上直接播放；提供 Unity 插件；支持云和本地存储等。新版本的 Vuforia SDK 支持微软的 Hololens、Windows 10 设备，也支持 Google 的 Tango 传感器设备，以及 Vuzix M300 企业智能眼镜等设备。

Vuforia 应用程序可以使用 Android Studio、XCode、Visual Studio 和 Unity 构建。

使用 Vuforia SDK，可以为移动设备和智能眼镜构建 Android、iOS 和 UWP（Universal Windows Platform，Windows 通用应用平台）应用程序。

9.4.2　ARToolKit

ARToolKit 是一款流行的、应用于 AR 系统开发的开源的工具包。它由日本广岛城市大学和美国华盛顿大学联合开发，其目的是用于快速开发 AR 应用。ARToolKit 是底层的 AR 开发包，很多的 AR 开发包都是以它为内核进行的扩展。

ARToolKit 的一个重要特点是基于标识物的视频检测。ARToolKit 提供的其他功能包括跟踪平面图像，提供 Unity 插件，支持摄像机方向跟踪以及简单的摄像机校准代码。

ARToolKit 采用了免费和开源许可证发布，允许 AR 社区将其用于商业产品软件以及研究、教育和业余爱好者开发。

ARToolKit 支持的平台包括 Android、iOS、Linux、Windows、Mac OS 和智能眼镜等。

9.4.3 EasyAR

EasyAR SDK 是首个国产的 AR 引擎，用于增强现实互动营销技术和解决方案，服务遍布手机 App 互动营销、户外大屏幕互动活动、网络营销互动等领域，包括网络推广、发布会以及主题公园等，并且已经开发出了若干成功案例。

目前，EasyAR 已经成长为一个大家族，从版本 4 开始，过去被大家熟知的 EasyAR SDK 被赋予了一个新的名字——EasyAR Sense。EasyAR Sense 是一个独立的 SDK，提供感知真实世界的能力。

EasyAR Sense 4.0 有四种订阅模式：个人版、专业版、经典版和企业版。其中，个人版免费，不可商用。

EasyAR 的基础能力包括平面图像跟踪、3D 物体跟踪、表面跟踪、多目标识别与跟踪、1000 个本地目标识别、云识别支持、自定义摄像头接入支持、Unity 3D 支持等。

EasyAR 支持的平台包括 Android、iOS、Windows、Mac OS 等。

9.4.4 ARKit

2017 年 6 月，Tim Cook 在苹果全球开发者大会上宣布推出 ARKit，它是一款全面支持 AR 增强现实开发的 SDK。ARKit 集成了设备的运动跟踪、摄像头场景捕捉、先进的场量处理，共同构建出令人惊艳的 AR 体验效果。ARKit 使用 VIO（Visual Inertial Odometry，视觉惯性测距）来精确跟踪现实世界中的真实场景。ARKit 可以将传感器数据和 CoreMotion 的数据融合在一起，从而提供更为精确的信息。ARKit 可以让 iOS 设备精确感知它如何在房间内移动，而无需外部设备的校准。基于此原理，ARKit 可以获取关于 iOS 设备位置和运动信息的高精度模型，并在场景中使用。

使用 ARKit，iPhone 和 iPad 可以分析来自摄像头视图中的场景，并找到房间的水平平面。ARKit 可以检测到如桌子和地板之类的平面，还可以检测和跟踪物体。ARKit 甚至还可以利用摄像头传感器来估算场景中的光线强度，从而在虚拟物体上提供合适的光照。

AR Ruler 是一款手机端的尺寸测量应用。这种 AR 技术的应用让用户使用手机来测量各种物体的尺寸长度，可以"凭空"测量物体的长、宽、高。

宜家基于 Apple ARKit 开发了一款 AR 应用 IKEA Place，提供消费者足不出户在家直观预览家具。消费者可以在 IKEA Place 的数据库中挑选自己心仪的家具，然后以 AR 的形式展示出来。除了可以随意摆放家具之外，还能根据消费者的喜好修改尺寸、款式制作材料、颜色等参数，这样消费者就不担心买回来的家具不喜欢了。如图 9-3 是来自 IKEA

Place 的宣传图片。

图 9-3　IKEA Place 的应用

9.4.5　ARCore

类似于苹果公司推出的 ARKit，Google 公司于 2018 年初推出了 ARCore。ARCore 是 Google 的开源（基于 Apache 2.0 许可证）增强现实 SDK，可为 Android 设备（版本 7.0 及以上）带来引人注目的 AR 体验。

ARCore 的开发支持 Java、Unity、Unreal 和 iOS 等开发平台。

ARCore 是 Google 的增强现实体验构建平台。ARCore 利用不同的 API 让用户的手机能够感知其环境，理解现实世界，并与信息进行交互。

ARCore 使用以下三个主要功能将虚拟内容与通过手机摄像头看到的现实世界整合：

（1）运动跟踪，让手机可以理解和跟踪它相对于现实世界的位置。

（2）环境理解，让手机可以检测各类表面的大小和位置。

（3）光线评估，让手机可以估测环境当前的光照条件。

从本质上讲，ARCore 就是用来识别当前的环境并且让虚拟物体真实地表现出来。

9.4.6　Wikitube

Wikitude 是一家增强现实公司开发的一体式增强现实 SDK，结合了 3D 跟踪技术（基于 SLAM）、顶级图像识别和跟踪，以及移动、平板电脑和智能眼镜的地理位置 AR，支持可扩展的 Unity、Cordova、Titanium 和 Xamarin 框架。可以使用 Wikitude SDK 构建基于位置、标记或无标记的 AR 体验。企业、机构和独立开发人员受益于 Wikitude 的工具，用于开发适用于 Android、iOS、智能手机、平板电脑、智能眼镜的 AR 应用程序。

Wikitude 主要的功能包括即时跟踪、扩展跟踪、图像识别、基于位置的服务与 GEO 数据、3D 增强和云识别等。

9.4.7 HoloLens 设备与开发平台

HoloLens 是微软推出的一款全息眼镜，它不需要与 PC 或者智能手机进行连接，设备本身搭载了完整的 Windows10 系统——Windows Holographic。该设备使用微软的全息处理单元（HPU）和英特尔 32 位处理器（Atom x5）。开发者可以通过 Unity 或者 Directx 12&C++进行开发。图 9-4 所示为 HoloLens 产品及其应用的微软宣传图片。

图 9-4　HoloLens 产品及其应用

当前版本的 HoloLens 中内建了 2GB 的内存和 64GB 的闪存，同时支持蓝牙和 WiFi 连接。除了核心部件外，HoloLens 还搭载了一个惯性测量单元、一个环境光感应器、四个环境感应摄像头，同时由一个深度感应摄像头来负责实施扫描当前所处的环境。HoloLens 最大的优势是不仅能识别环境中的地板、墙壁，还可以通过 Spatial Understanding 技术识别出真实世界中的桌面、椅子、沙发等。HoloLens 还搭载了四个麦克风用于进行语音识别，这也是 HoloLens 的主要交互方式之一。

目前，微软官方只支持 Windows10 64 位 pro 以上平台进行 HoloLens 开发，开发者只需要使用 Unity 配合 Visual Studio 即可进行 HoloLens 应用开发，不需要安装额外软件。

微软为 HoloLens 开发者提供了 HoloToolkit-Unity（github.com/Microsoft/HoloToolkit-Unity）工具包，涵盖了在 Unity 中进行 HoloLens 应用开发需要使用到的各种组件和示例。

除了上述 AR 开发工具或平台外，还有 Facebook AR Studio、亮风台的 HiAR、网易洞见 AR、百度 AR、腾讯 QAR 和支付宝 AR 等。

9.5　移动增强现实及其发展趋势

移动增强现实技术是增强现实技术的一个分支，主要有传统移动增强现实技术和基于移动终端的移动增强现实技术两种技术。

传统移动增强现实技术主要依靠 PC 机头盔显示器或者 GPS、磁传感器等一些外接设备来实现。该类系统具有设备昂贵，不便于长期携带，维护成本较高，交互设计繁杂等局限性。美国哥伦比亚大学研制的户外增强现实导航系统，是世界上第一个移动增强现实系统。它使用视频透视式头盔显示器和方向跟踪器，用户身后的背包里面装有计算机、差分 GPS 以及为了收集无线网络信号所用的数字无线电，用户手上持有的是具有触笔的可触屏的手持设备。

基于移动终端的移动增强现实技术近年来发展迅速，为人们的生活娱乐带来极大的便捷和乐趣。Google Project Glass 是 Google 公司于 2012 年 4 月发布的一款"增强现实"眼镜。它同智能手机一样，主要采用音频交互的方式，可以控制拍照、视频通话和导航，以及网上冲浪、处理文字信息电子邮件等，Google Glass 改变了人们的生活方式。但是，由于存在成本过高、缺少应用和分散注意等问题，2015 年 1 月，谷歌停止了谷歌眼镜的"探索者"项目。

2017 年，Google Glass 推出新的版本——Google Glass Enterprise Edition，定位于企业服务。

目前的 Google Glass EE2 搭载的是高通在 2018 年发布的 XR1 处理器，这是一枚专门为移动设备 AR/VR 设计的芯片，采用四核芯设计，最高主频 1.7GHz。在这套配置基础上，Google Glass EE2 能借助处理器的 AI 引擎进行识物学习、判断和动作预测，这是初代 Google Glass 并不具备的智慧功能。比如在运行 AR 应用时，AI 大脑和系统能通过摄像头对当前环境进行测绘，继而实现更精准的现实增强画面显示。

移动增强现实技术最重要的特征是移动，它的应用场景更加广阔。移动增强现实技术，尤其是基于移动终端的移动增强现实技术，将是未来发展的主流趋势，目前，随着移动设备的硬件与软件条件越来越高端，移动增强现实技术得到了飞速的发展。显然，支持增强现实技术的手机是消费者最容易体验增强现实的接入点。

随着 ARKit 和 ARCore 的推出，各种各样的 AR 内容层出不穷。其中有上千款 AR 内容登录 App Store 和上架 Google Play 商店。现在，一些案例正在推动移动 AR 生态系统走出最初的尝鲜阶段，已为用户创造真正的价值。移动增强现实正按照预期的目标不断地发展。工具、数据和规模的组合是实现下一级消费者体验所必需的要素。随着新的 AR 创作工具的不断涌现，移动 AR 将会给人们带来更多新的示例和体验。

9.6　基于 Unity 3D 和 EasyAR 开发 AR 应用简介

本书第 8 章介绍了如何使用 Unity 3D 开发简单的 VR 内容，实际上，AR 的开发绝大多数也可以通过 Unity 来实现。在本章 9.4 节中介绍的增强现实开发工具几乎都提供了 Unity 插件，支持在 Unity 3D 中构建 AR 应用。Unity 公司也加强了对 AR、VR 和 MR 开发的支持。

EasyAR 是视辰信息科技（上海）有限公司的增强现实解决方案系列品牌，通过几次版本升级后，EasyAR SDK 在稳定性、准确性上都达到了很好的效果，并且中文开发平台及文档对于国内用户来说更加便利。因此，本书选择 EasyAR SDK 来介绍开发 AR 应用的基本方法和流程。

9.6.1　获取 EasyAR

首先需要按照第 8 章的介绍安装 Unity 3D，然后按照下面的顺序安装 EasyAR SDK（现在更名为 EasyAR Sense）。

（1）打开 EasyAR 的官方网站 www. easyar. cn，注册一个账户。

（2）进入下载页面。本书下载的是 EasyAR SDK 的 Basic 版的 Unity 样例文件 EasyAR SDK 2. 3. 0 Basic Samples Unity。需要在历史版本的页面中找到它，并下载。

（3）解压下载的 EasyAR_SDK_2. 3. 0_Basic_Samples_Unity_2018-10-24. zip 压缩文件，看到如图 9-5 所示的目录结构。

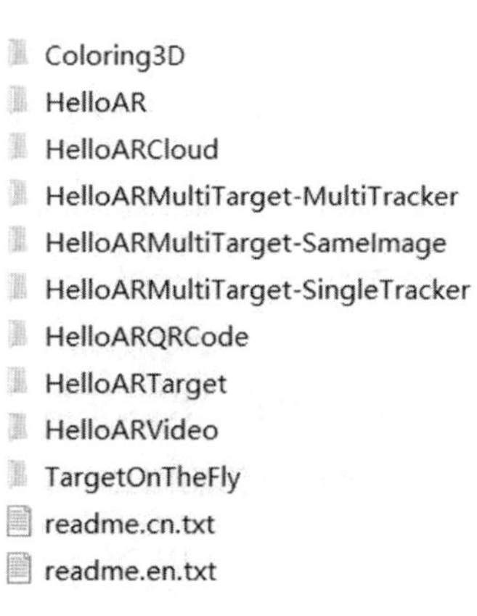

Coloring3D
HelloAR
HelloARCloud
HelloARMultiTarget-MultiTracker
HelloARMultiTarget-SameImage
HelloARMultiTarget-SingleTracker
HelloARQRCode
HelloARTarget
HelloARVideo
TargetOnTheFly
readme.cn.txt
readme.en.txt

图 9-5　EasyAR_SDK_2. 3. 0 目录结构

9.6.2　EasyAR SDK 基本配置

启动 Unity 3D，打开 EasyAR SDK 样例文件夹中的"HelloAR"项目。打开 HelloAR 后，Unity 3D 的 Project 视图如图 9-6 所示。其中：

图 9-6　Project 视图

（1）EasyAR 即 EasyAR SDK，用来实现 AR 技术的工具库。

（2）HelloAR 为此项目中用到的 Materials（材质球）、Scenes（场景）、Scripts（脚本）和 Texture（结构）。

（3）Plugins 下面分为 Android、iOS、x86、x86_64 等，为在 Android、iOS、Windows 等平台上发布应用时所用到的工具库。

（4）Scenes 为场景。

（5）StreamingAssets 为数据传送资源。

在"Project"视图中按文件夹层级"HelloAR"→"Scenes"找到 HelloAR 场景文件，如图 9-7 所示。双击该文件后，在"Scene"视图中看到场景中有 3 张识别图和对应的三维物体，如图 9-8 所示。3 个 demo 所要呈现的 AR 效果分别是材质球、AR 视频和带有 EasyAR 字样的立方体。

图 9-7　打开文件

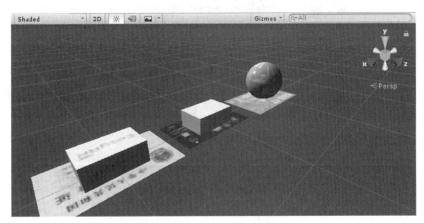

图 9-8　Hello AR

在"Hierarchy"视图中，可以看到 AR 相机"EasyAR_Startup"。单击选中它，在"Inspector"视图中会出现相应的属性，其中"Easy AR Behaviour"组件中有一个"Key"的输入框，如图 9-9 所示。在这里需要输入密钥才能激活 AR 相机。

打开 EasyAR 官方网站去获取 AR 密钥。登录后，打开"开发中心"页面，点击"Sense 授权管理"，申请一个应用的授权密钥。选择 Sence 类型后，按提示输入应用程序的名称，发布到 iOS 平台需要的"Bundle ID"和发布到 Android 平台需要的"PackageName"。图 9-10 所示为本书所输入的应用程序参数，供读者参考。

点击"确定"，得到应用的授权密钥。在应用列表中点击应用的名称可以查看密钥。

复制 AR 密钥，回到 Unity，并拷贝到密钥输入框中。

如果电脑有内置摄像头或者打开连接的外部摄像头，则可以单击"Play"按钮运行程序。将一张识别图放到摄像头拍摄的区域，就会出现对应的三维物体。图 9-11 中，将手机中的识别图放到电脑的摄像头区域，Game 窗口中立即出现对应的球体。如果移动手机，即改变识别图的位置，球体会跟随识别图的位置而改变位置。

图 9-9　Key 的输入框

应用名称	HelloEasyAR
	可修改
Bundle ID iOS	com.x.HelloEasyAR
	可修改，iOS平台Sense License KEY需要与Bundle ID对应使用
Package Name Android	com.x.HelloEasyAR
	可修改，Android平台Sense License KEY需要与PackageName对应使用

图 9-10　应用程序参数示例

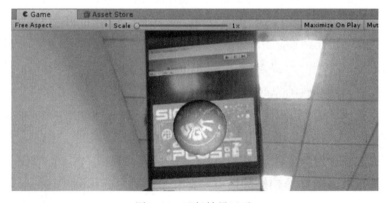

图 9-11　运行结果显示

9.6.3 发布应用

如果要将"HelloAR"应用发布到 Android 平台，操作流程与第 8 章介绍的 VR 应用发布操作流程类似。注意，依然要在电脑上安装 Android 环境。

单击"File"→"Build Settings"，打开发布应用的对话框，如图 9-12 所示。选中"Android"平台，单击"Switch Platform"进行平台匹配。

图 9-12 发布应用对话框

单击"Player Settings …"，在 Inspector 视图中显示发布到 Android 平台的选项。在这些选项中，比较重要的选项包括：

（1）旋转方向，决定了程序运行时画面固定在移动设备的哪个旋转方向，在"Resolution and Presentation"的"Default Orientation"中设置。建议使用左向固定"Landscape Left"。如图 9-13 所示。

（2）渲染模式，在"Other settings"的"Rendering"中设置。取消"Auto Graphics API"，选择"OpenGLE32"。如图 9-14 所示。

（3）Android 应用的包名，在"Other settings"的"Identification"中设置。设置"Package Name"为申请 AR 密钥时输入的包名，例如本书设置的包名为 com. x. HelloEasyAR，如图 9-15 所示。

图 9-13　设置旋转方向

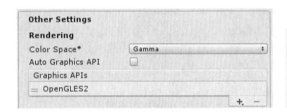

图 9-14　设置渲染方式

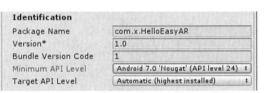

图 9-15　设置 Package Name

至此，Android 平台的发布设置就配置完成了。在发布应用的对话框中单击"Build"按钮进行发布。如果出现提示 Android 版本较低的对话框，可单击"Continue"。

发布应用成功后，将得到 Android App 的安装文件"HelloEasyAR. apk"。把该文件拷贝到 Android 设备，安装应用。运行该应用，用手机摄像头扫描一张识别图（例如身份证的反面），则会在手机屏幕上出现对应的一个立方体。移动手机，会发现立方体与身份证的相对位置保持不变，如图 9-16 所示。

本节到这里仅仅介绍了 EasyAR SDK 的一个基本样例在 Unity 3D 中的设置和发布。该样例中的 3 张识别图和对应的三维物体都是样例自带的。下面介绍利用 EasyAR SDK 来创建一个自己的识别图和对应的三维物体的平面图像跟踪应用。

图 9-16 在 Android 手机上运行应用

9.6.4 EasyAR 平面图像跟踪应用

平面图像跟踪是用于检测与跟踪日常生活中有纹理的平面物体。所谓"平面"的物体，可以是一本书、一张名片、一幅海报，或是一面涂鸦墙这类具有平坦表面的物品或事物。这些物体应当具有丰富且不重复的纹理。

1. 图片准备

在使用平面图像跟踪之前，首先要准备好目标物体以及目标物体的模板图片。

对于目标物体的模板图片，根据用户的使用场景，可以有多种方式来进行准备。比如，直接使用相机以正视角度拍摄目标物体，所得照片即可作为目标物体的模板图片。又如，可以先进行图案的设计或绘制，然后通过打印或生产得到所需目标物体。这个设计稿或绘画即为模板图片。注意，图片的格式建议为 JPG 或 PNG。

2. Unity+EasyAR 开发平面图像跟踪应用

平面图像识别主要用到了 ImageTracker 和 ImageTarget 两个 Game Object。每个被跟踪的图像对应一个"ImageTarget"，ImageTarget 需要指定"ImagetTracker"。场景中可以同时出现多个 ImageTracker，可以同时跟踪多个图像。下面是具体的实现步骤。

（1）新建项目和导入 EasyAR SDK。新建一个 Unity 3D 项目"ImageTrackingEasyAR"。在 EasyAR 官网上下载 EasyAR SDK。本书下载的是 EasyAR_SDK_2.3.0_Basic_Unity.zip 文件。解压后，开始准备导入到 Unity 中。

　　在 Unity 编辑器中，选择"Assets"→"Import Package"→"Custom Package"菜单项，然后选择刚解压的"EasyAR_SDK_2.3.0_Basic. unitypackage"文件，出现"Import Unit y Package"对话框，如图 9-17 所示，单击"Import"按钮，开始导入，完成后，Project 视图如图 9-18 所示。

图 9-17　Import Unit y Package 对话框

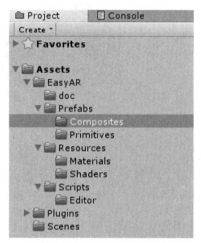

图 9-18　Project 视图

　　（2）单个图像跟踪。在 Project 视图中，展开"Assets"→"EasyAR"→"Prefabs"→"Composites"，将其中的"EasyAR_ImageTracker-1"预制件拖到 Hierarchy 视图中。"EasyAR_ImageTracker-1"中包含了 ImageTracker 的可以运行平面图像跟踪功能的组件集合。

　　为了避免与 AR 相机起冲突，删除"Hierarchy"视图中的"Main Camera"。

　　（3）填写 License Key。首先在 Easy AR 官网上申请一个 License Key，然后在"Inspector"视图的"Key"框中粘贴在 Easy AR 中生成的 License Key。

　　（4）在场景中添加 ImageTarget。在"Project"视图中，展开"Assets"→"EasyAR"→"Prefabs"→"Primitives"，将其中的"ImageTarget"预制件拖到场景中。

　　（5）在 StreamingAssets 中添加识别图。在"Project"视图中，创建"StreamingAssets"文件夹，然后将准备好的模板图片"idTar. png"拖到"StreamingAssets"文件夹中，如图 9-19 所示。

　　（6）配置 ImageTarget。在"Hierarchy"视图中选择"ImageTarget"，在"Inspector"视图中，按照如图 9-20 所示的参数进行设置。

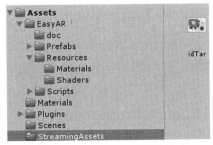

图 9-19　StreamingAssets 文件夹

图 9-20　配置 ImageTarget

其中：Path 是图片相对于 StreamingAssets 的路径；Name 为 Target 名字，可以任意输入；Loader 为加载 ImageTarget 的 Tracker。

（7）在 ImageTarget 对象下添加要显示的 3D 模型。导入一个在 3ds Max 中制作好的超方体模型，并设置 Transform 值。最后将超方体模型拖到 ImageTarget 下面，作为其子物体。

（8）运行结果。点击"Play"按钮，在 Unity 编辑器中运行，使用电脑上的摄像头对着手机上的 idTar. png 图片进行跟踪，效果如图 9-21 所示。

（9）平面图像跟踪程序控制。ImageTargetController 类提供了 4 个事件：TargetFound、TargetLost、TargetLoad 和 TargetUnload。"TargetFound"表示图像被识别，"TargetLost"表示被识别图像从视野消失，"TargetLoad"表示图像加载完成，"TargetUnload"表示图像卸载完成。下面的代码是使用这些事件来输出一些日志。读者在使用中可以删除这些日志，添加自己的应用逻辑。

图 9-21　运行结果

```
public ImageTrackerFrameFilter tracker;
public ImageTargetController targetController;
void Awake( ){
    if（targetController）{
    //当图像被跟踪到
    targetController. TargetFound += ( ) = >
     { Debug. LogFormat("Found target {{id = {0}, name = {1}}}",
    targetController. Target. runtimeID( ),targetController.Target. name( ));};
    //当图像从视野消失
    targetController. TargetLost += ( ) = >
```

```
            {Debug. LogFormat("Lost target {{id = {0}, name = {1}}}",
    targetController. Target. runtimeID(),targetController. Target. name());};
    //加载图像
    targetController. TargetLoad += (Target target, bool status) =>
    {Debug. LogFormat("Load target {{id = {0}, name = {1}, size = {2}}} into
{3} => {4}",
        target. runtimeID(), target. name(),targetController. Size,targetController.Tracker. name,
status);};
    //卸载图像
    targetController. TargetUnload += (Target target, bool status) =>
    {Debug. LogFormat("Unload target {{id = {0}, name = {1}}} => {2}",
        target. runtimeID(), target. name(), status);};
        }
    }
```

本节介绍了 Unity3D+EasyAR 实现 AR 应用：平面图像跟踪。需要说明的是，本书中采用的是 EasyAR SDK 2 版本，EasyAR 目前最新的版本为 EasyAR Sense 4。二者的实现步骤有所不同，感兴趣的读者可以在其官网上阅读相关文档。

本 章 小 结

增强现实技术，是一种将真实世界信息和虚拟世界信息"无缝"集成的新技术，是把原本在现实世界的一定时间空间范围内很难体验到的实体信息，如视觉信息，以及声音，味道，触觉等信息，通过电脑等科学技术，模拟仿真后再叠加，将虚拟的信息应用到真实世界，被人类感官所感知，从而达到超越现实的感官体验。真实的环境和虚拟的物体实时地叠加到了同一个画面或空间，同时存在。

本章主要阐述了增强现实技术的基本概念和核心技术，介绍了增强现实的应用领域和开发工具，以及移动增强现实及其发展趋势。

本章还介绍了基于 Unity 3D 和 EasyAR 开发 AR 应用的基本方法和流程，开发了一个平面图像跟踪的应用。但这仅仅是管中窥豹，需要了解 EasyAR 更多功能和实现方法的读者可以在 EasyAR 的官网上阅读相关文档。

如前所述，用于创建 AR 应用的增强现实开发工具还有很多，读者也可以使用如 Vuforia 等其他的 AR SDK 来开发 AR 应用。

习　题

一、单选题

1. 以下(　　)不是增强现实技术的实现方式。

　　A. 特定图像识别　B. 地理位置定位　C. 面部识别　　　D. 三维注册

2. 增强现实具有虚拟结合的特点，其中的"虚"是指(　　)。

　　A. 虚拟的世界　　B. 虚拟的对象　　C. 现实的世界　　D. 增强的信息

3. AR 应用"增强现实图书"属于以下(　　)AR 技术的应用领域。

　　A. 娱乐领域　　　　　　　　　　B. 教育领域

　　C. 产品装配检验与维修领域　　　D. 军事领域

4. 以下(　　)不属于 AR 系统中三维注册技术。

　　A. 基于硬件跟踪设备的注册技术　　B. 基于视觉跟踪的注册技术

　　C. 基于混合跟踪的注册技术　　　　D. 基于触觉跟踪的注册技术

5. 增强现实是介于完全虚拟和完全真实之间，是一种(　　)。

　　A. 虚拟现实　　　B. 增强虚拟　　C. 混合现实　　D. 混合虚拟

6. 增强现实的主要实现方式有(　　)。

　　① 特定图像识别　　② 地理位置定位　　③ 面部识别　　④ 人体动作识别

　　A. ①②③　　　　B. ①③④　　　C. ②③④　　　D. ①②③④

7. 一个典型的增强现实系统不包括以下(　　)选项。

　　A. 场景采集系统　B. 跟踪注册系统　C. 显示系统　　　D. 输出系统

8. 下列不属于 AR 技术开发工具的是(　　)。

　　A. Vuforia　　　　B. Wikitude　　　C. ARToolKit　　D. Blender

9. 光学透视式显示技术的主要问题是(　　)。

　　A. 虚拟融合的真实感差　　　　　B. 视野不够宽

　　C. 注册误差大　　　　　　　　　D. 注册精度低

10. 计算机观察者确定视点方位，从而把虚拟信息合理叠加到真实环境上，以保证用户可以得到精确的增强信息，描述了增强现实的(　　)特征。

　　A. 虚实结合　　　B. 实时交互　　C. 以假乱真　　　D. 三维注册

11. 虚拟化妆使用了以下(　　)识别技术。

　　A. 特定图像识别　B. 面部识别　　　C. 地理位置定位　D. 人体动作识别

12. 以下(　　)不属于 ARCore 平台的主要功能。

　　A. 动作捕捉　　　B. 人脸识别　　　C. 环境感知　　　D. 光源感知

13. 下列对 AR 的叙述(　　)是正确的。

A. AR 能将人置入虚拟世界，与真实环境隔离开

B. AR 是真实世界与虚拟世界沟通的纽带

C. 在 AR 中人接触的东西都不是真实的

D. AR 无法实现用户与真实场景的实时互动

14. 增强现实技术的特征不包括(　　)。

A. 是真实世界和虚拟世界的信息集成

B. 具有实时交互性

C. 特定图像识别

D. 能将虚拟信息合理叠加到现实环境中

15. 飞机驾驶培训中应用到增强现实技术，主要体现了 AR (　　)特征。

A. 虚实结合　　　B. 实时交互　　　C. 三维注册　　　D. 以上都有

二、填空题

1. 增强现实的主要特征有_____、_____、_____。

2. 设计开发一个增强现实系统包括以下 4 个步骤：_____、_____、_____和_____。

3. 增强现实的核心技术有_____。

4. 增强现实与虚拟现实都需要计算机生成相应的_____。

5. AR 和 VR 的不同点主要有_____。

6. 决定 AR 系统性能优劣的关键技术是_____。

7. 列举 4 个增强现实的开发工具：_____、_____、_____、_____。

8. EasyAR 是_____软件。

三、简答题

1. 简述虚拟现实技术和增强现实技术的联系和区别。

2. 举例说明 AR 技术在教育领域中的应用。

3. 简述增强现实系统的基本结构和各部分的功能。

4. 简述何为三维注册技术及其分类。

5. 简述何为 AR 的标定技术。

6. 简述移动增强现实技术及其发展趋势。

7. 畅想未来增强现实技术在你的专业相关工作上可以有哪些应用。

8. 你体验过 AR 或 VR 吗？试简述 AR 装备与 VR 装备的区别。

9. 简述增强现实开发工具 Vuforia 的功能。

四、思考题

1 如何使用 Unity 3D 和增强现实开发工具（如 EasyAR）开发 AR 应用？

2. AR、VR 和 MR，哪个是未来的发展趋势？

3. 设想如果 AR 应用于教育领域，会在哪些方面进行改变，试举出 2~3 例。

4. 思考增强现实技术的潜在发展方向。

5. 科学的道路从来都不是平坦的。从 Google Glass 来看，你有什么认识和体会？

参 考 文 献

［1］ 黄纯国，习海旭．多媒体技术与应用［M］．第二版．北京：清华大学出版社，2016．

［2］ 肖朝晖，洪雄，傅由甲．多媒体技术基础［M］．北京：清华大学出版社，2013．

［3］ 董卫军，索琦，邢为民．多媒体技术基础与实践［M］．北京：清华大学出版社，2013．

［4］ 汪红兵．多媒体技术基础及应用［M］．北京：清华大学业出版社，2017．

［5］ 李春雨，石磊，谭同德．多媒体技术及应用［M］．第二版．北京：清华大学出版社，2017．

［6］ 付先平，宋梅萍．多媒体技术及应用［M］．第2版．北京：清华大学出版社，2012．

［7］ 韩立华．多媒体技术应用基础［M］．北京：清华大学出版社，2012．

［8］ 王中生，马静．多媒体技术应用基础［M］．第2版．北京：清华大学出版社，2012．

［9］ 经松，高胜利．Photoshop平面设计案例教程［M］．北京：清华大学出版社，2016．

［10］ 亿瑞设计，瞿颖健．Photoshop CC中文版基础培训教程［M］．北京：清华大学出版社，2018．

［11］ 张辉．Photoshop平面设计实用教程［M］．北京：清华大学出版社，2013．

［12］ 张蔚，马培培，胡晓芳．中文版Photoshop CC图像处理实用教程［M］．北京：清华大学出版社，2015．

［13］ 郎振红，沈强，张扬．Photoshop CC案例教程［M］．北京：清华大学出版社，2016．

［14］ 熊晓磊．Animate CC 2017动画制作入门与进阶［M］．北京：清华大学出版社，2018．

［15］ 孟强．Animate CC 2018动画制作案例教程［M］．北京：清华大学出版社，2019．

［16］ 刘彩虹，唐琳．Flash动画设计与制作项目化教程［M］．北京：清华大学出版社，2017．

［17］ 赵更生．Flash CC二维动画设计与制作［M］．第二版．北京：清华大学出版

社，2018.

[18] 梁栋．中文版 Flash CS6 动画制作实用教程［M］．北京：清华大学出版社，2014.

[19] 朱琦．Premiere Pro CC 2018 视频编辑基础教程［M］．北京：清华大学出版社，2018.

[20] 蔡冠群，姜淑慧．中文版 Premiere Pro CS6 多媒体制作实用教程［M］．北京：清华大学出版社，2016.

[21] 卢锋，刘永贵，张刚要．Premiere Pro CC 多媒体制作案例教程［M］．北京：清华大学出版社，2017.

[22] 天马科技工作室．Premiere Pro CC 视频编辑实用教程［M］．北京：清华大学出版社，2016.

[23] 李明，刘悦，赵毅飞．Adobe Premiere Pro CS6 影视编辑设计与制作案例技能实训教程［M］．北京：清华大学出版社，2017.

[24] 张刚峰．After Effects CC 影视特效及商业栏目包装案例 100+［M］．北京：清华大学出版社，2018.

[25] 魏玉勇．After Effects CC 影视特效设计与制作案例课堂［M］．第 2 版.北京：清华大学出版社，2018.

[26] 刘新业，孙琳琳．After Effects CC 影视后期特效创作教程［M］．北京：清华大学出版社，2016.

[27] 邬厚民．3ds Max 2013 动画制作实例教程［M］．第 3 版.北京：人民邮电出版社，2015.

[28] 张泊平．三维数字建模技术——以 3ds Max 2017 为例［M］．北京：清华大学出版社，2019.

[29] 刘宁．3ds Max 三维动画制作教程［M］．北京：清华大学出版社，2016.

[30] 徐杰，于秋生，于凌燕，王珊．3ds max 三维动画制作［M］．北京：清华大学出版社，2008.

[31] 贾青，詹宏．三维动画设计与制作［M］．北京：清华大学出版社，2007.

[32] 马凌云．3dsmax7 中文版三维动画制作教程［M］．北京：人民邮电出版社，2006.

[33] 李绍勇，王玉，李乐乐．3DS MAX 9 中文版三维动画制作范例导航［M］．北京：清华大学出版社，2007.

[34] 李铁．三维动画建模［M］．北京：清华大学出版社，2007.

[35] 王强，牟艳霞，李少勇．3ds Max 2012 中文版基础教程（超值版）［M］．北京：清华大学出版社，2015.

[36] 董洁．3ds Max 2018 动画制作基础教程［M］．第 4 版.北京：清华大学出版社，2018.

[37] 瞿颖健，曹茂鹏．3ds Max 2012 完全自学教程［M］．北京：人民邮电出版社，2018.

［38］邵丽萍．3DS MAX 动画制作技术［M］．第二版．北京：人民邮电出版社，2007．

［39］黄心渊．3ds Max 三维动画教程［M］．北京：人民邮电出版社，2008．

［40］娄岩．虚拟现实与增强现实技术概论［M］．北京：清华大学出版社，2016．

［41］娄岩．虚拟现实与增强现实技术实验指导与习题集［M］．北京：清华大学出版社，2016．

［42］喻晓和．虚拟现实技术基础教程［M］．第 2 版．北京：清华大学出版社，2017．

［43］卢博．VR 虚拟现实：商业模式+行业应用+案例分析［M］．北京：人民邮电出版社，2016．

［44］王贤坤．虚拟现实技术与应用［M］．北京：清华大学出版社，2018．

［45］庞国锋．虚拟现实的 10 堂课［M］．北京：电子工业出版社，2017．

［46］张涛．多媒体技术与虚拟现实［M］．北京：清华大学出版社，2008．

［47］吴北新 虚拟现实建模语言 VRML［M］．北京：高等教育出版社，2004．

［48］吴哲夫，陈滨．Unity 3D 增强现实开发实战［M］．北京：人民邮电出版社，2019．

［49］李婷婷，余庆军．Unity 3D 虚拟现实游戏开发［M］．北京：清华大学出版社，2018．

［50］钟玉琢，沈洪．多媒体计算机与虚拟现实技术［M］．北京：清华大学出版社，2009．

［51］陈怀友，张天驰，张菁．虚拟现实技术［M］．北京：清华大学出版社，2012．

［52］滕冲，刘英，陈萍．大学计算机基础［M］．武汉：武汉大学出版社，2016．